程序员宝典系列

U0240060

Python
应用与实战

王科飞　蒋贵良　孟雪梅　等编著

电子工业出版社·
Publishing House of Electronics Industry
北京·BEIJING

内 容 简 介

本书系统介绍了 Python 的主要语法特性，内容设计上注重实战，针对具体知识点设计了简单、易懂的应用案例，同时在每个章节最后设计了一个或多个实训任务，每个实训任务都会根据开发步骤详细阐述编程实现过程。读者可以结合具体的实训任务，在编程实战中快速掌握 Python 编程技术。

本书共 14 章，其中第 1 ~ 7 章主要介绍 Python 的语法特性，包括 Python 语言概述、Python 语言基础知识、程序控制结构、函数与模块、组合数据类型、面向对象编程、文件操作；第 8 ~ 14 章主要介绍 Python 在各个应用领域的实战知识，包括网络编程、网络爬虫、数据库编程、数据分析、数据可视化、Pygame 游戏编程、AI 视觉应用——人脸识别。

本书内容组织由浅入深，兼顾了 Python 语言的深度和广度，既能满足零基础的初学者，也能满足拥有较高编程目标的专业人员，同时适合作为各类高等院校计算机及相关专业学生的 Python 教材。

图书在版编目（CIP）数据

Python 应用与实战 / 王科飞等编著. —北京：电子工业出版社，2023.5

（程序员宝典系列）

ISBN 978-7-121-45084-6

Ⅰ. ①P… Ⅱ. ①王… Ⅲ. ①软件工具－程序设计 Ⅳ. ①TP311.561

中国国家版本馆 CIP 数据核字（2023）第 030912 号

责任编辑：林瑞和　　　　　　　特约编辑：田学清
印　　刷：天津千鹤文化传播有限公司
装　　订：天津千鹤文化传播有限公司
出版发行：电子工业出版社
　　　　　北京市海淀区万寿路 173 信箱　　　邮编：100036
开　　本：787×980　　1/16　　印张：22.75　　字数：597 千字　　彩插：32
版　　次：2023 年 5 月第 1 版
印　　次：2023 年 5 月第 1 次印刷
定　　价：79.80 元

凡所购买电子工业出版社图书有缺损问题，请向购买书店调换。若书店售缺，请与本社发行部联系，联系及邮购电话：（010）88254888，88258888。

质量投诉请发邮件至 zlts@phei.com.cn，盗版侵权举报请发邮件至 dbqq@phei.com.cn。

本书咨询联系方式：（010）51260888-819，faq@phei.com.cn。

编委会

主 编：

    王科飞   吉林工商学院

    蒋贵良   达内时代科技集团

    孟雪梅   吉林工商学院

副主编：

    李艳荻   吉林工商学院

    董大伟   吉林工商学院

    李宏俊   吉林工商学院

    胡海燕   吉林工商学院

    王志超   吉林工商学院

    刁景涛   达内时代科技集团

    吴 飞   达内时代科技集团

    徐理想   达内时代科技集团

    刘安奇   达内时代科技集团

前　言

　　Python 是一种解释型高级程序设计脚本语言，在 1989 年圣诞节期间，由吉多·范罗苏姆（Guido van Rossum）创立。相比于其他编程语言，Python 更易学易用，无论是初学者还是专业的开发人员，都可以使用 Python 开发项目。同时，Python 具有丰富的标准库和第三方库，其中大量已经写好的模块可以被直接使用，这也给项目开发带来了极大的便利。越来越多的开发工程师和科研工作者都将 Python 作为首选的编程语言。另外，在青少年编程学习领域中，Python 也被广泛地使用。

　　目前，Python 开发生态已经非常成熟，拥有庞大的用户群体和开源社区，在人工智能、系统运维、网络、数据分析等诸多领域都有大量应用。TIOBE 排行榜显示，Python 分别在 2007年、2010 年、2018 年、2020 年、2021 年被评为最佳年度语言，并在 2022 年 6 月超过 C 语言成为排行第一的计算机语言。

　　目前，市面上关于 Python 的书籍众多，但是真正适合初学者学习的书籍却不是很多。为此，达内时代科技集团将以往与 Python 相关的项目经验、产品应用和技术知识整理成册，并联合高等院校的一线授课老师编写适合初学者学习的知识内容与项目案例，从而达到通过本书来总结和分享 Python 领域实践成果的目的。本书从初学者的角度出发，循序渐进地讲解使用 Python 开发应用项目时应该掌握的各项技术。

本书内容

　　本书围绕 Python，在内容编排上由浅入深，包括 Python 语法特性和 Python 实战应用两方面知识，具体章节如下。

- 第 1 章：Python 语言概述。介绍了 Python 语言的发展历程、特点和运行方式，并从零开始搭建 Python 的开发环境。
- 第 2 章：Python 语言基础知识。介绍了 Python 程序的书写规范、数据类型、变量、标识符、关键字，以及 Python 的运算符。

- 第 3 章：程序控制结构。介绍了顺序、分支和循环 3 种程序控制结构，包括 if 语句、for 语句、while 语句、跳转语句等，以及在编程中的应用技巧和异常处理方式。
- 第 4 章：函数与模块。介绍了函数的定义和调用方法，使读者理解函数中参数的调用，能够正确使用 Python 中的内置函数，同时理解 Python 模块的概念，掌握模块的语法及正则表达式模块的使用。
- 第 5 章：组合数据类型。介绍了 Python 中的常用组合数据类型，包括列表、元组、字典和集合。
- 第 6 章：面向对象编程。介绍了 Python 面向对象编程的相关知识，包括创建类和对象、构造方法和析构方法、类的继承与多态、运算符重载，使读者逐步学会使用面向对象编程思想编写程序。
- 第 7 章：文件操作。介绍了 Python 的文件操作，包括文件的概念、文件的打开与关闭、文件的读/写操作、文件和目录操作，以及使用 CSV 文件格式和 JSON 文件格式读/写数据等内容。
- 第 8 章：网络编程。介绍了网络编程的相关知识，包括网络编程基础、UDP 编程和 TCP 编程，并扩展介绍了多线程编程，同步、异步、阻塞和非阻塞，以及 requests 模块。
- 第 9 章：网络爬虫。介绍了网络爬虫的概念、网络爬虫的分类、网络爬虫的安全性与合规性，使读者学会使用 Python 获取网页数据，以及使用 BeautifulSoup 进行网页解析。
- 第 10 章：数据库编程。基于 MySQL，介绍了 Python 中使用数据库的方法，包括数据库简介、安装 MySQL 数据库、常用的 SQL 语句和使用 Python 访问 MySQL 的具体方法。
- 第 11 章：数据分析。介绍了数据分析的概述和类别，并重点讲解了常用的 Python 数据处理与分析工具，包括 NumPy、pandas 和 SciPy 的使用。
- 第 12 章：数据可视化。介绍了数据可视化的定义和意义，使读者学会 Matplotlib 和 seaborn 两个常用的数据可视化库的基础用法，实现对连锁店库存数据的可视化分析。
- 第 13 章：Pygame 游戏编程。介绍了 Pygame 游戏库，使读者学会使用 Pygame 游戏库，包括游戏窗口绘制、游戏事件处理等功能，完成一款经典的贪吃蛇游戏。
- 第 14 章：AI 视觉应用——人脸识别。人脸识别是计算机视觉领域的典型应用，本章介绍了如何利用摄像头检测多张人脸，并实现多张人脸的同时识别。

本书对理论知识与实践的重点和难点部分均采用微视频的方式进行讲解，读者可以通过扫描每章中的二维码观看视频、查看作业与练习的答案。

另外，更多的视频等数字化教学资源及最新动态，读者可以关注微信公众号，或者添加小书童获取资料与答疑等服务。

达内教育研究院教材资源

高慧强学公众号

达内教育研究院 小书童

致谢

　　本书由达内时代科技集团和吉林工商学院的各位专家教授联合编著，全书由冯华、刁景涛负责策划、组织和统稿。他们对相关章节材料的组织与选编做了大量细致的工作，在此对他们的辛勤付出表示由衷的感谢！

　　感谢电子工业出版社的老师们对本书的重视，他们一丝不苟的工作态度保证了本书的质量。

　　为读者呈现准确、翔实的内容是编著者的初衷，但由于编著者水平有限，书中难免存在不足之处，敬请专家和读者给予批评指正。

编著者
2022 年 12 月

读 者 服 务

微信扫码回复：45084

- 获取本书配套习题、赠送的精品视频课程，以及更多学习资源
- 获得本书配套教学 PPT（仅限专业院校老师）
- 加入本书交流群，与作者互动
- 获取【百场业界大咖直播合集】（持续更新），仅需 1 元

目 录

第 *1* 章

Python 语言概述

本章目标

- 了解 Python 语言的发展历程。
- 了解 Python 语言的特点。
- 理解 Python 语言的运行方式。
- 掌握 Python 的安装方法。
- 掌握 PyCharm 工具的使用方法。

　　每种编程语言都有自己的特点和主要的应用场景，在正式学习 Python 语法之前，我们首先需要对 Python 语言有一定的了解。本章将学习 Python 的入门知识，包括 Python 语言的发展历程、Python 语言的特点、Python 语言的运行方式，以及 Python 开发环境等内容。

1.1 初识 Python 语言

1.1.1 Python 语言的发展历程

　　Python 是由荷兰人吉多·范罗苏姆（Guido von Rossum）发明的一种面向对象的解释型高级编程语言。1982 年，范罗苏姆从阿姆斯特丹大学（University of Amsterdam）获得了数学和计算机科学硕士学位。范罗苏姆拥有丰富的 ABC 编程语言使用经验，但是 ABC 语言存在可扩展性差、不能直接输入/输出、传播困难等缺点，于是他就有了开发一种通用的、功能强大的解释型语言的想法。

1989 年，为了打发圣诞节假期，范罗苏姆开始编写一个新的脚本解释程序，作为 ABC 语言的一种继承。他选择 Python 这个名字，与 Python 原意'蟒蛇'并没有多大关系，而是来源于英国一部喜剧《蒙提·派森的飞行马戏团》(*Monty Python's Flying Circus*)。蒙提·派森是主创剧团的名字，Python 即来自这里的"派森"。第一个公开发行版 Python 0.9.0 于 1991 年发布，并用蟒蛇作为图标，如图 1.1 所示。

图 1.1　Python 创始人和 Logo

1994 年 1 月，Python 新版本 1.0 发布，在这个版本中，新加入了众所周知的 lambda、map、filter 和 reduce 等语法特性，让 Python 更加完善。美国宇航局（NASA）在 1994 年甚至把 Python 作为主要开发语言。

2000 年 5 月，Python 核心团队开始使用 SourceForge 进行开发，从此 Python 转变为完全开源的模式，Python 社区也随之建立起来。同年 10 月 Python 2.0 正式发布，Python 获得了更加高速的发展。

2008 年 12 月 Python 3.0（不完全兼容 Python2）的发布，弥补了早期设计上的编码缺陷，将默认 ASCII 编码修改为 Unicode 编码，使 Python 可以更好地支持中文。

2020 年 1 月 1 日起，Python2 不再更新，而 Python3 则延续高速的发展。截至 2022 年 6 月，Python 的最新版本是 3.10。

目前，Python 已经成为非常受欢迎的程序设计语言，在 2007 年、2010 年、2018 年、2020 年、2021 年的 TIOBE 排行榜中被评为年度语言，并在 2022 年 6 月超过 C 语言成为排行第一的编程语言。

1.1.2　Python 语言的特点

计算机语言种类非常多，可以分为机器语言、汇编语言、高级语言三大类，并且不断有新的语言诞生，发展到现在已经超过 100 种。从开始的机器语言到现在广泛使用的高级语言，可谓百花齐放，而 Python 就属于出色的高级语言之一。

Python 遵循 GPL（GNU General Public License）协议，是开源、免费、可移植的，其应用领域十分广泛，在科学计算、人工智能、大数据、云计算、Web 服务器、网络爬虫、游戏开发、自动化运维等领域都存在着大量的 Python 开发人员。除此之外，相对其他计算机语言 Python 语言还具有如下优势。

（1）简单：很多高级语言都宣称自己具有简单的特点，而 Python 在这方面尤为出色。设计之初，范罗苏姆就是要把它设计成非专业人员使用的、极易上手的解释型语言。一个 Python 程序就像一篇英文文档，非常接近人类的自然语言。

（2）易学：Python 的语法相对简单，变量使用前不需要声明变量的类型，丢掉了分号和花括号这些形式化的东西，并且 Python 提供了功能强大的内置对象和方法。

（3）开源、免费：Python 是 FLOSS（自由/开源软件）之一，用户可以查看 Python 源代码，并研究其代码细节或进行二次开发。用户不需要支付任何费用，也不涉及版权问题。由于 Python 语言的开源、免费，越来越多的程序员和计算机爱好者加入 Python 开发中，使得 Python 的功能愈加完善。

（4）可移植：解释型语言自身就具有跨平台特点，而 Python 是开源的，可以被移植在许多平台上。如果用户的 Python 程序使用了依赖于系统的特性，则 Python 程序可能需要修改与平台相关的代码。Python 的应用平台包括 Linux、Windows、FreeBSD、iOS、Android 等。

（5）面向对象：面向对象的程序设计，更加接近人类的思维方式，可以简化编程。Python 既支持面向过程的编程，也支持面向对象的编程。在面向过程的编程中，Python 程序是由过程或函数构建的。在面向对象的编程中，Python 程序是由属性和方法组合而成的对象构建的。

（6）可混合编程：Python 中可以运行 C 或 C++程序，也可以把 Python 程序嵌入 C 或 C++程序中，体现了其良好的扩展性。

（7）丰富的第三方库：Python 自身的标准库很庞大，除此之外，还可以加载第三方库。有了第三方库的支持，使得 Python 可以更加方便地处理各种工作。

综上所述，我们可以把 Python 定义为一种解释型、面向对象、动态数据类型的高级程序设计脚本语言。

1.1.3　Python 语言的运行方式

PY-01-v-001

计算机只能识别机器码，不能识别源代码，因此在程序运行前，需要把源代码转换成机器码。按转换过程可以把计算机语言分为解释型语言和编译型语言。

编译型语言在程序运行之前，通过编译器将源代码变成机器码，如 C 语言。这种类型的语言运行速度快，但是编译过程需要花费大量时间，开发效率较低，而且编译后的机器码不能跨平台移植。

　　解释型语言在程序运行时，通过解释器对程序逐行翻译，先翻译为机器码后再执行，如 JavaScript。相比于编译型语言，解释型语言开发效率更高，省去了编译过程的时间，可以跨平台，但因为在程序运行时需要先做翻译，所以运行速度较慢。

图 1.2　Python 语言的运行方式

　　Python 属于解释型语言，是为了提高运行速度而使用的一种编译的方法。编译之后得到后缀为 ".pyc" 的文件，用于存储字节码（特定于 Python 语言的表现形式，不是机器码）。在运行期间使用编译后的字节码可以加快到机器码翻译过程，如图 1.2 所示，Python 源代码在第一次运行时编译出字节码，以后重复运行时会直接使用字节码，所以 Python 比一般的解释型语言有更快的运行速度。

　　综上所述，Python 程序运行前不需要编译，运行时通过 Python 解释器逐行执行，具体的运行方式有如下 3 种。

1. 交互解释器模式（REPL）

　　在命令提示符（终端）界面中输入 "Python"，进入交互解释模式。在该模式中输入 Python 程序后，只需按 Enter 键，即可得到运行结果。

2. 脚本模式

　　将 Python 程序写到后缀为 ".py" 的脚本文件中，使用 "python xx.py"，即可运行文件中的程序，这种方式可以方便地重复运行程序。

3. 集成开发环境（IDE）

　　在集成开发环境中编写 Python 程序，如 PyCharm，其本质和脚本模式相同，但无须手动创建脚本文件，只需在图形化界面中完成 Python 脚本的创建，也无须在命令行中输入任何指令，在集成开发环境中即可 "一键运行"。

1.2　Python 开发环境

　　在本节中，我们将运行第一个程序——hello_world.py。任何高级语言都需要有自己的编程环境，为此，我们需要检查计算机是否安装了 Python 的开发环境，如果没有安装，则需要安装它。支持 Python 的开发环境有很多，这里选择 Python 和 PyCharm 两个开发环境。

由于 Python 具有跨平台性，因此在不同的平台或系统上需要安装不同的版本，本书以 Windows 系统为例。

PY-01-v-002

1.2.1　安装 Python 开发环境

Python 主要的版本有 Python 2.7 和 Python 3.x，因为 2020 年 Python 2.7 已经停止更新，所以本书选择使用比较广泛的 Python 3.7.3，请读者确保计算机中有对应版本。打开 Web 浏览器（如百度、Google、360、火狐等），搜索 Python 官网，如图 1.3 所示。

Welcome to Python.org 官网
The official home of the Python Programming Language ... The core of extensible programming is defining functions. Python allows mandatory and optional arguments, keyword argu...

图 1.3　搜索 Python 官网

进入 Python 官方网站，下载并安装程序，如图 1.4 所示。

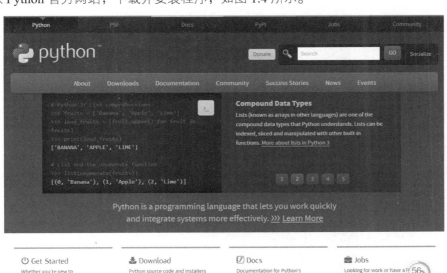

图 1.4　Python 官方网站

在导航栏中，选择 Downloads 菜单，进入 Python 下载页面，在下拉菜单中，选择 Windows 命令，如图 1.5 所示。

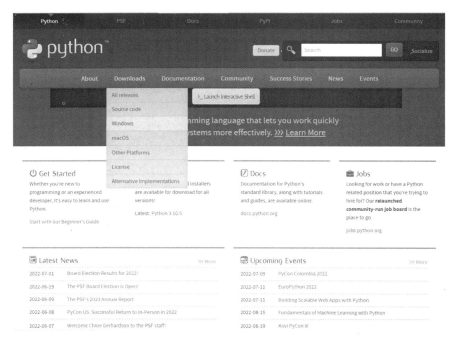

图 1.5   Python 下载页面

进入 Windows 下载界面，选择对应的要下载的 Python 安装包，并下载到本地，这里选择下载 64 位版本 Python 3.7.3，如图 1.6 所示。

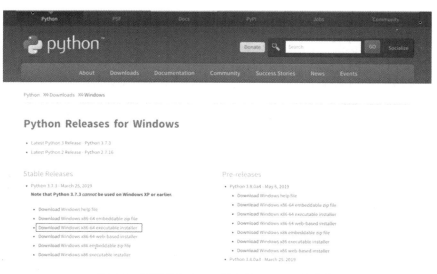

图 1.6   下载 Windows 平台的 Python 安装包

双击下载到本地的安装包，进入安装界面，需要特别注意的是，要勾选"Add Python 3.7 to PATH"复选框，用于添加 Python 的安装路径到 PATH 环境变量。如果希望将 Python 安装到指定路径下，就选择"Customize installation"选项；如果选择"Install Now"选项，系统就会直接开始安装 Python，并安装到默认路径下（建议安装到自己指定的目录），如图 1.7 所示。

图 1.7　安装界面

此处将 Python 安装到 C:\Python37 路径下，选择"Customize installation"选项，进入可选功能界面，默认全部勾选，直接单击"Next"按钮，如图 1.8 所示。

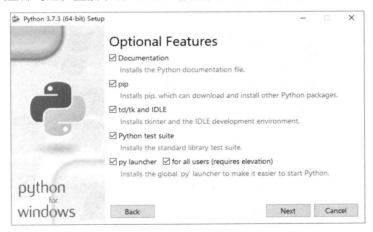

图 1.8　可选功能界面

在图 1.9 所示的界面中，左侧箭头指向的是系统默认的 Python 安装路径，若需要更改默认安装路径，则可单击右侧箭头所指的"Browse"按钮。

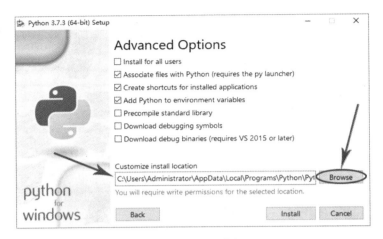

图 1.9　安装路径的设置

　　由于不使用默认路径，因此只需把安装路径更改为指定的路径即可，其他选项保持默认设置，这里将安装路径设置为"C:\Python37"，如图 1.10 所示。

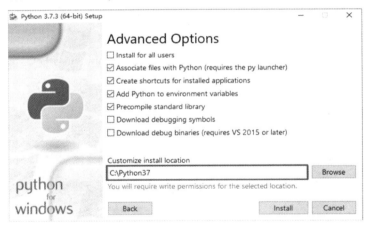

图 1.10　更改安装路径

　　更改安装路径后，单击"Install"按钮开始安装，一般 2～3 分钟就可以安装完成，如图 1.11 所示。

　　安装完成后，进入如图 1.12 所示的安装成功界面，单击"Close"按钮，安装工作就完成了。

　　Python 安装完成后，需要查看安装的 Python 是否能成功运行。单击"开始"菜单按钮，在搜索栏中输入"cmd"，如图 1.13 所示。

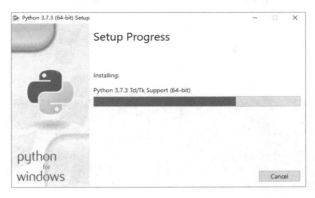

图 1.11　安装进度

图 1.12　安装成功界面

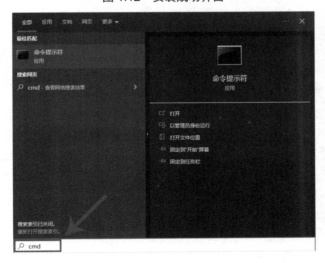

图 1.13　在搜索栏中输入"cmd"

直接按 Enter 键，就进入命令提示符（终端）界面。在命令提示符下输入 "python"（不要输入双引号），输入完成按 Enter 键，如果出现如图 1.14 所示的信息，则表示 Python 开发环境已经成功安装。

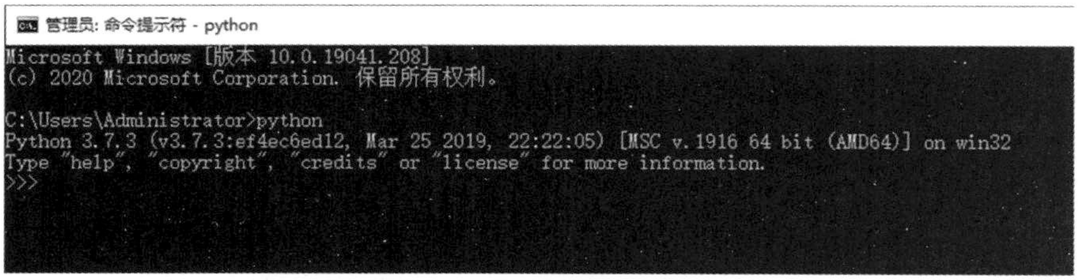

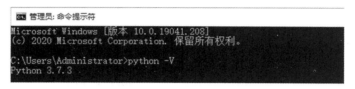

图 1.14　测试 Python 开发环境 1

或者在命令提示符（终端）界面中输入 "python -V" 命令，如果成功输出 Python 3.7.3 的版本号，则表示 Python 开发环境已经成功安装，如图 1.15 所示。

图 1.15　测试 Python 开发环境 2

1.2.2　了解常用的 Python IDE

　　Python 项目开发时一般不会在交互解释器模式或脚本模式上运行程序，因为一个大型项目需要分成多个模块，以便项目管理，而每个模块都会对应一个 Python 脚本文件，如果使用交互解释器模式或脚本模式运行测试将十分麻烦，为了能够更高效地进行项目开发，通常会使用集成开发环境（IDE）作为 Python 程序的开发工具。

　　与 Python 相关的 IDE 有很多，如 PyCharm、VsCode、Jupyter Notebook 等。因为不同开发工具的功能类似，所以开发人员可以根据个人习惯进行选择，其中 PyCharm 是一款 Python 专用开发工具，也是非常高效的 Python 开发工具。PyCharm 不仅具备完整的 Python 软件开发功能，包括调试、项目管理、代码跳转、自动补全、单元测试、版本控制等，还支持 Web 开发中的 Django 高级框架。

　　本书所有案例都是基于 PyCharm 创建的，对初学者来说，建议使用相同的开发工具，以便顺利完成项目实战。下面将详细介绍 PyCharm 的安装和配置，但如果是有一定开发经验的读者，也可以自行安装、配置其他开发工具。

1.2.3　安装和使用 PyCharm

PyCharm 是 JetBrains 公司的产品。JetBrains 公司是一家专业的 IDE 生产商，当前市场主流的编程语言，JetBrains 都有相应的产品。例如，Python 对应 PyCharm，Java 对应 IntelliJ IDEA，C 语言对应 CLion 等。

PY-01-v-003

打开 Web 浏览器（如百度、Google、360、火狐等），搜索 PyCharm 官网，如图 1.16 所示。

图 1.16　搜索 PyCharm 官网

进入 PyCharm 官方网站，单击"DOWNLOAD"按钮，下载并安装程序，如图 1.17 所示。

图 1.17　PyCharm 官方网站

在 PyCharm 版本选择界面中，有 3 个选项卡分别对应 3 种平台：Windows、macOS、Linux。在专业版"Download"按钮下注明了"Free 30-day trial available"（30 天免费试用）字样，在社区版"Download"按钮下注明了"Free,built on open-source"（免费、开源）字样，表示专业版是试用版本，试用期过后，需要购买激活码才能正常使用，而社区版则是完全免费的，一般学习建议使用社区版。根据计算机操作系统的类型，选择下载一种合适的版本，这里选择 Windows 选项卡中的 PyCharm 社区版，如图 1.18 所示。

下载完成后，双击安装包，即可进入 PyCharm 社区版安装界面，如图 1.19 所示。

单击"Next"按钮，进入选择安装路径界面，由于 PyCharm 占内存很大，因此不建议安装在默认路径下，这里把它装到 d:\PyCharm 路径下，如图 1.20 所示。

图 1.18　专业版、社区版及操作系统的选择

图 1.19　PyCharm 社区版安装界面

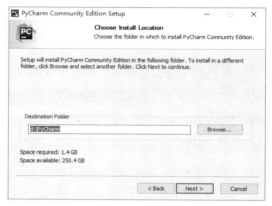

图 1.20　选择安装路径界面

单击"Next"按钮，进入安装选项界面，勾选所有的复选框，单击"Next"按钮，如图 1.21 所示。

设置"开始"菜单目录名称，使用默认名称（JetBrains）即可，如图 1.22 所示。

图 1.21　安装选项界面

图 1.22　"开始"菜单目录名称的设置

单击"Install"按钮开始安装，一般 2~3 分钟就可以安装完成，如图 1.23 所示。

安装完成后，单击"Finish"按钮，在系统桌面上可看到 PyCharm 启动图标，如图 1.24 所示。

图 1.23　PyCharm 安装进度

图 1.24　PyCharm 启动图标

启动 PyCharm 开发工具后，将进入 PyCharm 欢迎界面，如图 1.25 所示。

图 1.25　PyCharm 欢迎界面

选择左侧的"Customize"选项，即可对 PyCharm 进行个性化设置。例如，设置 PyCharm 的颜色主题、可访问性等，这里将颜色主题（Color theme）设置为"IntelliJ Light"，如图 1.26 所示。

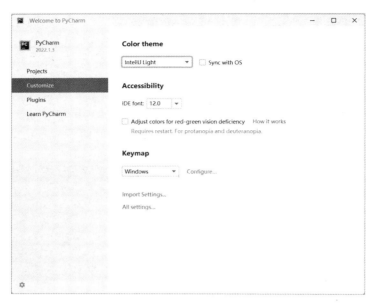

图 1.26　设置颜色主题

选择左侧的"Projects"选项，单击"New Project"按钮，即可创建项目，如图 1.27 所示。

图 1.27　创建项目

接着选择项目创建的路径，此处将项目路径设置为"E:\python_project"，如图 1.28 所示。

单击右下角的"Create"按钮完成项目创建，创建时 PyCharm 会自动建立虚拟开发环境，完成后将进入 PyCharm 项目界面，此时已经创建好了一个名为"python_project"的项目，如图 1.29 所示。

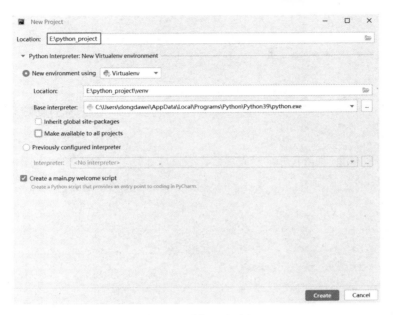

图 1.28　选择项目路径

图 1.29　PyCharm 项目界面

在"Project"面板中，右击该项目名，在弹出的快捷菜单中，选择"New"→"Python File"命令，创建一个 Python 文件，用于编写 Python 程序，如图 1.30 所示。

将文件名保存为 hello_world.py，注意此处可以省略文件扩展名 py，如图 1.31 所示。

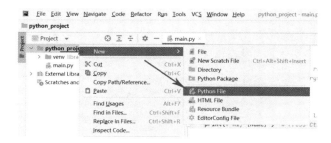

图 1.30　创建 Python 文件　　　　　　　图 1.31　设置 Python 文件名

直接按 Enter 键就打开了 hello_world.py 文件，在代码编辑区中，编写第一个 Python 程序，如图 1.32 所示。

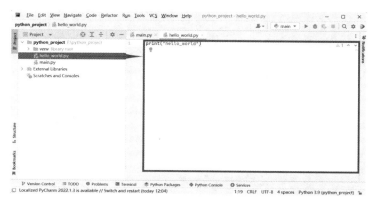

图 1.32　编写 Python 程序

在菜单栏中依次选择"Run"→"Run…"命令，在测试运行窗口中选择 hello_world，正常情况可以在 PyCharm 项目界面下方的控制台中看到运行结果，如图 1.33 所示。

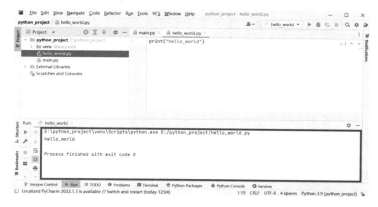

图 1.33　运行 Python 程序

1.3　实训任务——第一个 Python 程序

1.3.1　任务描述

在本章中我们已经完成了 PyCharm 开发工具的安装和配置，下面通过在 PyCharm 环境中编写第一个 Python 应用程序，以便初步了解 Python 程序的开发流程。

1.3.2　任务分析

有关 Python 语法规则会在后续章节中详细介绍，作为第一个 Python 程序只需根据任务实现的步骤进行操作，即可实现以下功能。

（1）打印 Python 的保留关键字。

（2）编写简单 Python 语句。

（3）实现输入和输出操作。

（4）为 Python 添加注释。

实验环境如表 1.1 所示。

表 1.1　实验环境

硬件	软件	资源
PC/笔记本电脑	Windows 10 PyCharm 2022.1.3（社区版） Python 3.7.3	无

1.3.3　任务实现

步骤一：创建项目

启动 PyCharm 开发环境，在 PyCharm 欢迎界面单击 "New Project" 按钮，创建 Python 项目，如图 1.34 所示。如果已经创建过 Python 项目，则可以单击 "Open" 按钮选择打开，从而直接跳过下面操作。

指定项目位置和路径名称，选择使用默认的虚拟环境（Virtualenv），同时取消对 "Create a main.py welcome script" 复选框的勾选，最后单击 "Create" 按钮，完成项目的创建，如图 1.35 所示。

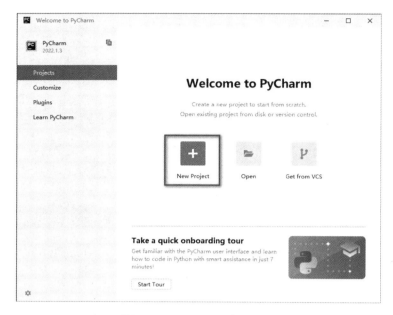

图 1.34　PyCharm 欢迎界面

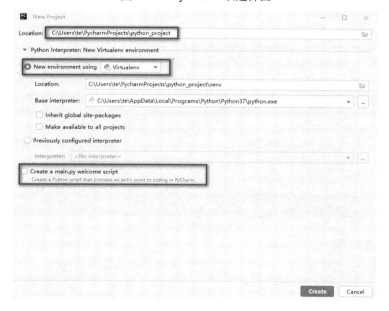

图 1.35　新建 Python 项目

　　等待项目成功创建后，将进入 PyCharm 项目界面，在左侧"Project"面板中右击项目名，在弹出的快捷菜单中依次选择"New"→"Python file"命令，创建 Python 文件，同时将其命名为 first.py，如图 1.36 所示。

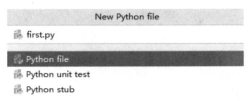

图 1.36　创建 Python 文件

步骤二：打印 Python 关键字

在 first.py 文件中编写第一个程序，首先使用 import 关键字导入关键字模块，然后调用 print() 函数，通过 kwlist 可以打印出 Python 保留关键字，代码如下。

```
import keyword
print(keyword.kwlist)
```

运行（Run）上述代码，可以看到关键字的打印结果，每个关键字都有特殊作用，在后面学习过程中会对其进行介绍，这里只需了解就好，但注意在以后编写 Python 语句、自定义标识符时要避免和关键字相同。

```
['False', 'None', 'True', 'and', 'as', 'assert', 'async', 'await',
'break', 'class', 'continue', 'def', 'del', 'elif', 'else', 'except',
'finally', 'for', 'from', 'global', 'if', 'import', 'in', 'is', 'lambda',
'nonlocal', 'not', 'or', 'pass', 'raise', 'return', 'try', 'while', 'with',
'yield']
```

步骤三：编写简单的 Python 语句

尝试编写简单的 Python 语句，如果语句过长，则在换行时，需要在后面加续行符"\"，参考代码如下。

```
total = 100 + 200 + 300 + 400 + 500 + \
        600 + 700 + 800 + 900 + 1000
print(total)
```

如果在"()"中，则可以直接编写多行语句，而不需要使用续行符"\"，参考代码如下。

```
total = (100 + 200 + 300 + 400 + 500 +
        600 + 700 + 800 + 900 + 1000)
print(total)
```

运行上述任意代码，可以得到所有数字相加的结果：5500。

步骤四：编写输入和输出程序

在了解 Python 关键字和语句格式后，可以继续编写基本的输入和输出语句，从而实现简单的交互程序。其中，输入操作可以调用 input() 函数，提示用户依次输入姓名、年龄和成绩，而输出操作则使用 print() 函数，将输入的数据打印输出，代码如下。

```python
name = input("请输入姓名：")
age = input("请输入年龄：")
score = input("请输入成绩：")
print("姓名：", name)
print("年龄：", age)
print("成绩：", score)
```

程序运行后可以在 PyCharm 项目界面下方的控制台中看到提示信息，根据提示可以输入相应数据，并打印结果，如图 1.37 所示。

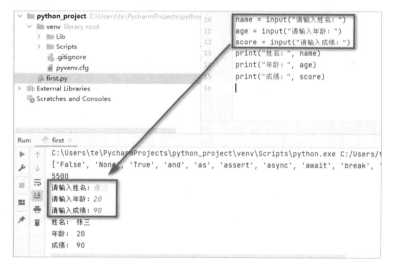

图 1.37　运行 Python 程序

步骤五：添加注释

在 Python 项目开发中，为程序添加适当的注释是一个很好的习惯，可以提高代码的可读性，便于项目的后期维护，而注释内容在程序运行时会被忽略。

我们可以在第一个应用程序的起始位置，使用三引号添加多行注释，接着在输入和输出语句前面使用单 "#" 添加单行注释，此时第一个 Python 程序的完整代码如图 1.38 所示。

从图 1.38 中可以看到注释部分代码默认会用浅灰色字体表示，虽然添加注释后程序运行的结果和前面完全相同，但是注释的部分是不被执行的。

```
1    """
2    第一个Python应用程序
3    注释：
4        1）三引号可以同时添加注释多行
5        2）使用#可以为单行添加注释
6    """
7    import keyword
8
9    print(keyword.kwlist)
10
11   total = 100 + 200 + 300 + 400 + 500 + \
12           600 + 700 + 800 + 900 + 1000
13   print(total)
14
15   # 输入语句
16   name = input("请输入姓名: ")
17   age = input("请输入年龄: ")
18   score = input("请输入成绩: ")
19
20   # 输出语句
21   print("姓名: ", name)
22   print("年龄: ", age)
23   print("成绩: ", score)
```

图 1.38　Python 程序注释

本章总结

1．Python 语言特点

（1）面向对象：支持封装、继承、多态等面向对象的语法特性。

（2）易学易用：语法形式清晰明确，相比其他编程语言更容易上手。

（3）应用领域广：在人工智能、云计算、Web 等诸多领域都有所应用。

（4）开源、免费：源代码公开，可以免费使用。

（5）开发效率高：可以高效地实现项目开发。

（6）可移植性强：支持 Linux、Windows、macOS 等主流操作系统。

（7）可混合编程：可以和 Java、C、C++等其他语言同时混编。

（8）丰富的第三方库：大量的模块可以直接使用，减少了程序员的工作量。

2．Python 版本

在 Python 官网可以了解到 Python 最新版本信息和发展情况，新的版本会带来更多的语法特性和更丰富的标准库支持，但是也可能会存在少量 BUG，而过旧的版本可能已经停止维护。在企业开发中通常会选择状态标记"security"的版本，在保证稳定的同时，官方还会给予较长时间的维护和支持。

3. PyCharm 开发环境

PyCharm 作为 Python 的专用开发工具，功能强大，但想要高效编写程序，还需要掌握一些常用的快捷键，以便加快代码的编写。常用的一些快捷键如下。

（1）将光标移动到所在行开头：按 Home 键。

（2）将光标移动到所在行末尾：按 End 键。

（3）注释光标所在行代码：按 Ctrl + /快捷键。

（4）复制光标所在行代码并粘贴到下一行：按 Ctrl +D 快捷键。

（5）恢复到上一步操作：按 Ctrl + Z 快捷键。

作业与练习

PY-01-c-001

一、单选题

1．关于 Python 语言的特点描述，错误的是（   ）。

    A．简单易学易用　　　　　　　　　　B．支持面向对象

    C．需要付费购买才能使用　　　　　　D．开发效率高

2．下列不能用于 Python 语言开发环境的是（   ）。

    A．PyCharm　　　　　　　　　　　　B．VsCode

    C．Jupyter Notebook　　　　　　　　D．Office

3．Python 语言属于（   ）语言。

    A．机器语言　　　　B．汇编语言　　　　C．高级语言　　　　D．以上都是

4．下列不属于 Python 特性的是（   ）。

    A．简单、易学　　　　　　　　　　　B．具有可移植性

    C．属于低级语言　　　　　　　　　　D．开源的、免费的

二、填空题

1．Python 程序文件扩展名是（   ）。

2．Python 程序可以被编译成（   ）字节码文件。

三、简答题

1．简述 Python 语言的特点及优缺点。

2．简述程序编译方式和解释方式的区别。

第 **2** 章

Python 语言基础知识

本章目标

- 了解 Python 程序的书写规范。
- 理解 Python 标识符和关键字。
- 掌握 Python 的数据类型和变量。
- 掌握 Python 的运算符。

任何语言都要从基础学起，**Python** 语言简单易学，最基本的语法包括数据类型和变量、标识符和关键字、运算符等，本章将逐步介绍这些基础知识。

2.1　Python 程序的书写规范

PY-02-v-001

在 **Python** 的编辑环境中，程序的书写规范主要体现在语句格式、语句的缩进与代码块、注释 3 个方面。

2.1.1　Python 的语句格式

Python 通常是一行书写一条语句，语句结束时不写分号。

如果一行书写多条语句，则语句间需要使用分号分隔。如果一条 Python 语句太长，则可以使用 "\" 作为续行符，实现将一行的语句分为多行显示，**Python** 解释器在翻译时会把包含 "\"

的多行代码当作一条语句进行处理。

【例 2-1】输出 3 个数的和。

```
a=3
b=4
c=5
s=a+b+c
print(s)
```

结果为：

```
12
```

【例 2-2】一行书写多条语句。

```
a=3;b=4;c=5
s=a+b+c
print(s)
```

结果为：

```
12
```

【例 2-3】使用续行符，将一条语句拆分成多行。

```
a=3
b=4
c=5
s=a+b\
    +c
print(s)
```

结果为：

```
12
```

如果在括号（"[]""{}""()"）中使用多行形式书写一条语句，就可以不使用续行符。

【例 2-4】不使用续行符，将一条语句拆分成多行。

```
a=3
b=4
c=5
s=(a+b
    +c)
```

```
print(s)
```

Python 语句中的标点符号都应该是半角状态。

【例 2-5】正确输出"hello world"。

```
a="hello world"
print(a)
```

结果为：

```
hello world
```

如果换成中文输入法，则会出现错误。

【例 2-6】错误输出"hello world"。

```
a= "hello world"
print(a)
```

结果为：

```
SyntaxError: invalid character '"' (U+201D)
```

上面提示的意思是语法错误："" (中文双引号)是无效字符。

2.1.2　Python 语句的缩进与代码块

代码块也被称为复合语句，由多条语句组成，能完成相对复杂的功能。代码块使用缩进来表示，Python 对缩进要求很严格，如果缩进不对，就会报语法错误。Python 可以使用制表符或空格来缩进层次，但两者不能混用。

Python 语句行缩进的空格数是可以调整的，但要求同一个代码块的语句必须包含相同的缩进空格数。缩进类似于分层，同一缩进就是相同的层次。

【例 2-7】缩进的应用。

```
a=int(input('请输入一个数：'))
b=int(input('请输入另一个数：'))
if a==0:          # 判定 a 是否等于 0
    print(a)      # 自动生成缩进
else:
    print(b)      # 自动生成缩进
```

在上面的代码中，if 语句和 else 语句后的代码块都自动进行了缩进，如果没有缩进，则会在运行时报告出错信息。

2.1.3   Python 的注释

在编写程序时，为代码添加注释是一个良好的编程习惯。注释用于说明程序或语句的功能，添加注释有利于代码的阅读和维护。Python 解释器看到注释内容会直接跳过，不进行处理。

Python 的注释分为单行注释和多行注释两种。

1. 单行注释

单行注释以 "#" 开头，可以是独立的一行，也可以附在语句或表达式的后面。

【例 2-8】单行注释作为单独的一行放在被注释代码的上面。

```
pi=3.14
r=3
# 输出圆的周长
print(2*pi*r)
```

【例 2-9】单行注释附在语句后面。

```
pi=3.14
r=3
print(2*pi*r)  # 输出圆的周长
```

这两种方式都是单行注释，说明要输出圆的周长。【例 2-8】的注释放在 print 语句的上面，独立一行；【例 2-9】的注释放在 print 语句的后面。

2. 多行注释

如果注释内容过多，一行并不能完全显示时，则需要使用多行注释。多行注释可以用多个 "#" 号，也可以使用 3 个单引号或 3 个双引号来表示多行注释，这种注释实际上是跨行的字符串。

【例 2-10】使用多个#号进行多行注释。

```
# 生成 3 个 1~6 的随机数
# 导入 random 库
# 使用 random 库中的 randrange() 函数随机生成数字
# 参数是 1 和 7，即产生 1 到 6 的随机数
import random
point1=random.randrange(1,7)
point2=random.randrange(1,7)
point3=random.randrange(1,7)
print(point1,point2,point3)
```

【例 2-11】使用 3 个单引号进行多行注释。

```
'''
生成 3 个 1～6 的随机数
导入 random 库
使用 random 库中的 randrange() 函数随机生成数字
参数是 1 和 7，即产生 1 到 6 的随机数
'''
import random
point1=random.randrange(1,7)
point2=random.randrange(1,7)
point3=random.randrange(1,7)
print(point1,point2,point3)
```

2.2　Python 的数据类型和变量

数据类型是学习一门编程语言必须掌握的知识。Python 中对象的数据类型是不需要预先定义的，这是因为系统会根据赋值的结果自动识别数据类型。Python 中有 6 种标准的对象类型：数字（Number）、字符串（String）、列表（List）、元组（Tuple）、集合（Set）、字典（Dictionary）。

我们将数字（Number）、字符串（String）称为简单数据类型，列表（List）、元组（Tuple）、集合（Set）、字典（Dictionary）称为组合数据类型。

2.2.1　简单数据类型

简单数据类型包括数字（Number）、字符串（String）。

1. 数字类型

Python3 支持 4 种不同的数字类型：整（int）型、浮点（float）型、布尔（bool）型、复数（complex）型。

1）整型

整（int）型通常被称为整数，包括正整数和负整数。在 Python3 中整型没有被限制大小，在程序中的表示方法和数学上的写法是一致的，如 5、123、–234、0 等。

【例 2-12】使用 type() 函数查看数据类型。

```
>>> a=100
```

```
>>> b=-200
>>> c=0
>>> type(a),type(b),type(c)
(<class 'int'>, <class 'int'>, <class 'int'>)
```

2）浮点型

浮点（float）型由整数部分与小数部分组成，如 6.13、20.0 等都属于浮点型数值。浮点型也可以使用科学记数法表示，如 1.23e9，0.34e-2 等，这里的 e 表示基数是 10，e 后面的数字表示指数，指数的正负使用正负号表示。

【例 2-13】科学记数法表示浮点数。

```
>>> print(1.23e9)    # 相当于1.23乘以10的9次幂
1230000000.0
>>> print(0.34e-2)   # 相当于0.34乘以10的-2次幂
0.0034
```

3）布尔型

布尔（bool）型属于整型的子类，常用来表示真和假两种对立的状态，其值只有 True 和 False。其中，True 表示真（条件满足或成立），False 表示假（条件不满足或不成立），True 本质就是 1，False 本质就是 0。

布尔值为 False 的包括 None、False、整数 0、浮点数 0.0、复数 0.0+0.0j、空字符串''、空列表[]、空元组()、空字典{}等，这些数据的布尔值可以使用 Python 的内置函数 bool() 来测试。

【例 2-14】测试布尔类型。

```
>>> a=1
>>> type(a),bool(a)
(<class 'int'>, True)
>>> b=0.0
>>> type(b),bool(b)
(<class 'float'>, False)
```

4）复数型

复数（complex）型用来表示数学中的复数，复数由实数部分 real 和虚数部分 imag 构成，可以用 real+imagj 表示，也可以用 a+bj 表示，其中复数的实部 a 和虚部 b 都是浮点型。

【例 2-15】复数运算。

```
>>> (1+3j)*(9+4j)
(-3+31j)
```

【例 2-16】测试复数类型。

```
>>> ddw=2+4j
>>> print(ddw)
(2+4j)
>>> type(ddw)
<class 'complex'>  # complex 代表复数类型
```

【例 2-17】复数的实部和虚部。

```
>>> a=6.3+8j
>>> print(a)
(6.3+8j)
>>> a.real   # real 是复数的实部
6.3
>>> a.imag   # imag 是复数的虚部
8.0
```

在 Python 项目开发中，经常会用到数值计算，对于一些常用的数值计算方法，标准库中提供了一些内置函数，可以帮助我们快速地实现数值的计算，具体如下。

- 绝对值函数：abs()，如 abs(-5)，结果为 5。
- 最大值函数：max()，如 max(10,30,70,40,50)，结果为 70。
- 最小值函数：min()，如 mix(10,30,70,40,50)，结果为 10。
- 获取商和余数：divmod()，如 divmod(17,5)，结果为(3,2)，即商为 3，余数为 2。
- 幂乘函数：pow()，如 pow(5,3)，结果为 125。
- 四舍五入函数：round()，如 round(4.8)，结果为 5。

2. 字符串类型

PY-02-v-002

字符串类型是 Python 中最常用的数据类型，本质是由一串字符序列构成的不可变对象，通常可以使用一对单引号或一对双引号来表示字符串，如果希望字符串包含换行、制表符等特殊字符时也可以使用一对三引号（'''或"""）来表示字符串。

使用不同的引号来表示字符串并没有太大区别，只不过单引号表示的字符串内可以包含双引号，双引号表示的字符串内可以包含单引号。所以，如果希望在字符串包含单引号字符时，就应该使用双引号表示字符串，反之亦然。而如果希望字符串中同时包含单引号字符和双引号字符，则可以使用三引号来表示字符串。

【例 2-18】不同形式字符串的应用。

```
a="空山新雨后，"   # 使用双引号，字符串内容须在一行
b='天气晚来秋。'   # 使用单引号，字符串内容须在一行
 # 使用三引号，字符串内容可以连续多行
```

```
c='''明月松间照，清泉石上流。
竹喧归浣女，莲动下渔舟。
随意春芳歇，王孙自可留。'''
print(a)
print(b)
print(c)
```

结果为：

```
空山新雨后，
天气晚来秋。
明月松间照，清泉石上流。
竹喧归浣女，莲动下渔舟。
随意春芳歇，王孙自可留。
```

Python 字符串中，使用反斜线 "\" 可以实现转义的功能，如 "\n" 表示换行符。通过转义字符可以在字符串中包含一些特殊字符，常用的转义字符如表 2.1 所示。

表 2.1　常用的转义字符

转义字符	含义	转义字符	含义
\n	换行符	\r	回车
\t	制表符	\\	一个反斜线\
\'	单引号	\"	双引号

【例 2-19】转义符的应用。

```
print('I like Python')        # 正常输出字符串
print("I like\nPython")       # \n 是换行符
print('what\'s your name')    # \' 表示单引号
```

结果为：

```
I like Python
I like
Python
what's you name
```

3. 数据类型转换

在 Python 项目开发中，不同的数值类型也可以进行转换，并且标准库中提供数据转换函数，如表 2.2 所示。

表 2.2　数据转换函数

函数	作用
int()	将字符串或数字转化为整型数
float()	将数字或字符串转化为浮点型
str()	将数字转化为字符型
chr()	将 ASCII 码转换为字符
ord()	将字符转换为 ASCII 码
bool()	判断布尔运算结果，成立返回 True，不成立返回 False

【例 2-20】数据类型转换。

```
a='123'
b=456
c=int(a)+b
d=str(b)+a   # 字符串运算中"+"是连接运算符
print(c)
print(d)
e=chr(65)
f=ord('a')
print(e,f)
bool("")
bool(" ")
```

结果为：

```
579
456123
A 97
False
True
```

2.2.2　组合数据类型

组合数据类型包含列表（List）、元组（Tuple）、字典（Dictionary）、集合（Set）。详细的组合数据类型知识将在第 5 章介绍。

1. 列表类型

列表（List）是由一系列变量组成的可变序列容器，属于 Python 中的内置数据类型，列表用方括号表示，列表内容用逗号分隔。例如：

```
[12,33,43,45]
["I","LOVE","Python"]
["春", "夏",123,True]
```

2. 元组类型

元组（Tuple）和列表类似，也是 Python 的内置数据类型，但元组是由一系列变量组成的不可变序列容器，即元组创建后无法再添加、删除、修改元素。在创建元组时，只要将元组的元素用圆括号括起来，并使用逗号隔开即可。例如：

```
(112,23,43,55)
("I","LOVE","Life")
("秋", "冬",123,False)
```

3. 字典类型

字典（Dictionary）是由一系列"键:值"对组成的可变映射容器，其中"键"必须是唯一且不可改变的，可以用字符串、数字、元组表示，而"值"可以是任何类型，通过唯一的"键"可以快速找到对应的"值"。字典中的每一个元素都包含"键"和"值"两部分，字典用花括号表示，每个元素的"键"和"值"用冒号分隔，元素之间用逗号分隔。例如：

```
{"Fruits":"apple","Price": 6, "Place of Origin": "shandong"}
```

4. 集合类型

Python 中的集合和数学中的集合概念类似，是由若干个无序元素组成的容器，集合内的元素不能重复，类似字典中的"键"，可以把集合看作是只有"键"，没有"值"的字典，但集合不支持索引操作。例如：

```
set([12,33,43,45])
```

2.2.3 变量

PY-02-v-003

1. 变量的定义

变量的概念基本上和代数的方程变量是一致的，是用来存储数据的。计算机程序中的变量可以是数字，也可以是任意数据类型。

2. 变量的命名规则

变量只能由字母、数字、汉字、下划线组成，并要满足以下要求：

（1）数字不能开头。例如，可将变量命名为 ddw_1，但不能将其命名为 1_ddw。

（2）字母严格区分大小写。例如，变量 a 和变量 A 是两个不同的变量。

（3）不能使用 Python 保留的关键字。例如，def、class、break 等。

3. 变量的赋值

Python 中的变量赋值不需要类型声明，这是因为每个变量在使用前都必须赋值，只有变量赋值以后该变量才会被创建。在程序运行过程中，变量可以赋值不同数据，其类型可以变化，使用 type()函数可以获取当前的类型信息。

需要注意的是，在 Python 中，变量本身并没有类型，所谓的"类型"是变量赋值后数据对象在内存中的类型。

【例 2-21】测试变量类型。

```
ddw = 100          # 变量ddw赋值了整型数据
print(type(ddw))
ddw = "hello"      # ddw赋值了字符串数据
print(type(ddw))
```

结果为：

```
<class 'int'>
<class 'str'>
```

对变量进行赋值时，可以一条语句完成一个变量的赋值操作，也可以一条语句实现对多个变量赋值。

【例 2-22】同时对多个变量赋值。

```
ddw = 100                      # 变量ddw赋值了整型数据
print(ddw)
ddw1,ddw2,ddw3 = 200,300,400   # 同时对多个变量赋值
print(ddw1, ddw2, ddw3)
```

结果为：

```
100
200 300 400
```

2.3　标识符和关键字

2.3.1　标识符

Python 语言的标识符通常由字母、数字、下划线构成，在 Python3 中，可以用中文作为标识符，也就是非 ASCII 表中标识符也是被允许的，但是中文标识符容易出现编码问题。在使用不同的编辑工具时，中文字符编码可能会有所区别，所以在实际项目开发中，不建议使用中文标识符。

自定义或使用标识符时需要注意以下问题。

- 字母区分大小写，如 "a" 和 "A" 是两个不同的标识符。
- 数字可以包含在标识符中，但不能作为标识符的开头。
- "_单下划线开头"：不能直接访问的类属性（受保护）。
- "__双下划线开头"：类的私有成员，外部代码不允许访问。
- "__双下划线开头和结尾__"：Python 中特殊方法专用的标识。
- "单下划线结尾_"：用户自定义标识符名称，用于和系统内置的名称区分开。

【例 2-23】合法的标识符。

```
name123
name_123
_name123
```

【例 2-24】非法的标识符。

```
123name      # 数字开头
return       # 属于 Python 中的关键字
name?123     # 包含了特殊字符?
```

2.3.2　关键字

Python 中内置了一些特殊含义的标识符，被称为保留字或关键字，但自定义标识符不能使用它们。为了方便开发者了解当前 Python 版本中有哪些保留关键字，表 2.3 列出了 Python 语言中的所有关键字。

表 2.3　Python 语言中的所有关键字

and	as	assert	async	await	break
class	continue	def	del	elif	else
except	finally	for	from	False	global
if	import	in	is	lambda	nonlocal
not	None	or	pass	raise	return
try	True	while	with	yield	

标准库中提供了一个 keyword 模块，通过 keyword 模块也可以获取当前版本的关键字列表。

【例 2-25】获取当前版本的关键字。

```
>>> import keyword
>>> keyword.kwlist
['False', 'None', 'True', 'and', 'as', 'assert','async', 'await',
'break', 'class', 'continue', 'def', 'del', 'elif', 'else', 'except',
'finally', 'for', 'from', 'global', 'if', 'import', 'in', 'is', 'lambda',
'nonlocal', 'not', 'or', 'pass', 'raise', 'return', 'try', 'while',
'with', 'yield']
```

2.4　Python 的运算符

运算符是用于表示不同运算类型的符号，运算符分为算术运算符、比较运算符、逻辑运算符、赋值运算符和位运算符等，Python 中的运算对象（常量、变量）用运算符连接在一起就构成了表达式。

2.4.1　算术运算符

算术运算符可以完成数学中的四则运算。Python 中常用的算术运算符如表 2.4 所示。

表 2.4　Python 中常用的算术运算符

算术运算符	说明
+	加
–	减
*	乘
/	除
%	取模(求余)
**	求幂
//	整除

【例 2-26】算术运算符的应用。

```
x=5
y=4
print(x+y)
print(x-y)
print(x*y)
print(x/y)
print(x%y)  # x 除 y 的余数
print(x**y)  # x 的 y 次幂
print(x//y)
```

结果为:

```
9
1
20
1.25
1
625
1
```

2.4.2 比较运算符

比较运算符也被称为关系运算符,是指两个数据之间的比较,运算结果为布尔型。当关系表达式成立时,值为 True;当关系表达式不成立时,值为 False。Python 中常用的比较运算符如表 2.5 所示。

表 2.5 常用的比较运算符

比较运算符	说明
>	大于
<	小于
==	精确等于
!=	不等于
>=	大于或等于
<=	小于或等于

【例 2-27】比较运算符的应用。

```
x=6
```

```
y=4
print(x>y)
print(x<y)
print(x==y)    # 判定等号两边是否相同
print(x!=y)
print(x>=y)
print(x<=y)
```

结果为：

```
True
False
False
True
True
False
```

2.4.3　逻辑运算符

逻辑运算符用于对布尔型数据进行逻辑运算，运算结果是布尔值 True 或 False。Python 中的逻辑运算符如表 2.6 所示。

表 2.6　Python 中的逻辑运算符

逻辑运算符	说明
and	逻辑与
or	逻辑或
not	逻辑非

注意：

（1）与运算中，参与运算的对象有一个为 False，结果就是 False。

（2）或运算中，参与运算的对象有一个为 True，结果就是 True。

（3）非运算是单目运算，True 取非为 False，False 取非为 True。

【例 2-28】逻辑运算符的应用。

```
x=True
y=False
print(x and y)
print(x or y)
print(not x)
```

```
print(not y)
```

结果为：

```
False
True
False
True
```

【例 2-29】逻辑运算符的应用。

```
x=6
y=3
print(x>y and True)
print(x==y or 1)
print(not y<=x)
```

结果为：

```
True
1
False
```

2.4.4　赋值运算符

赋值运算符用于计算表达式的值并送给变量，Python 中常用的赋值运算符如表 2.7 所示。

表 2.7　Python 中常用的赋值运算符

赋值运算符	说明
=	简单赋值
+=	加赋值
-=	减赋值
*=	乘赋值
/=	除赋值
%=	取模（求余）赋值
**=	幂赋值
//=	整除赋值

Python 中赋值有 3 种情况：

- 为单一变量赋一个值。
- 为多个变量赋相同的值。

- 为多个变量赋多个不同的值。

【例 2-30】赋值运算符的应用。

```
>>> x=100
>>> a=b=c=50
>>> p=100
>>> a=b=c=50
>>> x,y,z=10,20,30
>>> print(x)
10
>>> print(a,b,c)
50 50 50
>>> print(x,y,z)
10 20 30
```

【例 2-31】复合赋值运算符的应用。

```
>>> i=1        # 简单赋值
>>> i+=1       # 加赋值，相当于 i=i+1
>>> print(i)
2
>>> i*=2       # 乘赋值，相当于 i=i*2
>>> print(i)
4
>>> i**=3      # 幂赋值，相当于 i=i**3
>>> print(i)
64
```

2.4.5 位运算符

位运算的规则是把数字转换为二进制数后进行运算，运算结果再转换回原来的进制。位运算符用于对数据进行按位操作。Python 中常用的位运算符如表 2.8 所示。

表 2.8 Python 中常用的位运算符

位运算符	说明
~	按位取反
&	按位与
|	按位或
^	按位异或

续表

位运算符	说明
>>	右移
<<	左移

需要注意的是，位运算得到的结果是补码的形式。

【例 2-32】位运算符的应用。

```
>>> a=6
>>> b=2
>>> ~a          # 等价于对 00000110 按位取反操作，得到 11111001，这是 -7 的补码
-7
>>> a|b         # 等价于 00000110 和 00000010 按位或，得到 00000110，这是 6
6
>>> a&b         # 等价于 00000110 和 00000010 按位与，得到 00000010，这是 2
2
>>> a>>b        # 等价于 00000110 向右移 2 位，得到 00000001，这是 1
1
>>> a<<b        # 等价于 00000110 向左移 2 位，得到 00011000，这是 24
24
```

2.4.6 运算符的优先级

在同一语句中，如果使用了多个运算符，推荐通过圆括号"()"来区分执行顺序，圆括号里面的运算操作会先被计算，否则多个运算操作会按优先级从高到低进行计算，对应优先级如表 2.9 所示。

表 2.9 运算符的优先级

运算符	说明
**	指数(最高优先级)
~ + -	按位翻转、正数和负数
* / % //	乘、除、求余和取整
+ -	加法和减法
>> <<	右移和左移
&	按位与
^ |	按位异或、按位或
< <= > >=	比较运算符

续表

运算符	说明
==　!=	等于运算符
= += -= *= /= %= //=	赋值运算符
not　and　or	逻辑运算符

【例 2-33】运算符优先级的应用。

```
>>> a=10
>>> b=20
>>> c=30
>>> a*(c-b)/(b-a)
10.0
>>> a=7
>>> b=8
>>> x=5.7
>>> y=3.6
>>> a+b>a-b*-1 and x<y%3
False
```

2.5　实训任务 1——数据交换

2.5.1　任务描述

数据交换是最基本也是最常用的算法，我们可以使用多种方式实现两个数据的交换，如输入变量为 a=123 和 b=321，交换后输出变量则为 a=321 和 b=123。

2.5.2　任务分析

交换方案 1：利用赋值运算，使用第三变量方式实现两个变量的交换操作。这种方式可以适用任何数据类型，但是多定义一个变量需要多分配内存空间。

交换方案 2：使用二进制位运算方式。位运算是所有运算符中效率最高的，这是因为计算机底层只有 1 和 0，所以其他运算符的很多功能也是要转换为位运算后才能实现的。但这种方式无法实现字符串等其他类型数据的交换。

交换方案 3：利用 Python 可以在一条语句中对多个变量同时赋值的语法规则，实现数据交换。这种方式支持所有数据类型，也不需要再定义第三变量。

实验环境如表 2.10 所示。

表 2.10　实验环境

硬件	软件	资源
PC/笔记本电脑	Windows 10 PyCharm 2022.1.3（社区版） Python 3.7.3	无

2.5.3　任务实现

步骤一：编写基础代码

启动 PyCharm 开发环境，在 python_project 项目文件夹下创建 Python 文件 swap.py，并根据任务分析，编写输入和输出操作的基础代码，交换操作代码暂时使用 pass 语句跳过，代码如下。

```
data1 = input("请输入第一个数据：")
data2 = input("请输入第二个数据：")
# 交换操作
pass
print("第一个数据:", data1)
print("第二个数据:", data2)
```

步骤二：使用交换方案 1 实现交换操作

在步骤一的基础上，按照交换方案 1 的算法，实现两个任意类型数据的交换，交换操作代码如下。

```
temp = data1
data1 = data2
data2 = temp
```

图 2.1　交换方案 1 结果

运行（Run）上述代码，可以实现两个任意类型的数据交换，如图 2.1 所示。

步骤三：使用交换方案 2 实现交换操作

注释方案 1 的交换代码，改用交换方案 2 的算法，使用二进制位运算的方式实现两个数字的交换。需要注意的是，这种方式只能用于整数的交换，而在输入的数据默认为字符串类型时，则需要转换为 int 类型才能进行位运算，对应的交换操作代码如下。

```
data1 = int(data1)
data2 = int(data2)
data1 = data1 ^ data2
data2 = data1 ^ data2
data1 = data1 ^ data2
```

重新运行代码，输入两个整数，可以得到交换后的结果，如图 2.2 所示。

步骤四：使用交换方案 3 实现交换操作

注释方案 2 的交换代码，改用交换方案 3 的算法，使用多个变量同时赋值的方式，优化交换两个数据的算法，代码如下。

```
data1, data2 = data2, data1
```

再次运行代码，结果如图 2.3 所示。该交换方案可以实现任意类型的数据交换，但相比于交换方案 1 的代码要更加精练，同时相比于交换方案 2 还可以支持更多的数据类型。

图 2.2　交换方案 2 结果

图 2.3　交换方案 3 结果

2.6　实训任务 2——时间换算

2.6.1　任务描述

通过键盘输入一个秒数，从而计算出对应的时、分、秒的结果。例如，输入秒数是 5000，换算后的时间为"01:23:20"。

2.6.2　任务分析

首先使用 input()函数，读取用户输入的秒数；然后通过算术运算符得出对应的时、分、秒结果；最后使用 print()函数将计算结果进行格式化输出。

实验环境如表 2.11 所示。

表 2.11　实验环境

硬件	软件	资源
PC/笔记本电脑	Windows 10 PyCharm 2022.1.3（社区版） Python 3.7.3	无

2.6.3　任务实现

步骤一：读取用户输入的秒数

创建 Python 文件 time_conversion.py，在文件中使用 input()函数读入秒数并转换为 int 类型数据，方便下一步的运算，代码如下。

```
seconds = input("请输入一个秒数:")
seconds = int(seconds)
```

步骤二：计算时分秒

利用算术运算符 //（整除）和 %（取模），计算出秒数对应的时、分、秒结果，代码如下。

```
seconds // 3600
minute = seconds % 3600 // 60
second = seconds % 60
```

步骤三：打印结果

使用 print()函数，格式化时、分、秒的打印结果，代码如下。

```
print("%02d:%02d:%02d"%(hour, minute, second))
```

运行代码，输入一个秒数后，将打印对应的时、分、秒结果，如图 2.4 所示。

图 2.4　时间换算

2.7　实训任务 3——简单加密算法

2.7.1　任务描述

通过按位异或（^）运算，实现对数据（如日期数字：20221030）的加密和解密操作。

2.7.2　任务分析

位运算中按位异或（^）的计算规则是对应二进制位值相同时，按位异或的操作结果为 0；而对应二进制位值不同时，则按位异或的操作结果为 1。

基于按位异或运算规则，可以得出"X^Y^Y=X"，即一个值（X）连续两次"异或"另一个值（Y），其结果仍然还是该值（X）本身。根据这个运算特点，可以将 X 视为明文，将 Y 作为密钥，使用按位异或运算"X^Y=Z"就是将明文（X）进行加密。如果没有密钥（Y），则无法将密文（Z）还原到明文（X）；如果有密钥（Y），则可以通过"Z^Y=X"重新获得明文（X），实现解密。因此可以利用按位异或运算的特点，将其用于数据加密和解密的算法中。

实验环境如表 2.12 所示。

表 2.12　实验环境

硬件	软件	资源
PC/笔记本电脑	Windows 10 PyCharm 2022.1.3（社区版） Python 3.7.3	无

2.7.3　任务实现

步骤一：准备测试数据和密钥

创建 Python 文件 xor.py，准备一个日期数字（如 20221030）作为测试的明文数据，同时定义密钥（key），代码如下。

```
data = 20221030
key = 12345678
```

步骤二：加密运算

将明文数据和密钥进行按位异或运算即可得到加密结果（encryption_data），打印的结果已经完全看不出是一个日期数字，代码如下。

```
encryption_data = data ^ key
print(encryption_data) # 25750824
```

步骤三：解密运算

如果获得了密钥（key），则可以对加密后的数据再次执行按位异或运算，从而还原为正确的日期数字，代码如下。

```
decrypt_data = encryption_data ^ key
print(decrypt_data) # 20221030
```

本章总结

通过本章的学习，大家应用掌握了 Python 语言的基础知识，具体如下。

1. Python 程序的书写规范

（1）Python 的语句格式。

（2）Python 语句的缩进与代码块。

（3）Python 的注释。

2. Python 的数据类型

（1）简单数据类型包含数字（Number）、字符串（String）。

（2）组合数据类型包含列表（List）、元组（Tuple）、集合（Set）、字典（Dictionary）。

3. Python 的标识符和关键字

（1）标识符由字母、数字、下画线组成，字母区分大小写且不能以数字开头。

（2）关键字是 Python 内置的一些特殊含义的标识符，自定义的标识符不能使用。

4. Python 的运算符

（1）算术运算符包括加（+）、减（-）、乘（*）、除（/）、取模（%）、求幂（**）、整除（//）。

（2）比较运算符包括大于（>）、大于或等于（>=）、小于（<）、小于或等于（<=）、精确等于（==）、不等于（!=）。

（3）逻辑运算符包括逻辑与（and）、逻辑或（or）、逻辑非（not）。

（4）赋值运算符包括简单赋值（=）、加赋值（+=）、减赋值（-=）、乘赋值（*=）、除赋值（/=）、取模赋值（%=）、幂赋值（**=）、取整除赋值（//=）。

（5）位运算符包括按位取反（~）、按位与（&）、按位或（|）、按位异或（^）、左移（<<）、右移（>>）。

作业与练习

PY-02-c-001

一、单选题

1．使用 bool() 函数测试，下列哪一项的值不是 False（　　　）。

    A．-1   B．[]   C．{}   D．0

2．Python 中列表用（　　　）符号表示。

  A．()   B．[ ]   C．{ }   D．" "

3．Python 的字典用（　　　）符号表示。

  A．()   B．[ ]   C．{ }   D．" "

4．下列哪项可作为 Python 的标识符（　　　）。

  A．ppp()   B．as   C．aa#bb   D．_ddw_cool

5．根据字符串的定义，下列哪一项是错误的（　　　）。

  A．"ddw"   B．'ddw'   C．'''ddw'''   D．[ddw]

6．下列说法中正确的是（　　　）。

  A．Python 通常以分号结束   B．Python 语句只能一行一条

  C．Python 注释可以#开头   D．同一代码块中的缩进可不相同

二、填空题

1．Python 的数字数据类型包括（　　　）、（　　　）、（　　　）和（　　　）。

2．下面代码执行结果是（　　　）（　　　）。

```
>>> print(4==3 or 3>2)
>>> print(3>=3 and 5<=3)
```

三、编程题

1．编写程序，输入 3 个学生成绩，计算总分和平均分。

2．编写程序，输入球体的半径，计算球体的表面积和体积。

第 *3* 章

程序控制结构

本章目标

- 了解 Python 程序的基本结构。
- 掌握分支结构的基本语句和使用方法。
- 掌握循环结构的基本语句和使用方法。
- 掌握 break、continue、pass 和 else 语句的作用。
- 了解程序异常的概念。
- 了解 Python 的异常类。
- 掌握异常处理机制。

计算机程序都是由一系列语句组成的，在运行程序时会按照程序语句内容逐条分析并执行。在结构化程序设计中，主要使用 3 种基本控制结构来编写程序，即顺序结构、分支结构和循环结构。

本章首先介绍程序控制结构的 3 种类型，然后分别介绍分支语句、循环语句和跳转语句，最后介绍程序异常的概念、异常类和异常处理机制。希望通过本章的学习，大家能够了解结构化程序设计的编程思想，并学会使用这种思想开发程序。

3.1 基本结构

3.1.1 程序流程图

程序流程图用一些图形来表示各种操作。用图形表示算法，直观形象，易于理解。美国国家标准化协会（American National Standard Institute，ANSI）规定了一些常用的流程图符号（见图 3.1），已被世界各国程序工作者普遍采用。

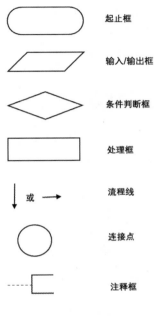

图 3.1　流程图符号

3.1.2　程序的基本结构

Python 程序有 3 种典型的控制结构。

（1）顺序结构：在程序执行时，按照语句的书写顺序，从顶向下，一条一条地顺序执行。顺序结构流程图，如图 3.2 所示。

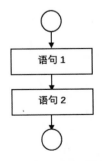

图 3.2　顺序结构流程图

顺序结构是结构化程序设计中最简单的结构。

【例 3-1】编写程序，输入正方形的边长，求正方形的周长和面积。具体的 Python 程序代码如下。

```
a=float(input("请输入正方形边长："))
l=4*a
s=a*a
print("正方形周长是：",l)
print("正方形面积是：",s)
```

在【例 3-1】中，input() 函数将用户输入内容按字符串类型存储（数字也按字符串存储）。字符串数字要想进行数值计算，就需要通过 int() 函数或 float() 函数将其转换为数字类型。

运行程序，输入边长 6，输出结果如下。

```
正方形周长是： 24.0
正方形面积是： 36.0
```

（2）分支结构：也被称为"选择结构"。分支语句根据设置的条件是否成立决定执行哪一部分的语句命令。分支结构流程图，如图 3.3 所示。

（3）循环结构：也被称为"重复结构"，可以将同一个语句块根据特定的条件执行若干次。采用循环结构可以实现有规律地重复计算处理。循环结构流程图，如图 3.4 所示。

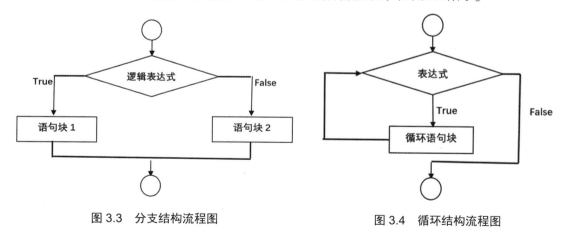

图 3.3　分支结构流程图　　　　　　图 3.4　循环结构流程图

3.2　分支结构

PY-03-v-001

分支结构是程序设计中常用的基本结构，其功能是对给定的条件进行比较和判断，并根据判断结果执行不同的语句块。

Python 中常见的分支结构有 3 种，如下。

- 单分支结构：if 语句。
- 双分支结构：if⋯else 语句。
- 多分支结构：if⋯elif⋯else 语句。

3.2.1　单分支结构：if 语句

if 语句是最基本的分支结构语句，一般用于针对某种情况进行相应的操作，通常表现为"如果满足某种条件，那么就执行某种操作"。其语句格式如下。

```
if 逻辑表达式：
    语句块
```

功能：如果"逻辑表达式"的值为真，则执行其后的"语句块"；如果"逻辑表达式"的值为假，则跳过 if 语句，继续执行后面的语句。

注意：语句格式中的 if 关键字和冒号不能省略，if 关键字与"逻辑表达式"以空格分隔，第 2 行"语句块"通过缩进与 if 语句产生关联，编译器中自动向后缩进 4 个空格。单分支语句流程图，如图 3.5 所示。

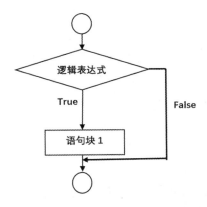

图 3.5　单分支语句流程图

【例 3-2】编写程序，实现考试成绩评估。要求：在某同学参加的计算机等级考试中，考试成绩不低于 60 分的学生为"考试及格"。只需在键盘中输入成绩值，即可输出显示成绩评估结果。

具体的 Python 程序代码如下。

```
x=int(input("请输入成绩："))
```

```
if x>=60:
    print("考试及格！")
```

在【例 3-2】中，input()函数将用户输入内容按字符串类型存储。字符串数字要想进行数值计算，则需要通过 int()函数或 float()函数将其转换为数字类型。第 2 行最后的 "："不能省略。第 3 行前的缩进代表与第 2 行 if 语句产生关联，第 3 行和第 2 行有从属关系，当第 2 行条件成立时，则执行第 3 行语句内容。

运行程序，输入成绩 88 分，输出结果如下。

考试及格！

运行程序，输入成绩 50 分，无任何输出。

【例 3-3】编写程序，北京冬季奥运会需要女性举牌志愿者，要求志愿者身高为 1.73～1.75 米且体重要求为 50～55 千克，请编写初级筛选程序，输入身高、体重信息，符合要求的显示 "你的身高符合要求，欢迎加入冬奥举牌志愿者团队！"。

具体的 Python 程序代码如下。

```
s=float(input("请输入身高数据（单位：米）："))
m=float(input("请输入体重数据（单位：千克）："))
if s>=1.73 and s<=1.75 and m>=50 and m<=55:
    print("你的身高符合要求，欢迎加入冬奥举牌志愿者团队！")
```

在【例 3-3】中，当同时满足第 3 行多个逻辑表达式时可以在表达式中间输入逻辑与运算关键字 and，且关键字 and 前后有空格；第 3 行最后的 "："不能省略。第 4 行前的缩进代表与第 3 行 if 语句产生关联，即第 4 行和第 3 行有从属关系，当第 3 行条件成立时，则执行第 4 行语句内容。

运行程序，输入身高 1.73 米，体重 52 千克，输出如下。

你的身高符合要求，欢迎加入冬奥举牌志愿者团队！

运行程序，输入身高 1.70 米，体重 54 千克，无任何输出。

3.2.2　双分支结构：if…else 语句

单分支 if 语句只能处理满足条件的情况，但多数时候我们不仅需要处理满足条件的情况，还需要对不满足条件的情况做相应处理。因此，Python 提供了可以同时处理满足条件和不满足条件的 if…else 语句。if…else 语句通常表现为 "如果满足某种条件，那么就执行某种操作，否则执行另一种操作"。其语句格式如下。

```
if 逻辑表达式:
```

```
        语句块 1
else:
        语句块 2
```

功能：如果"逻辑表达式"的值为真，则执行其后的"语句块 1"，如果"逻辑表达式"的值为假，则执行"语句块 2"。

注意：语句格式中的 if 关键字、else 关键字和冒号都不能省略，且 if 关键字、else 关键字顶格对齐。if 关键字与"逻辑表达式"中间以空格分隔。第 2 行"语句块 1"通过缩进与 if 语句产生关联；第 4 行"语句块 2"通过缩进与 else 语句产生关联，编译器中自动向后缩进 4 个空格。双分支语句流程图，如图 3.6 所示。

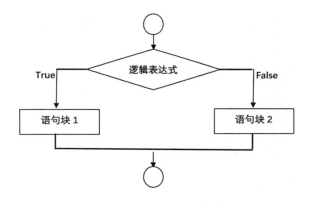

图 3.6　双分支语句流程图

【**例 3-4**】编写程序，从键盘中任意输入两个整数，输出显示较大值。
具体的 **Python** 程序代码如下。

```python
a=int(input("请输入第一个整数："))
b=int(input("请输入第二个整数："))
if a>=b:
    print("较大数是：",a)
else:
    print("较大数是：",b)
```

在【**例 3-4**】中，第 1 行和第 2 行 input()函数将用户输入内容按文本型数据存储。文本型数字要想数值计算，需要通过 int()函数或 float()函数将其转换为数字类型。第 3 行和第 5 行最后的"**:**"不能省略。第 4 行前的缩进代表与第 3 行 if 语句产生关联，第 4 行和第 3 行有从属关系，当第 3 行条件成立时，则执行第 4 行语句内容。第 6 行前的缩进代表与第 5 行 else 语句产生关联，第 6 行和第 5 行有从属关系，当第 3 行条件不成立时，则执行第 6 行语句内容。

运行程序，输入成绩 88 分和 66 分，输出如下。

```
较大数是：88
```

运行程序，输入成绩 66 分和 88 分，输出如下。

```
较大数是：88
```

【例 3-5】编写程序，北京冬季奥运会需要女性举牌志愿者，要求志愿者身高为 1.73～1.75 米且体重要求为 50～55 千克，请编写初级筛选程序，输入身高、体重信息，符合要求的显示 "你的身高符合要求，欢迎加入冬奥举牌志愿者团队！"。不符合要求的显示输出 "你的身高或体重不符合举牌志愿者要求，可以考虑报名参加其他志愿者服务。"从键盘中输入身高、体重信息，输出显示筛选结果。

具体的 Python 程序代码如下。

```python
s=float(input("请输入身高数据（单位：米）："))
m=float(input("请输入体重数据（单位：千克）："))
if s>=1.73 and s<=1.75 and m>=50 and m<=55:
    print("你的身高符合要求，欢迎加入冬奥举牌志愿者团队！")
else:
    print("你的身高或体重不符合举牌志愿者要求，可以考虑报名参加其他志愿者服务。")
```

在【例 3-5】中，第 3 行多个逻辑表达式要同时满足时可以在表达式中间输入逻辑与运算关键字 and，关键字 and 前后有空格；第 3 行和第 5 行最后的 "："不能省略。第 4 行前的缩进代表与第 3 行 if 语句产生关联，即第 4 行和第 3 行有从属关系，当第 3 行条件成立时，则执行第 4 行语句内容。第 6 行前的缩进代表与第 5 行 else 语句产生关联，即第 6 行和第 5 行有从属关系，当第 3 行条件不成立时，则执行第 6 行语句内容。

运行程序，输入身高 1.73 米，体重 52 千克，输出如下。

```
你的身高符合要求，欢迎加入冬奥举牌志愿者团队！
```

运行程序，输入身高 1.70 米，体重 52 千克，输出如下。

```
你的身高或体重不符合举牌志愿者要求，可以考虑报名参加其他志愿者服务。
```

3.2.3　多分支结构：if…elif…else 语句

通过 3.2.2 节的学习我们发现 if…else 语句局限于两个分支，当出现多个分支的场景时无法通过 if…else 语句进行处理。为处理多分支情况的场景，Python 提供了可创建多个分支结构的 if…elif…else 语句。if…elif…else 多分支语句用于针对某一事件的多种情况进行处理，通常表现为"如果满足某种条件，则执行某种处理，否则如果满足另一种条件，则执行另一种处理…"。
其语句格式如下。

```
if 逻辑表达式 1:
        语句块 1
elif 逻辑表达式 2:
        语句块 2
elif 逻辑表达式 3:
        语句块 3
......
else:
        语句块 n
```

功能：如果"逻辑表达式 1"的值为真，则执行其后的"语句块 1"，如果"逻辑表达式 1"
的值为假，则进入 elif 语句的判断，判断"逻辑表达式 2"是否为真，若"逻辑表达式 2"为真，
则执行"语句块 2"，否则继续进入 elif 语句的判断，以此类推。

注意：语句格式中的 if 关键字、elif 关键字、else 关键字和冒号都不能省略，且 if 关键字、
elif 关键字、else 关键字保持对齐。if、elif 关键字与其后的逻辑表达式中间以空格分隔。第 2 行
"语句块 1"通过缩进与 if 语句产生关联；第 4 行"语句块 2"通过缩进与 elif 语句产生关联，
以此类推，编译器中自动向后缩进 4 个空格。多分支语句流程图，如图 3.7 所示。

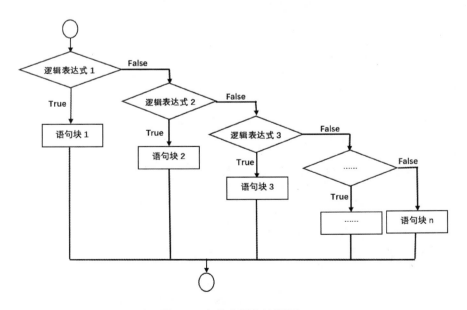

图 3.7　多分支语句流程图

【例 3-6】编写程序，进行成绩统计，输入学生成绩分值，输出显示对应的等级。（ 90 ~ 100 分输出 "优秀"；80 ~ 89 分输出 "良好"；70 ~ 79 分输出 "中等"；60 ~ 69 分输出 "及格"；60 分以下输出 "不及格"）

具体的 Python 程序代码如下。

```python
x=float(input("请输入成绩： "))
if x>=90:
    print("优秀")
elif x>=80:
    print("良好")
elif x>=70:
    print("中等")
elif x>=60:
    print("及格")
else:
    print("不及格")
```

在【例 3-6】中，第 2、4、6、8、10 行最后的 "：" 不能省略。第 3、5、7、9、11 行前的缩进代表与上一行语句产生关联。第 2、4、6、8 行哪一行条件成立，则执行对应的关联语句内容。如果第 2、4、6、8 行所有的条件都不成立，则执行 else 行所关联的语句内容。

运行程序，输入成绩 98 分，输出如下。

优秀

运行程序，输入成绩 86 分，输出如下。

良好

运行程序，输入成绩 66 分，输出如下。

及格

运行程序，输入成绩 59 分，输出如下。

不及格

3.3　循环结构

PY-03-v-002

在解决问题的过程中，有时需要按特定规律重复操作多次，对计算机来说，如果需要将特定语句重复执行，则解决方式为采用循环结构。循环结构是在一定条件下反复执行某段程序代码的流程结构，被反复执行的程序代码被称为循环体，能否继续重复执行，则由循环的终止条件决定。

Python 中使用 for 语句和 while 语句实现循环结构。

3.3.1　遍历循环：for 语句

for 语句也被称为 for 循环结构，在 Python 语言中，通过遍历的形式来访问任何序列对象内的元素，从而实现重复执行指定次数的操作。比如，遍历字符串、列表或元组等数据对象。对于循环次数固定的重复操作，我们可以使用 for 语句来实现。for 语句适用于一些根据对象元素个数或需要遍历访问所有可迭代对象的场合。其语句格式如下。

```
for 临时变量 in 目标对象:
    语句块
```

语句格式中的"临时变量"用于保存每次循环访问时的目标对象中的元素；目标对象的元素个数决定了循环的次数。"目标对象"为要遍历的对象，该对象可以是任意的序列对象，如字符串、列表、字典等，在目标对象中的所有元素被访问完之后循环结束。for 语句流程图，如图 3.8 所示。

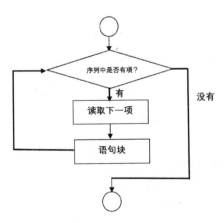

图 3.8　for 语句流程图

【例 3-7】使用 for 语句循环遍历字符串"hello"。

具体的 Python 程序代码如下。

```
for x in "hello":
    print(x)
```

在【例 3-7】中，第 1 行最后的 "：" 不能省略。第 1 行目标对象是字符串，则变量 x 每次遍历一个字符，直到字符串所有字符都遍历一遍就结束循环。第 2 行前的缩进代表与上一行语句产生关联，本语句是按变量 x 中存储内容显示输出。

运行程序，输出如下。

```
h
e
l
l
o
```

for 语句可以与 range()函数搭配使用，range()函数可以生成一个由整数组成的可迭代对象（可简单理解为支持使用 for 循环遍历的目标对象），range()函数具体用法如下。

（1）range(stop)：生成从 0 开始到 stop 结束（不包含 stop）的一系列数值。例如，range(3)生成的数值是 0、1、2。

（2）range(start,stop)：生成从 start 开始到 stop 结束（不包含 stop）的一系列数值。例如，range(2,5)生成的数值是 2、3、4。

（3）range(start,stop,step)：生成从 start 开始到 stop 结束（不包含 stop）、步长为 step 的一系列数值。比如，range(2,10,2)生成的数值是 2、4、6、8；range(10,1,–2)生成的数值是 10、8、6、4、2。

【例 3-8】使用 for 语句实现计算 1 ~ 100 的整数和。

具体的 Python 程序代码如下。

```
s=0
for i in range(1,101,1):
    s=s+i
print("1~100 整数和=",s)
```

在【例 3-8】中，第 2 行最后的 "：" 不能省略。第 2 行 range(1,101,1)用于生成 1 到 101（不包括 101）的整数，即生成 1 ~ 100 的整数；循环变量 i 从 1 开始遍历到 100。第 3 行是循环语句，将 i 遍历数进行累加求和。第 4 行与 1、2 行对齐方式一致，表示跳出循环后执行的语句。

运行程序，输出如下。

```
1~100 整数和= 5050
```

3.3.2　条件循环：while 语句

while 语句一般用于实现条件循环，是用一个表达式来控制循环的语句，该语句由关键字 while、循环条件和冒号组成。while 语句和从属于该语句的语句块组成循环结构，其语句格式如下。

```
while 循环条件:
    语句块
```

在语句格式中，while 关键字、循环条件和冒号都不能省略，循环条件与 while 关键字以空格分隔，语句块通过缩进与 while 语句产生关联。在执行 while 语句时，若循环条件的值为 True，则执行循环条件中的语句块（也被称为"循环体"），执行完语句块后再次判断循环条件，如此反复，直至循环条件的值为 False 时循环终止，并执行循环之后的语句代码。while 语句流程图，如图 3.9 所示。

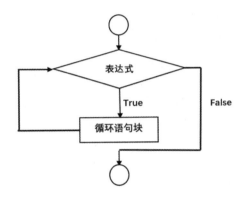

图 3.9　while 语句流程图

【例 3-9】使用 while 语句实现计算 1～100 的整数和。

具体的 Python 程序代码如下。

```python
s=0
i=1
while i<=100:
    s=s+i
    i=i+1
print("1~100 整数和=",s)
```

在【例 3-9】中，i 是循环变量，第 2 行为循环变量赋初始值 1，首次执行 while 循环时，因为 i<=100 的值为真，所以执行循环中的循环语句内容，即第 4 行和第 5 行语句。第 5 行语句 i=i+1 每次执行都会给循环变量赋予一个新值，如果没有第 5 行语句，则循环变量 i 始终为 1，满足循环条件 i<=100，会造成死循环。所以，在循环语句中需要改变循环变量 i 的值。直到 i>100 时，跳出循环体执行第 6 行语句内容。运行程序，输出如下。

```
1~100 整数和= 5050
```

3.3.3　循环嵌套

在一个循环体内又包含了另一个循环结构，这种结构被称为循环嵌套。循环嵌套对 while 循环和 for 循环语句都适用。例如，可以在 while 循环中嵌入 while 循环，也可以在 while 循环中嵌入 for 循环，还可以在 for 循环中嵌入 while 循环，甚至可以在 for 循环中嵌入 for 循环。

使用嵌套循环时应注意，内循环控制变量与外循环变量不能同名，并且外循环必须完全包含内循环，不能相互交叉。

【例 3-10】打印输出九九乘法表。

具体的 Python 程序代码如下。

```
for i in range(1,10):               #外层循环
    for j in range(1,i+1):          #内层循环
        print(j,"*",i,"=",i*j, end="  ")
    print()
```

在【例 3-10】中，print 默认是换行输出打印。每条 print 语句打印一行，结尾加换行。函数参数中的 end=" "意思是末尾不换行，添加空格。

运行程序，输出如下。

```
1 * 1 = 1
1 * 2 = 2  2 * 2 = 4
1 * 3 = 3  2 * 3 = 6  3 * 3 = 9
1 * 4 = 4  2 * 4 = 8  3 * 4 = 12  4 * 4 = 16
1 * 5 = 5  2 * 5 = 10  3 * 5 = 15  4 * 5 = 20  5 * 5 = 25
1 * 6 = 6  2 * 6 = 12  3 * 6 = 18  4 * 6 = 24  5 * 6 = 30  6 * 6 = 36
1 * 7 = 7  2 * 7 = 14  3 * 7 = 21  4 * 7 = 28  5 * 7 = 35  6 * 7 = 42  7 *
7 = 49
1 * 8 = 8  2 * 8 = 16  3 * 8 = 24  4 * 8 = 32  5 * 8 = 40  6 * 8 = 48  7 *
8 = 56  8 * 8 = 64
1 * 9 = 9  2 * 9 = 18  3 * 9 = 27  4 * 9 = 36  5 * 9 = 45  6 * 9 = 54  7 *
9 = 63  8 * 9 = 72  9 * 9 = 81
```

嵌套语句也可以是循环和分支的组合，即在一个循环体内包含了一个分支结构。

【例 3-11】百钱买百鸡问题。假定公鸡每只 2 元，母鸡每只 3 元，小鸡每只 0.5 元。现有 100 元，要求买 100 只鸡，请编写程序求解公鸡只数 x、母鸡只数 y 和小鸡只数 z。

具体的 Python 程序代码如下。

```
for x in range(0,51):
    for y in range(0,34):
        z=100-x-y
```

```
if x+y+z==100 and  2*x+3*y+0.5*z==100:
    print(x,y,z)
```

运行程序，输出如下。

```
0 20 80
5 17 78
10 14 76
15 11 74
20 8 72
25 5 70
30 2 68
```

3.4　程序控制的其他语句

3.4.1　跳转语句

循环结构中可以使用 break 和 continue 关键字控制循环的执行，主要用于在某些情况下跳出循环，所以也被称为跳转语句。

1. break 语句

break 语句用于结束整个循环。

【例 3-12】修改【例 3-7】中的代码，使用 break 语句提前终止循环。

具体的 Python 程序代码如下。

```
for x in "hello":
    if x=="l":
        break
    print(x)
```

当使用 for 语句控制程序遍历 "hello" 时，在【例 3-7】中变量 x 打印 5 次。而在【例 3-12】中，当 for 循环加入 break 语句时，首先使用 if 语句进行判断，当变量 x 的存储字符为 "l" 时，则结束整个循环。

运行程序，输出如下。

```
h
e
```

2. continue 语句

continue 的作用是结束本次循环，紧接着执行下一次的循环。

【例 3-13】使用 continue 语句。

具体的 Python 程序代码如下。

```
for x in "hello":
    if x=="l":
        continue
    print(x)
```

当使用 for 语句控制程序遍历 "hello" 时，变量 x 赋值 5 次。当 for 语句加入 continue 语句时，首先使用 if 语句进行判断，若变量 x 的存储字符为 "l"，则结束本次循环；然后遍历下一个字符，直到所有字符都遍历完成。

运行程序，输出如下。

```
h
e
o
```

注意：

（1）break/continue 语句只能在循环中使用，不能单独使用。

（2）break/continue 语句用于嵌套循环时，只会对其所处的最近的一层循环起作用。

3.4.2　pass 语句

Python 中的 pass 语句是空语句，它的出现是为了保持程序结构的完整性。pass 语句不做任何事情，一般用作占位语句。

【例 3-14】使用 pass 语句。

具体的 Python 程序代码如下。

```
for x in "hello":
    if x=="l":
        pass
        print("执行 pass 语句")
    print(x)
```

在【例 3-14】中，当程序执行 pass 语句时，由于 pass 语句是空语句，因此程序会忽视该语句，并按顺序执行其他语句。为了显示区别，我们在 pass 语句后面添加了一行输出语句。

运行程序，输出如下。

```
h
e
执行 pass 语句
l
执行 pass 语句
l
o
```

3.4.3　循环结构中的 else 语句

PY-03-v-003

Python 中的循环语句可以有 else 分支语句，语法如下。

在 while 语句中，其语法格式如下。

```
while 逻辑表达式:
    语句块 1
else:
    语句块 2
```

在 for 语句中，其语法格式如下。

```
for 临时变量 in 目标对象:
    语句块 1
else:
    语句块 2
```

带有 else 分支语句的循环，首先会正常执行循环结构，等循环语句正常执行结束，就执行 else 分支中的"语句块 2"，但如果循环语句不是正常执行结束（比如，使用了 break 关键字结束循环），则不执行 else 分支语句。

【例 3-15】在循环语句中使用 else 语句。

具体的 Python 程序代码如下。

```
for x in "hello":
    print(x)
else:
    print("字符全部输出")
print("成功")
```

在以上程序代码中，如果 for 循环语句正常执行，则输出全部字符。因为循环语句正常执行结束，所以可以执行 else 语句，即输出字符串 "字符全部输出"，最后执行循环语句外的后续语句，即输出 "成功"。

运行程序，输出如下。

```
h
e
l
l
o
字符全部输出
成功
```

【例 3-16】在【例 3-15】中加入 break 语句，使 else 分支语句没有任何作用。

具体的 Python 程序代码如下。

```
for x in "hello":
    if x=="l":
        break
    print(x)
else:
    print("字符全部输出")
print("成功")
```

在【例 3-16】中循环不是正常执行结束的，而是在第 3 行使用了 break 语句中断退出循环的，因为循环没有正常执行结束，所以不执行 else 分支中的语句块。

运行程序，输出如下。

```
h
e
成功
```

3.5　程序的异常处理

编写程序时会产生各种各样的错误，有的是程序语法错误，会在程序解析时被指出；有的是逻辑错误，与业务逻辑有关，对程序的运行并无影响，但影响业务流程；有的是运行时产生的错误，即所谓的 "异常"，如果没有进行适当的处理，往往会造成程序崩溃而使运行终止。所以了解程序可能出现异常的地方并进行异常处理是使程序更加健壮、提高系统容错性的重要手段。

3.5.1　异常的概念

异常是程序运行过程中产生的错误。在程序解析时没有出现错误，即语法正确，但在运行期间出现错误的情况即为异常。引发异常的原因有很多，除以零、溢出异常、下标越界、不同类型的变量运算、内存错误等都会引发异常。

常见异常举例：

```
>>> 10/0
Traceback (most recent call last):
  File "<pyshell#1>", line 1, in <module>
    10/0
ZeroDivisionError: division by zero                      # 除以 0
>>> "3"+5
Traceback (most recent call last):
  File "<pyshell#2>", line 1, in <module>
    "3"+5
TypeError: can only concatenate str (not "int") to str   # 数据类型错误
>>> 7+a
Traceback (most recent call last):
  File "<pyshell#3>", line 1, in <module>
    7+a
NameError: name 'a' is not defined                       # 变量 a 未定义
```

3.5.2　Python 的异常类

在 Python 中，常见的异常类都是 Exception 类的子类，被定义在 Python 的内置模块中，可以直接使用。

1. NameError

尝试访问一个未声明的变量，会引发 NameError 异常。例如：

```
>>>7+a
Traceback (most recent call last):
  File "<pyshell#3>", line 1, in <module>
    7+a
NameError: name 'a' is not defined
```

上述信息表明，解释器在任何命名空间里面都没有找到变量 a。

2. ZeroDivisionError

当除数为零时，会引发 ZeroDivisionError 异常。例如：

```
>>> 10/0
Traceback (most recent call last):
  File "<pyshell#1>", line 1, in <module>
    10/0
ZeroDivisionError: division by zero
```

事实上，任何数值除以零都会导致上述异常。

3. SyntaxError

当解释器发现语法错误时，会引发 SyntaxError 异常。例如：

```
>>> for i in "hello"
SyntaxError: invalid syntax
```

在上述示例中，由于 for 循环的后面缺少冒号，因此导致程序出现异常。SyntaxError 异常是唯一不在运行时发生的异常，代表着 Python 代码中有一个不正确的结构，使得程序无法执行。这些语法错误一般是在编译时发生的，解释器无法把脚本转换为字节代码。

4. TypeError

不同数据类型的数据在执行运算时，会引发 TypeError 异常。例如：

```
>>> "3"+5
Traceback (most recent call last):
  File "<pyshell#2>", line 1, in <module>
    "3"+5
TypeError: can only concatenate str (not "int") to str
```

上述信息表明，"3"是字符串类型数据，不能和整数 5 进行运算，因为数据类型不一致。

5. FileNotFoundError

当打开文件路径不对或文件不存在时，会引发 FileNotFoundError 异常。例如：

```
>>> a=open('ex0307.py')
Traceback (most recent call last):
  File "<pyshell#4>", line 1, in <module>
    a=open('ex0307.py')
FileNotFoundError: [Errno 2] No such file or directory: 'ex0307.py'
```

上述信息表明，文件不存在，没有找到 ex0307.py 文件。

6. IndexError

当索引超出序列范围时，会引发 IndexError 异常。例如：

```
>>> A=(1,2,3)
>>> print(A[4])
Traceback (most recent call last):
  File "<pyshell#11>", line 1, in <module>
    print(A[4])
IndexError: tuple index out of range
```

上述信息表明，索引文件超出序列范围。

7. ValueError

当传递函数参数时，数据类型不对会引发 ValueError 异常。例如：

```
>>> a=input()
>>> int(a)
Traceback (most recent call last):
  File "<pyshell#15>", line 1, in <module>
    int(a)
ValueError: invalid literal for int() with base 10: 'a=input()'
```

上述信息表明，函数中参数的数据类型不对。

8. KeyError

当请求访问一个不存在的字典关键字时，会引发 KeyError 异常。例如：

```
>>> dict={"a":1}
>>> print(dict["b"])
Traceback (most recent call last):
  File "<pyshell#20>", line 1, in <module>
    print(dict["b"])
KeyError: 'b'
```

上述信息表明，请求访问不存在的字典关键字。

9. AttributeError

尝试访问未知的对象属性，会引发 AttributeError 异常。例如：

```
>>> class student():
      name="zs"
>>> s=student()
>>> s.gender
Traceback (most recent call last):
  File "<pyshell#25>", line 1, in <module>
    s.gender
AttributeError: 'student' object has no attribute 'gender'
```

上述信息表明，正在访问未定义的对象属性。

3.5.3　异常处理机制

在 Python 中，常见的异常处理结构有：

- try…except 语句。
- try…except…else…语句。
- try…except…[else…]finally…语句。

Python 程序在运行程序文件时检测到异常会直接崩溃，这种系统默认的异常处理方式并不友好。

【例 3-17】任意输入两个整数，求两数的商。

具体的 Python 程序代码如下。

```
a=int(input("请输入被除数："))
b=int(input("请输入除数:"))
print("结果为: ",a/b)
```

运行程序，第一个被除数输入 21，第二个除数输入 3。输出如下。

```
请输入被除数: 21
请输入除数:3
结果为:  7.0
```

当运行程序，第一个被除数输入 21，第二个除数输入 0 时。输出如下。

```
请输入被除数: 21
请输入除数:0
Traceback (most recent call last):
  File "XXXXXXXXX/ex03017.py", line 4, in <module>
    print("结果为: ",a/b)
```

```
ZeroDivisionError: division by zero
```

为了避免上述问题，Python 既可以直接通过 try…except 语句实现简单的异常捕获和处理功能，也可以将 try…except 语句与 else 或 finally 子句组合，从而实现更强大的异常捕获与处理的功能。

1. try…except

try…except 语句格式如下。

```
try:
    语句块 1
except [异常类型 1 as error]:
    语句块 2
[except [异常类型 2 as error]:
    语句块 3]
```

在 try…except 语句格式中，try 子句后的"语句块 1"是可能出错的程序代码，也就是需要被监控的程序代码；except 子句中可以指定异常的类型，若指定了异常类型，则该子句只对与指定异常类型相配的异常进行处理，否则处理 try 语句捕获的所有异常；except 子句中可以加入 as 关键字用于将捕获到的异常对象赋给 error（也可以不加）；except 子句后的"语句块 2"是处理异常时执行的代码。语句中带有[]的语句可以省略，当省略时，try 语句捕获所有异常。

try…except 语句执行过程为：优先执行 try 子句中可能出错的程序代码。若 try 子句中没有出现异常，则忽略 except 子句，继续向下执行；若 try 子句中出现异常，则忽略 try 子句中剩余程序代码，转而执行 except 子句，即如果程序出错出现异常类型与 except 子句中指定的异常类型匹配一致，则使用 error 记录异常信息，执行 except 子句中的程序代码，否则按系统默认的方式终止程序。

【例 3-18】try…except 语句应用。

具体的 Python 程序代码如下。

```
try:
    a=int(input("请输入被除数："))
    b=int(input("请输入除数:"))
    print("结果为: ",a/b)
except :
    print("出错了")
```

以上代码若在 try 子句中执行第 2、3、4 行时没有出现异常，则忽略 except 子句。若 try 子句中出现异常，无论是哪一种异常类型，都显示"出错了"。

运行程序，当第一个被除数输入 21，第二个除数输入 0 时，则输出如下。

```
请输入被除数：21
请输入除数:0
出错了
```

该异常是除数为零，会引发 ZeroDivisionError 异常。

运行程序，当第一个被除数输入 21，第二个除数输入 h 时，则输出如下。

```
请输入被除数：21
请输入除数:h
出错了
```

该异常是数据类型不一致，会引发 ValueError 异常。

【例 3-19】try…except 语句应用。

具体的 Python 程序代码如下。

```
try:
    a=int(input("请输入被除数："))
    b=int(input("请输入除数:"))
    print("结果为：",a/b)
except ZeroDivisionError:
    print("出错原因：除数是 0")
except ValueError:
    print("出错原因：输入内容为字符不是数字")
```

以上代码若在 try 子句中执行第 2、3、4 行时没有出现异常，则忽略 except 子句。若 try 子句中出现异常，则检测异常类型，并按对应的异常类型显示输出。

运行程序，当第一个被除数输入 21，第二个除数输入 0 时，则输出如下。

```
请输入被除数：21
请输入除数:0
出错原因：除数是 0
```

当检测异常是除数为零时，会引发 ZeroDivisionError 异常，所以输出第 6 行语句"出错原因，除数是 0"。

运行程序，当第一个被除数输入 21，第二个除数输入 h 时，则输出如下。

```
请输入被除数：21
请输入除数:h
出错原因：输入内容为字符不是数字
```

当检测异常是数据类型不一致时，会引发 ValueError 异常，所以输出第 8 行语句"出错原因，输入内容为字符不是数字"。

2. try…except…else…

try…except…else…语句格式如下。

```
try:
    语句块 1
except [异常类型 1]:
    语句块 2
[except [异常类型 2]:
    语句块 3]
else:
    没有出现异常的语句块
```

该处理语句结构的工作方式是，如果 try 子句代码块产生异常，则根据异常类型选择执行其后的 except 子句，进行相应的异常处理，而不执行 else 子句代码块；如果 try 子句代码块没有产生异常，则执行 else 子句代码块。这种语句结构的好处是不需要把过多的代码放在 try 子句中，try 子句中只需要放那些真的有可能产生异常的代码。

【例 3-20】try…except…else…语句应用。

具体的 Python 程序代码如下。

```
try:
    a=int(input("请输入被除数："))
    b=int(input("请输入除数:"))
except ZeroDivisionError:
    print("出错原因：除数是 0")
except ValueError:
    print("出错原因：输入内容为字符不是数字")
else:
    print("结果为：",a/b)
```

在以上代码的 try 子句中，第 2、3 行是执行过程中可能会出现异常的语句。若 try 子句中出现异常，则检测异常类型，并按对应的异常类型显示输出；若 try 子句中没有异常，则执行 else 子句的内容。

运行程序，当第一个被除数输入 21，第二个除数输入 3 时，则输出如下。

```
请输入被除数：21
请输入除数:3
```

结果为： 7.0

3. try…except…[else…]finally…

try…except…[else…]finally…语句格式如下。

```
try:
    语句块 1
except [异常类型 1]:
    语句块 2
[except [异常类型 2]:
    语句块 3]
[else:
    没有出现异常的语句块]
finally:
    无论 try 子句程序代码是否产生异常，都会执行 finally 子句代码块
```

【例 3-21】try…except…[else…]finally…语句应用。
具体的 Python 程序代码如下。

```
try:
    a=int(input("请输入被除数: "))
    b=int(input("请输入除数:"))
except ZeroDivisionError:
    print("出错原因：除数是 0")
except ValueError:
    print("出错原因：输入内容为字符不是数字")
else:
    print("结果为: ",a/b)
finally:
    print("无论是否出错，都要执行 finally 语句")
```

在以上代码的 try 子句中，第 2、3 行是执行过程中可能会出现异常的语句。若 try 子句中出现异常，则检测异常类型，并按对应的异常类型显示输出；若 try 子句中没有异常，则执行 else 子句的内容。但是，无论是否出现异常，finally 子句内容都会被输出。

运行程序，当第一个被除数输入 k 时，则输出如下。

请输入被除数：k
出错原因：输入内容为字符不是数字
无论是否出错，都要执行 finally 语句

运行程序，当第一个被除数输入 21，第二个除数输入 3 时，则输出如下。

请输入被除数：21
请输入除数：3
结果为：　7.0
无论是否出错，都要执行 finally 语句

3.6　实训任务 1——数学计算器

3.6.1　任务描述

实现一个支持双目运算符的数学计算器，双目运算符是指加、减、乘、除等需要两个操作数的运算符。用户输入左操作数、运算符、右操作数，根据运算符完成相应的计算功能，并打印计算结果。例如，用户输入："10""+""20"，计算的结果为 30。

3.6.2　任务分析

在控制终端依次输入左操作数、运算符、右操作数，并对输入的数据是否非法进行判别。比如，输入的操作数不是数字，或者输入了不支持运算符，可能会导致程序异常结束，所以需要在计算之前对用户输入的数据进行错误判断，确保输入的是正确数据。

具体执行的计算操作可以使用 if 分支语句判断用户输入的运算符，完成相应运算操作，最后打印出运算结果。

实验环境如表 3.1 所示。

表 3.1　实验环境

硬件	软件	资源
PC/笔记本电脑	Windows 10 PyCharm 2022.1.3（社区版） Python 3.7.3	无

3.6.3　任务实现

步骤一：控制输入操作数和运算符

创建 Python 文件 calculator.py，使用 input()函数提示用户输入左操作数、运算符和有操作数，输入后要对左、右操作数的合法性进行判断，其代码如下。

```
number_one = input("请输入第一个数字: ")
if number_one.replace('.', '', 1).isdigit():
    number_one = float(number_one)
else:
    print("操作数不是一个数字")
    exit()  # 退出程序


operator = input("请输入运算符:")


number_two = input("请输入第二个数字: ")
if number_two.replace('.', '', 1).isdigit():
    number_two = float(number_two)
else:
    print("操作数不是一个数字")
    exit()  # 退出程序
```

步骤二：实现计算操作

使用 **if** 语句判断出用户输入的是哪个运算符，并执行相应的运算操作。这里默认支持加、减、乘、除、小于、大于和等于运算，其代码如下。

```
if operator == "+":
    print(number_one + number_two)
elif operator == "-":
    print(number_one - number_two)
elif operator == "*":
    print(number_one * number_two)
elif operator == "/":
    print(number_one / number_two)
elif operator == "<":
    print(number_one < number_two)
elif operator == ">":
    print(number_one > number_two)
elif operator == "==":
    print(number_one == number_two)
else:
    print("不支持的运算符")
```

步骤三：运行程序

在 PyCharm 环境中运行上述程序，如果输入的是非法的操作数或不支持的运算符，则会提示错误，如图 3.10 和图 3.11 所示。

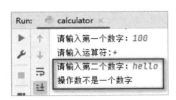

图 3.10　非法的操作数

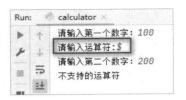

图 3.11　不支持的运算符

重新运行代码，输入正确的操作数和运算符，可以打印计算结果，实现基本的计算器功能，如图 3.12 所示。

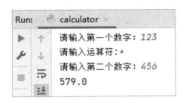

图 3.12　加法运算结果

3.7　实训任务 2——质数生成器

3.7.1　任务描述

质数也被称为素数，是指在大于 1 的自然数中，只能被 1 和自身整除的数字。质数生成器就是生成一定范围内所有的质数。例如，输入 20，输出结果为 2、3、5、7、11、13、17、19。

3.7.2　任务分析

判断是否为质数可以使用排除法，让其和 2 到目标数字之间（不包括目标数字）的所有整数进行取模运算，如果可以整除（余数为 0），则不是质数；如果都不能整除，则为质数。例如，判断 9 是否为质数，则可以让其和 2 到 9（不包括 9）之间所有整数进行取模运算，因为 9%3 等于 0，所以 9 不是质数。同样地，假设判断 11 是否为质数，则可以让 11 和 2 到 11（不包括 11）之间所有整数进行取模运算，因为都不能进行整除（余数都不为 0），所以 11 为质数。

在了解判断质数的方法以后，可以在终端输入一个数字上限，通过循环语句，打印出从 1 开始到该数字范围内的所有质数。

实验环境如表 3.2 所示。

表 3.2 实验环境

硬件	软件	资源
PC/笔记本电脑	Windows 10 PyCharm 2022.1.3（社区版） Python 3.7.3	无

3.7.3 任务实现

步骤一：输入数字上限

启动 PyCharm 开发环境，创建 Python 文件 primer.py，使用 input()函数输入一个数字上限，并转换为 int 类型，其代码如下。

```
range_number = input("请输入一个数字上限：")
range_number = int(range_number)
```

步骤二：生成质数

首先利用 for 循环生成从 2 到 range_number 范围的所有自然数，然后嵌套 while 循环对每个数字进行判断。在判断是否为质数时，算法可以进行简单优化，即只需对 2 到自身的平方根之间的整数进行整除即可，如果是质数，则打印输出，其代码如下。

```
for item in range(2, range_number+1):
    item_sqrt = item ** 0.5  # 计算平方根
    i = 2
    while i <= item_sqrt:
        if item % i == 0:
            break
        i = i + 1
    else:
        print(item, end=' ')
```

步骤三：运行程序

运行代码，在输入一个数字上限后，可以生成范围内的所有质数，如图 3.13 所示。

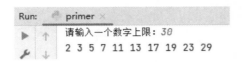

图 3.13　质数生成器

3.8　实训任务 3——分解质因数

3.8.1　任务描述

将一个合数分解质因数，并按从小到大的顺序打印出分解后的所有质因数。

3.8.2　任务分析

合数是指自然数中除了能被 1 和本身整除，还能被其他数（0 除外）整除，而每个合数都可以写成几个质数相乘的形式，其中每个质数都是这个合数的质因数。例如，合数 2310 分解质因数的结果为 2 3 5 7 11（2310=2*3*5*7*11）。

Python 中可以通过循环操作，对要分解的合数进行取模运算，取模范围从 2 到合数自身。例如，取模 2 结果为 0，则说明 2 就是该合数的一个质因数，然后将数字除以 2，如果结果不是 1，则再重复进行取模运算；而如果取模结果不为 0，则再执行取模 3 的运算，以此类推最终计算出所有的质因数。

实验环境如表 3.3 所示。

表 3.3　实验环境

硬件	软件	资源
PC/笔记本电脑	Windows 10 PyCharm 2022.1.3（社区版） Python 3.7.3	无

3.8.3　任务实现

步骤一：输入合数

创建 Python 文件 factor.py，在该文件中编写代码，首先使用 input()函数从键盘中输入一个合数，其代码如下。

```
num = input("请输入一个合数:")
num = int(num)
```

步骤二：计算质因数

利用循环嵌套操作，从最小的质因数开始，计算出所有合数分解质因数的结果，并打印输出，其代码如下。

```
while num > 1:
    for i in range(2, num+1):
        if num % i == 0:
            # 记录用最小质因数分解后的结果
            num = num // i
            # 打印质因数
            print(i, end=" ")
            # 在找到一个最小的质因数时,就跳出 for 循环,开始下一次循环
            break
print()
```

步骤三：运行程序

运行上述代码，输入任意合数，可以打印出分解后的所有质因数，例如，合数 2310 分解质因数后的结果如图 3.14 所示。

图 3.14　分解质因数

3.9　实训任务 4——猜数游戏

PY-03-v-004

3.9.1　任务描述

编写 Python 程序随机生成一个 1～100 的目标数字，并猜测是几？如果猜测错误，则提示猜大了或猜小了，然后继续猜测，游戏限定最多可以猜测 7 次。

3.9.2　任务分析

Python 内置了 random 随机数模块，该模块中的 randint()函数可以生成随机整数，调用

"random.randint(1,100)" 即可随机生成 1~100 的整数。

猜数过程中借助 for 循环可以限定猜测次数，每次根据用户输入的数字和随机生成数字比较，如果猜测错误，则提示"猜大了"或"猜小了"，否则提示"猜对了"。

实验环境如表 3.4 所示。

表 3.4 实验环境

硬件	软件	资源
PC/笔记本电脑	Windows 10 PyCharm 2022.1.3（社区版） Python 3.7.3	无

3.9.3 任务实现

步骤一：随机生成目标数字

创建 Python 文件 guess.py，在文件中首先导入 random 模块，然后使用该模块中的 randint() 函数随机生成一个 1~100 的目标数字，代码如下。

```python
import random
number = random.randint(1,100)
```

步骤二：编写游戏控制程序

利用 for 循环控制用户最多可以猜测 7 次，每次让用户输入数字和目标数字进行比较，猜错时给出猜大或猜小提示，同时显示剩余的猜测次数，如果猜对，则提示正确并结束游戏。代码如下。

```python
print("~游戏开始~")
for i in range(1,8):
    guess_number = int(input("输入你猜测的数字："))
    if guess_number > number:
        print("猜大了，还剩", 7-i, "次机会")
    elif guess_number < number:
        print("猜小了，还剩", 7-i, "次机会")
    else:
        print("恭喜你，猜对了！一共猜测了",i,"次")
        break
else:
    print("次数用尽，游戏结束！")
```

步骤三：运行程序

运行猜数游戏程序，可以使用二分法进行猜测，开始猜测 50，如果猜大了，则下一次猜测 25；如果猜小了，则下一次猜测 75，以此类推，最多 7 次可以猜出正确答案，如图 3.15 所示。

图 3.15   猜数游戏

本章总结

通过本章的学习，读者应该掌握了程序的 3 种基本控制结构，即顺序结构、分支结构和循环结构，掌握了结构化程序设计中跳转语句 break 和 continue 的相关知识，理解程序异常的概念及异常处理机制。

1.   结构化程序设计的基本结构

（1）顺序结构是最基本的程序结构，在顺序结构中，程序按照从上往下的顺序一条一条地执行。

（2）分支结构是在顺序结构的程序中加入了判断和选择的功能，在 Python 中，分支语句分为单分支 if 语句、双分支 if…else 语句和多分支 if…elif…else 语句。使用分支结构的好处是可以让程序根据某些条件的成立与否，进行不同的选择，从而执行不同的语句块，最终实现不同的功能。

（3）循环结构是为了重复执行某些语句，通常使用 while 和 for 语句来完成循环结构的控制。while 语句是一种判断型循环控制语句，通常在循环的起始位置设置一个循环条件，只有当循环条件被打破时，循环才会终止。for 语句是一种遍历型循环语句，也就是说，在循环的起始位置需要设置一个遍历范围或者需要遍历的数据集合。在 for 循环语句的执行过程中，程序会将该范围或者集合中的数据带入循环体中逐个执行一遍，直到所有的数据都尝试过为止。

在程序的流程控制过程中，还有几个特别重要的语句需要关注，分别是 break 语句、continue 语句、pass 语句和循环结构中的 else 语句，这些语句在程序的流程控制中具有举足轻重的作用。

2. 程序控制的其他语句

（1）结束整个循环的 break 语句。

（2）结束本次循环的 continue 语句。

（3）pass 语句。

（4）循环结构中的 else 语句。

异常处理用于处理程序运行时发生的错误，主要的语句包括 try、except 和 finally。其中，try 语句用于尝试执行代码，如果发生异常，则使用 except 语句抓取异常并进行处理，无论是否发生异常，finally 语句都会被执行。

3. 程序异常处理结构

（1）try…except 语句。

（2）try…except…else…语句。

（3）try…except…[else…]finally…语句。

作业与练习

PY-03-c-001

一、选择题

1．下列程序在运行时从键盘中输入一个数 23，程序的运行结果是（　　　）。

```
a=int(input("请输入一个数："))
if a%2==0:
    print(-a)
else:
    print(a)
```

　A．1　　　　　　　　B．0　　　　　　　　C．23　　　　　　　　D．−23

2．在下列关于 Python 循环结构的描述中，错误的是（　　　）。

　A．break 语句用来结束当前当次语句，但不跳出当前的循环体

　B．遍历循环中的遍历结构可以是字符串、文件、组合数据类型和 range()函数等

　C．Python 通过 for、while 等关键字构建循环结构

　D．continue 语句只结束本次循环

3．下列代码的输出结果是（　　　）。

```
for s in 'PythonNCRE':
    if s == "N":
        break
print(s,end="")
```

  A．PythonCRE   B．N   C．Python   D．PythonNCRE

4．下列关于 Python 语言中 try 语句的描述错误的是（　　　）。

  A．try 语句用来捕捉执行代码发生的异常，处理异常后能够回到异常处继续执行

  B．当执行 try 语句代码块除法异常后，会执行 except 语句后面的语句

  C．一个 try 语句代码块可以对应多个处理异常的 except 语句代码块

  D．try 语句代码块不触发异常时，不会执行 except 语句后面的语句

5．下列代码输出的结果是（　　　）。

```
for x in range(5, 0, -2):
    print(x)
```

  A．4 2 0   B．5 3 1   C．0 2 4   D．1 3 5

二、填空题

1．Python 中的循环语句有（　　　）循环和（　　　）循环。

2．如果将 while 语句循环条件的值设为（　　　），则程序进入无限循环。

3．在循环体中可以使用（　　　）语句跳过本次循环后面的代码，重新开始下一次循环。

4．Python 中的（　　　）语句是为了保持程序结构的完整性，但它其实是空语句。

5．当程序中使用了一个未定义的变量时会引发（　　　）异常。

三、编程题

1．编写程序，实现判断用户输入的数是正数、负数，还是零。

2．编写程序，输出 100～200 的所有奇数。

3．编写程序实现用户登录管理系统。提示用户输入用户名和密码，判断用户名和密码是否正确（用户名是 admin，密码是 1234），如果正确，则显示"登录成功！"；如果错误，则提示重新输入（最多可尝试 5 次），尝试超过 5 次，显示"退出"。

第 4 章

函数与模块

本章目标

- 掌握函数的定义和调用方法。
- 理解函数中参数的作用和参数的传递。
- 理解函数的递归。
- 掌握 Python 内置函数的使用方法。
- 理解 Python 模块的概念及分类。
- 掌握 Python 模块的使用方法。
- 掌握正则表达式模块的使用方法。

随着程序功能的提升，程序开发的难度和程序的复杂度也越来越高。为了提高代码的复用性、更好地组织代码结构与逻辑，人们提出了函数这一概念。本章首先对函数的相关知识进行讲解，然后介绍模块的知识内容。

通过本章的学习，读者能够掌握函数的定义和调用方法，理解函数中参数的调用，能够正确使用 Python 中的内置函数；同时理解 Python 模块概念，掌握模块的语法及正则表达式模块的使用方法。

4.1 函数的定义和调用

PY-04-v-001

在程序开发中，如果有若干行代码的执行逻辑完全相同，就可以考虑将这些代码封装成一个函数，这样不仅可以提高代码的重用性，而且条理会更加清晰，可靠性更高。

　　Python 提供了很多内置函数，如 print()、input()、int()、float()等。除此之外，我们还可以自己创建函数，也就是自定义函数。

　　接下来，我们看一段代码：

```
print("  *  ")        # 字符串中有 5 个字符，"*"号前后各有两个空格
print(" *** ")         # 字符串中有 5 个字符，"***"号前后各有一个空格
print("*****")
print(" *** ")
print("  *  ")
```

　　上述代码中，使用多个 print()函数输出了一个菱形。如果需要在一个程序的不同位置输出这个图形，那么每次都使用 5 行 print()函数输出的做法是不可取的。为了提高编写的效率和代码的重用性，我们可以把具有独立功能的代码组织成一个小模块，这就是函数。

　　函数的使用分为定义和调用两个部分，下面就重点讲解一下函数的定义和调用。

4.1.1　函数的定义

　　函数是组织好的、可重复使用的、用来实现单一或相关联功能的代码段。函数是带有函数名的一系列语句，在使用之前（或调用前），需要先通过 def 关键字定义，其语法格式如下。

```
def 函数名([参数列表]):
    ["""文档字符串"""]
    函数体
    [return [语句]]
```

函数定义语法格式的规则说明如下。

- def 关键字：因为 def 关键字是定义函数的开始标志，所以函数代码块以 def 开头。后面是函数名和圆括号。
- 函数名：函数的唯一标识，其命名规则和变量的命名规则是一样的，即只能由字母、数字和下画线组成，但是不能以数字开头，并且不能和关键字重名。
- 函数的参数：必须放在圆括号中，负责接收传入函数中的数据，可以包含一个或多个参数，也可以为空。
- 冒号：函数体的开始标志。函数体代码在冒号的下一行开始编写，并且前面需要缩进。
- 文档字符串：由一对三双引号（或三单引号）包裹，用于说明函数功能的字符串，可以省略。
- 函数体：实现函数功能的具体代码（可以是一行或多行程序代码）。
- return 语句：返回函数的处理结果给调用方，是函数的结束标志。若函数没有返回值，则

可以省略 return 语句，相当于返回 None。

【例 4-1】定义不带任何参数的函数"hello"，其功能是输出显示菱形。

```
def hello():
    """该函数没有参数，函数的功能是输出显示菱形"""
    print("  *  ")
    print(" *** ")
    print("*****")
    print(" *** ")
    print("  *  ")
```

在【例 4-1】中，第 1 行 def 关键字是定义函数的开始标志；hello()表示函数名是 hello，没有参数；第 1 行最后的":"作为函数体的开始标志，不能省略。第 2 行用于说明函数的功能，可以省略。第 3～7 行为函数体语句，本例题函数的功能是输出显示菱形。

运行并输入 hello()，输出如下。

```
  *
 ***
*****
 ***
  *
```

在程序文件中，当我们想要显示菱形时，可以使用 hello()函数直接输出显示，而不是每次都通过输入 5 行输出显示语句来输出显示菱形。

【例 4-2】定义带参数的函数"add"，其功能是计算两个输入整数的和。

具体的 Python 程序代码如下。

```
def add(a,b):
    """该函数用于计算两个输入整数的和，有两个参数。两个参数都是数字类型，中间用逗号区分"""
    c=a+b
    print(c)
```

在【例 4-2】中，第 1 行 def 关键字是定义函数的开始标志；add(a,b)表示函数名是 add，函数有两个参数，两个参数之间用","隔开；第 1 行最后的":"作为函数体的开始标志，不能省略。第 2 行用于说明函数的功能，可以省略。第 3 行和第 4 行为函数体语句，本例题函数的功能是计算两个输入整数的和。

运行并输入 add(40,80)，输出如下。

4.1.2　函数的调用

1. 函数的调用方法

定义函数后，就相当于有了一段具有特定功能的代码。函数在定义完成后不会立刻执行，要想让这些代码能够执行，就需要调用函数。调用函数的方式非常简单，通过"函数名()"即可完成调用。其语法格式如下。

```
函数名([参数列表])
```

在定义【例 4-1】和【例 4-2】的函数后，运行并输入 hello()和 add（40,80），这都是在调用函数。例如：

```
>>>hello()
>>>add(40,80)
```

2. 查看函数的文档字符串

在前面的函数定义规则中提到，函数体的第一行语句可以选择性地使用文档字符串存放函数说明。关于文档字符串有如下约定。

- 第一行应为函数目的的简要描述。
- 如果有多行，则第二行应为空白行。其目的是将摘要与其他描述从视觉上分隔开。
- 后面几行应该是一个或多个段落，描述函数的调用约定、副作用等。

文档字符串及其约定其实是可选的而非必需的，没有设置文档字符串并不会造成语法错误。当然，如果用规范的文档字符串为函数增加注释，则可以为程序阅读者提供友好的提示和使用说明，提高函数代码的可读性。

Python 中可以用内置函数 help()或者通过"函数名.__doc__"来查看函数的文档字符串。

（1）使用 help()函数查看函数的文档字符串，其语法格式如下。

```
help(函数名)
```

（2）使用"函数名.__doc__"查看函数的文档字符串，doc 前后有两条下画线"_"，其语法格式如下。

```
print(函数名.__doc__)
```

注意：如果想要查看函数的文档字符串，则该函数必须已经定义，是可调用函数。

【例 4-3】显示【例 4-2】中的文档字符串。

具体的 Python 程序代码如下。

```
def add(a,b):
```

```
    """该函数用于计算两个输入整数的和，有两个参数。两个参数都是数字类型，中间用逗号区分。"""
    c=a+b
    print(c)
help(add)
print("---------------------")
print("这是分割线")
print("---------------------")
print(add.__doc__)
```

在【例 4-3】中，第 1～4 行用于定义 add() 函数，第 5 行使用 Python 内置函数 help() 显示函数定义中的文档字符串。第 6～8 行用于显示分割线，区分 help() 函数和"函数名.__doc__"显示文档字符串的区别。最后一行使用"函数名.__doc__"显示输出文档字符串。

运行程序，输出如下。

```
Help on function add in module __main__:

add(a, b)
    该函数用于计算两个输入整数的和，有两个参数。两个参数都是数字类型，中间用逗号区分


---------------------
这是分割线
---------------------
该函数用于计算两个输入整数的和，有两个参数。两个参数都是数字类型，中间用逗号区分
```

3. return 语句

定义函数中的 return 语句，用于返回函数的处理结果给调用方，是函数的结束标志。若函数没有返回值，则可以省略 return 语句，等函数执行结束后将返回 None。另外，单独的 return 语句（return 后面没有任何内容），也会返回 None。None 是 Python 中的特殊类型，代表"无"。

【例 4-4】使用 return 语句，根据条件判断，选择性地返回。

具体的 Python 程序代码如下。

```
def mod(a,b):
    """函数功能是计算两个数的余数"""
    if b==0:
        return
    else:
        return a%b
```

在【例 4-4】中，定义 mod() 函数，其功能是计算圆括号中的两个数的余数。mod(a,b) 中的 a 是被除数，b 是除数。当输入的 b 值为 0 时，函数没有意义，直接结束返回；当输入的 b 值不等于 0 时，则输出显示两个数的余数。

运行程序，输入 mod(12,7)，输出如下。

```
5
```

输入 mod(12,0)，无任何输出显示。

输入 print(mod(12,0))，输出如下。

```
None
```

4.2　函数的参数和返回值

PY-04-v-002

4.2.1　函数的参数传递

在通常情况下，将定义函数时设置的参数称为形式参数（简称形参），如【例 4-4】程序代码中的 mod(a,b) 函数，圆括号里面的 a、b 都是形参。将调用函数时传入的参数称为实际参数（简称实参），如 mod(12,0) 函数，其圆括号里面的数字 12、0 都是实参。函数的参数传递是指将实参传递给形参的过程。函数参数的传递方式可以分为位置参数的传递、关键字参数的传递、默认值参数的传递、不定长参数的传递等。下面将对函数参数的几种传递方式进行详细讲解。

1. 位置参数的传递

函数在被调用时会将实参按照相应的位置依次传递给形参，即将第 1 个实参传递给第 1 个形参，将第 2 个实参传递给第 2 个形参，以此类推。

【例 4-5】定义一个获取两个数之间最大值的 g_max() 函数，并调用 g_max() 函数。

具体的 Python 程序代码如下。

```
def g_max(a,b):
    """取两个数中的较大值显示输出"""
    if a>=b:
        print("较大值是: ",a)
    else:
        print("较大值是: ",b)
g_max(56,78)
```

在【例 4-5】中，函数功能是取两个数中的较大值显示输出。第 1～6 行用于定义 g_max() 函数，第 1 行定义了能接收两个参数的函数。其中，a 为第 1 个形参，用于接收函数传递的第 1 个数值；b 为第 2 个形参，用于接收函数传递的第 2 个数值。第 7 行是函数的调用语句。如果想调用 g_max()函数，则需要给函数的参数传递两个数值。

  注意：如果函数定义了多个参数，则在调用函数时，传递的实参要和形参一一对应，即调用函数时输入的参数数量和位置必须与定义时一致。

  运行程序，输出如下。

较大值是： 78

2. 关键字参数的传递

  关键字参数是指通过形参名来确定输入的参数值。在通过该方式指定实参时，不需要与形参的位置完全一致，只需将参数名写正确即可。这样可以避免用户需要牢记参数位置的麻烦，使得函数参数传递更加灵活、方便。

  【例 4-6】定义一个获取两个数之间最大值的 g_max()函数，并调用 g_max()函数。

  具体的 Python 程序代码如下。

```
def g_max(a,b):
    """取两个数中的较大值显示输出"""
    if a>=b:
        print("较大值是： ",a)
    else:
        print("较大值是： ",b)
g_max(b=56,a=78)
```

  运行程序，输出如下。

较大值是： 78

  调用 g_max()函数，并通过关键字参数指定实参。虽然在指定实参时，顺序和定义函数时不一致，但是运行结果和预期是一致的。

3. 默认值参数的传递

  在调用函数时，如果没有指定某个参数，将抛出异常。为了解决这个问题，我们可以为参数设置默认值，即在定义函数时直接指定形参的默认值。这样一来，当没有传入参数时，则直接使用定义函数时设置的默认值。在定义函数时，指定默认值的形参必须在所有参数的最后，否则将会产生语法错误。

  【例 4-7】以某大学社团纳新的会员管理为例，因为社团招纳的新会员一般都为大一学生，所以在会员管理中可以将会员年级参数的默认值设置为大一学生。

具体的 Python 程序代码如下。

```
def new_member(name,student_id,age=18,grade="大一学生"):
    print("姓名:",name)
    print("学号:",student_id)
    print("年龄:",age)
    print("年级:",grade)
    print("*************************")
    return
new_member("毛毛","20210102001",20,"大二学生")
new_member("苗苗","20220101001")
```

在【例 4-7】中,第 1~7 行用于定义 new_member() 函数,该函数的功能是显示输出新会员的姓名、学号、年龄和年级。第 8 行和第 9 行是函数的调用语句。第 8 行将函数中的 4 个参数全部输入,按输入内容显示会员信息;第 9 行只输入了参数 "姓名" 及 "学号",没有输入后面两个参数,但由于在设置函数时,分别对后面两个参数 age 和 grade 设置了默认值 "18" 和 "大一学生",因此当这两个参数被省略时,会按默认值输出。

运行程序,输出如下。

```
姓名: 毛毛
学号: 20210102001
年龄: 20
年级: 大二学生
*************************
姓名: 苗苗
学号: 20220101001
年龄: 18
年级: 大一学生
*************************
```

4. 不定长参数的传递

通常在定义一个函数时,如果无法明确需要的参数个数,则可以在定义函数时使用不定长参数。不定长参数的定义有两种,一种是*args,另一种是**kwargs,前者接收多个实参并将其放在一个元组中,后者则接收任意多个类似关键字参数的字典。其基本的语法格式如下。

```
det 函数名([formal_args,] *args,**kwargs):
    """文档字符串"""
    函数体
    [return[表达式]]
```

在上述语法格式中，formal_args 为形参，*args 和**kwargs 为不定长参数。当调用函数时，函数传入的参数个数会优先匹配 formal_args 参数的个数。如果传入的参数个数和 formal_args 参数的个数相同，则不定长参数会返回空的元组或字典；如果传入参数的个数比 formal_args 参数的个数多，则可以分为如下两种情况。

（1）如果传入的参数没有指定名称，则*args 会以元组的形式存放这些多余的参数。

（2）如果传入的参数指定了名称（如 m=1），则**kwargs 会以字典的形式存放这些被命名的参数（如{m:1}）。

为了更好地理解，我们通过一个简单的例题进行演示。

【例 4-8】不定长参数的应用。

具体的 Python 程序代码如下。

```python
def test(a,b,*c,**d):
    print(a,end=" ")
    print(b,end=" ")
    print(c,end=" ")
    print(d)
test(1,2)
test(1,2,3,4,5,6,7,8)
test(1,2,3,4,5,6,7,8,m=9,n=10)
```

在【例 4-8】中，第 1~5 行用于定义 test()函数，其中有多个参数，包括形参 a 和 b，以及不定长参数*c 和**d。end=" "表示末尾不换行，加空格显示。第 6~8 行是函数的调用语句。在第 6 行函数调用语句的 test()函数中输入了两个参数，其中实参 1 和 2 对应形参 a 和 b；不定长参数*c 和**d 没有实参与之对应，所有不定长参数*c 和**d 为空。在第 7 行函数调用语句的 test()函数中输入了 8 个参数，其中实参 1 和 2 对应形参 a 和 b；实参 3,4,5,6,7,8 对应不定长参数*c，以元组形式存储；不定长参数**d 没有参数与之对应，所以为空。在第 8 行函数调用语句的 test()函数中输入了 10 个参数，其中实参 1 和 2 对应形参 a 和 b；实参 3,4,5,6,7,8 对应不定长参数*c，以元组形式存储；最后两个参数 m=9,n=10 指定了名称，不定长参数**d 将以字典的形式存放这些被命名的参数。

运行程序，输出如下。

```
1 2 () {}
1 2 (3, 4, 5, 6, 7, 8) {}
1 2 (3, 4, 5, 6, 7, 8) {'m': 9, 'n': 10}
```

4.2.2 函数参数标注

函数的返回值及函数的形参都可以不指定类型，但是这往往会导致在阅读程序或函数调用时无法知道参数的类型。Python 提供"函数参数标注"的手段为形参标注类型。函数标注是关于用户自定义函数中使用的参数类型的数据信息，以字典的形式存放在函数的"__annotations__"属性中，并且不会影响函数的任何其他部分。在定义函数时，位置参数、默认参数及函数返回值都可以标注类型。其中，形参的标注方式是在形参后加冒号和数据类型，函数返回值的标注方式是在形参列表和 def 语句结尾的冒号之间加上复合符号"->"和数据类型。值得注意的是，函数标注仅标注了参数或返回值的类型，并不会限定参数或返回值的类型。在对函数进行定义和调用时，参数和返回值的类型是可以改变的。

【例 4-9】以某大学社团纳新的会员管理为例，在定义函数时添加参数和返回值的标注类型。具体的 Python 程序代码如下。

```python
def new_member(name:str,student_id:str,age:str="18",grade:str="大一学生")
->str:
    print("姓名:",name)
    print("学号:",student_id)
    print("年龄:",age)
    print("年级:",grade)
    print(type(name))
    print(type(age))
    print("**************************")
    return
new_member("毛毛","20210102001",20,"大二学生")    #第10行
new_member("苗苗","20220101001")
```

在【例 4-9】中，第 1~9 行用于定义 new_member()函数，其功能是显示输出新会员的姓名、学号、年龄和年级，并显示输出变量"name"和"age"的数据类型。在定义函数时，形参的标注方式是在形参后加冒号和数据类型，函数返回值的标注方式是在形参列表和 def 语句结尾的冒号之间加上复合符号"->"和数据类型。第 10 行和第 11 行是函数的调用语句。第 10 行将函数中的 4 个参数全部输入，其中第 3 个参数 age 输入数字类型数据 20。程序会按输入内容显示会员信息及变量"name""age"的数据类型。第 11 行只输入了参数"姓名"及"学号"，没有输入后面两个参数，但由于在设置函数时，分别对后面两个参数 age 和 grade 设置了默认值"18"和"大一学生"，则当这两个参数被省略时，按默认值输出。

运行程序，输出如下。

姓名：毛毛

```
学号：20210102001
年龄：20
年级：大二学生
<class 'str'>
<class 'int'>
*************************
姓名：苗苗
学号：20220101001
年龄：18
年级：大一学生
<class 'str'>
<class 'str'>
*************************
```

因为在调用函数时，new_member("毛毛","20210102001",20,"大二学生")虽然在定义时标注 age 形参应该是字符型，但是在实际的实参赋值时 age 形参存储的是数字类型数据 20，所以在显示数据类型时我们看到毛毛的 "age" 数据类型是 int。也就是说，函数标注仅标注了参数或返回值的类型，并不会限定参数或返回值的类型，在对函数进行定义和调用时，参数和返回值的类型都是可以改变的。

4.2.3 函数的返回值

所谓 "返回值"，就是程序中的函数在完成一件事情后，最后给调用者的结果。比如，定义一个累加函数用于数值累加运算，一旦调用这个函数，函数就会把累加运算的值返回给调用者，这个累加运算的值就是函数的返回值。在 Python 中，函数的返回值是使用 return 语句来完成的，同时让程序回到函数被调用的位置继续执行。

【例 4-10】函数返回值的应用。

具体的 Python 程序代码如下。

```
def add(a,b,c,d):
    m=a+b+c+d
    return m
```

在【例 4-10】中，定义了 add()函数，其功能是进行参数的累加，并通过 return 语句将结果返回。

运行程序，输入 add(1,2,3,4)，输出如下。

在上述例题中，函数中包含 return 语句，意味着这个函数有一个返回值，即返回参数的累加结果。

函数中的 return 语句会在函数结束时将数据返回给程序，同时让程序回到函数被调用的位置继续执行。

4.3　函数的递归

递归是一种特殊的函数调用形式，使函数在定义时可以直接或间接地调用其他函数。若函数在定义时直接或者间接调用了自身，则这个函数被称为递归函数。递归函数通常用于解决结构相似的问题，并采用递归的方式，先将一个复杂的大型问题转化为与原问题结构相似且规模较小的若干子问题，再对最小化的子问题求解，从而得到原问题的解。

递归函数在定义时需要满足两个基本条件：一个是递归公式，另一个是边界条件。其中，递归公式是求解原问题或相似子问题的结构；边界条件是最小化的子问题，也是递归终止的条件。

递归函数的执行过程可以分为以下两个阶段。

（1）递推：递归本次的执行都基于上一次的运算结果。

（2）回溯：在遇到终止条件时，则沿着递推往回一级一级地把值返回来。

一般递归函数的语法格式为：

```
def 函数名[参数列表])：
    if 边界条件：
        return 结果
    else：
        return 递归公式
```

递归最经典的应用便是阶乘。在数学中，求正整数阶乘($n!$)问题可以根据 n 的取值分为以下两种情况。

（1）当 $n=1$ 时，所得的结果为 1。

（2）当 $n>1$ 时，所得的结果为 $n \times (n-1)!$。

在利用递归求解阶乘时，$n=1$ 是边界条件，$n \times (n-1)!$ 是递归公式。

【例 4-11】用递归方式实现正整数的阶乘。

具体的 Python 程序代码如下。

```
def mm(n)：
    """用递归方式求 n 的阶乘"""
```

```
    if n==1:
        return 1
    else:
        return n*mm(n-1)
print(mm(5))
```

在【例 4-11】中，nm()是递归函数，实现了阶乘运算的功能。

运行程序，输出如下。

```
120
```

4.4 Python 内置函数

内置函数是 Python 预先设置好的函数，不仅能自动加载，而且能直接使用。下面我们分类介绍常用的 Python 内置函数。

1. 数学运算函数

数学运算函数与数学运算相关，一般函数参数是数字类型的，返回值也是数字类型的。常见的数学运算函数如表 4.1 所示。

表 4.1　常见的数学运算函数

函数名	说明	示例
abs()	返回参数的绝对值	abs(−5.5)返回 5.5
divmod()	返回两个数值的商和余数	divmod(8,5)返回(1,3)
max()	返回所有参数中的最大值	max(3,−4,8,7)返回 8
min()	返回所有参数中的最小值	mix(3,−4,8,7)返回−4
pow()	返回两个参数的幂运算	pow(3,2)返回 9
round()	返回浮点数的四舍五入值	round(3.5654,2)返回 3.57;round(3.5654)返回 4
sum()	返回数字类型序列中的所有元素的和	sum({2,3,4,5})或 sum((2,3,4,5))返回 14

2. 字符串运算函数和方法

字符串运算函数与字符串运算相关，一般函数参数是字符型数据，但返回值类型多样。字符串的大小写转换函数（参数是字符串，返回值也是字符串）如表 4.2 所示。字符串的查找和替换函数如表 4.3 所示。

表 4.2   字符串的大小写转换函数（参数是字符串，返回值也是字符串）

函数名	说明	使用示例
str.lower()	将字符串中的大写字符转换为小写字符	str.lower("AaSsDd")返回'aassdd'
str.upper()	将字符串中的小写字符转换为大写字符	str.upper("AaSsDd")返回'AASSDD'
str.capitalize()	将字符串中第一个字符转换为大写字符	str.capitalize("asd")返回'Asd'
str.swapcase()	英文字符大小写互换	str.swapcase("AaSsDd")返回'aAsSdD'

表 4.3   字符串的查找和替换函数

函数名	说明
str.find(sub[,start[end]])	检测 sub 是否包含在字符串中
str.index(sub[,start[end]])	和 find()函数功能一样，只不过如果 sub 不在字符串中，就会抛出异常
str.count(sub[,start[end]])	返回 sub 在字符串中出现的次数
str.replace(old,new[,count])	把字符串中的 old 替换成 new，如果使用 count 指定了次数，则替换不超过 count 次

【例 4-12】使用 find()函数查找字符串 "ton" 和 "thon" 是否在字符串 "I like python" 中。具体的 Python 程序代码如下。

```
a="I like python"
b=a.find("ton")
c=a.find("thon")
print(b,c)
# 不用变量赋值，直接使用函数
print("I like python".find("ton"),end=" ")
print("I like python".find("thon"))
```

运行程序，输出如下。

```
-1 9
-1 9
```

因为 "I like python" 中不存在 "ton"，所以当使用 find()函数查找 "ton" 时，结果为-1；因为 "I like python" 中存在 "thon"，所以当使用 find()函数查找 "thon" 时，返回字符串开始的索引值 9。

【例 4-13】使用 index()函数查找字符串 "ton" 和 "thon" 是否在字符串 "I like python" 中。具体的 Python 程序代码如下。

```
print("I like python".index("thon"))
print("I like python".index("ton"))
```

运行程序，输出如下。

```
9
Traceback (most recent call last):
  File "XXXXXXXX/ex0414.py", line 3, in <module>
    print("I like python".index("ton"))
ValueError: substring not found
```

因为"I like python"中存在"thon"，所以当使用 index()函数查找"thon"时，返回字符串开始的索引值 9；因为"I like python"中不存在"ton"，所以当使用 index()函数查找"ton"时，抛出异常。

【例 4-14】使用 count()函数查找字符串"ton"和"thon"在字符串"I like python"中出现的次数，以及字符串"thon"在字符串"I like python,and you like python too.We all like python"中出现的次数。

具体的 Python 程序代码如下。

```
print("I like python".count("ton"))
print("I like python".count("thon"))
print("I like python,and you like python too.We all like python".count("thon"))
```

运行程序，输出如下。

```
0
1
3
```

因为"I like python"中不存在"ton"，且一次都没有出现，所以返回值为 0；因为"I like python"中存在"thon"，并且在字符串中出现了一次，所以当使用 count()函数查找"thon"出现次数时，返回值为 1；因为"I like python,and you like python too.We all like python"中存在"thon"，并且在字符串中出现了三次，所以当使用 count()函数查找"thon"出现次数时，返回值为 3。

【例 4-15】使用 replace()函数将字符串"I like python"中的"python"替换为"world"；将字符串"I like python,and you like python too.We all like python"中的"python"替换为"world"，并将替换次数 count 设置为 2，查看结果。

具体的 Python 程序代码如下。

```
a="python"
b="world"
c="I like python,and you like python too.We all like python"
print("I like python".replace(a,b))
```

```
print(c.replace(a,b,2))
```

运行程序，输出如下。

```
I like world
I like world,and you like world too.We all like python
```

字符串的拆分、合并函数如表 4.4 所示。

表 4.4　字符串的拆分、合并函数

函数名	说明
str.split(sep,num)	以 sep 为分隔符分隔字符串，如果 num 有指定值，则仅截取 num 个子字符串
str.join(sep)	以指定字符串作为分隔符，将 seq 中所有的元素合并为一个新的字符串

【例 4-16】split()函数应用。

具体的 Python 程序代码如下。

```
print("I like python".split())
print("I like python".split("i"))
print("I like python,and you like python too.We all like python".split())
print("I like python,and you like python too.We all like python".split(" ",6))
```

运行程序，输出如下。

```
['I', 'like', 'python']
['I l', 'ke python']
['I', 'like', 'python,and', 'you', 'like', 'python', 'too.We', 'all',
'like', 'python']
['I', 'like', 'python,and', 'you', 'like', 'python', 'too.We all like
python']
```

【例 4-17】join()函数应用。

具体的 Python 程序代码如下。

```
a=["I","like","python"]
print(" ".join(a))
print(":".join(a))
```

运行程序，输出如下。

```
I like python
I:like:python
```

删除字符串空格函数如表 4.5 所示。

表 4.5 删除字符串空格函数

函数名	说明	示例
str.lstrip()	删除字符串左边空格	" a ".lstrip()返回'a '
str.rstrip()	删除字符串右边空格	" a ".rstrip()返回' a'
str.strip()	在字符串上执行 lstrip()和 rstrip()函数，删除字符串前、后空格	" a ".strip()返回'a'

3. 转换函数

转换函数用于不同数据类型之间的转换，常见的转换函数如表 4.6 所示。

表 4.6 常见的转换函数

函数名	说明	示例
bin(x)	将数字参数 x 转换为二进制数	bin(10)返回'0b1010'
chr(x)	返回 Unicode 编码为 x 的字符	chr(65)返回'A'
float(x)	将参数 x 转换为浮点数并返回，参数可以是数值，也可以是字符串	float(2)返回 2.0
hex(x)	将数字参数 x 转换为十六进制数	hex(15)返回'0xf'
oct(x)	将数字参数 x 转换为八进制数	oct(15)返回'0o17'
int(x[,base])	返回数字参数 x 的整数部分，或者将字符串参数转换为数值，base 默认为 10，即转换为十进制数，但是 base 被赋值后，参数只能是字符串	int(12.34)返回 12 int('123')返回 123 int('11',8)返回 9 int(11',2)返回 3
list([x])	将对象转换为列表并返回，或者生成空列表	list((1,2,3))返回[1,2,3]
set([x])	将对象转换为集合并返回，或者生成空集合	set([1,4,2,4,3,5])返回{1,2,3,4,5}
tuple([x])	将对象转换为元组并返回，或者生成空元组	tuple([1,2,3])返回(1,2,3)
dict([x])	将对象转换为字典并返回，或者生成空字典	dict([('a',1),('b',2),('c',3)])返回{'a': 1, 'b': 2, 'c': 3}
ord(c)	返回字符参数的 Unicode 编码	ord(A)返回 65
range([start],stop[,step])	产生一个等差序列，默认从 0 开始，不包括终值	list(range(1,10))返回[1,2,3,4,5,6,7,8,9]
str(object)	将对象转换为字符型	str(10)返回'10'

4. 序列操作函数

序列操作函数用于序列的各种操作。常见的序列操作函数如表 4.7 所示。

表 4.7 常见的序列操作函数

函数名	说明	示例
all(iterable)	用于判断给定的可迭代参数 iterable 中的所有元素是否都为 True，如果是，则返回 True，否则返回 False	all(['a', 'b','c'])返回 True all([0,1,2])返回 False
any(iterable)	用于判断给定的可迭代参数 iterable 是否全部为 False，如果是，则返回 False；如果有一个为 True，则返回 True	any(['a',"",'b'])返回 True any([0,False])返回 False
filter(function, iterable)	用于过滤序列，过滤掉不符合条件的元素，返回由符合条件元素组成的新列表	def mm(n): return n%2==0 list_new=list(filter(mm,[1,2,3,4,5,6,7,8,9,10])) print(list_new)输出[2, 4, 6, 8, 10]
map(function, iterable,…)	遍历每个元素，执行 function 操作	list(map(lambda a,b:a - b,[4,5,6,7],[1,2,3])) 返回[3,3,3]
reversed (sequence)	生成一个逆序后的迭代器	list(reversed('abc')) ['c', 'b', 'a']
sorted(list)	返回排序后的列表	a=[5,7,6,3,9,4,1,8,2] b=sorted(a) print(b) 输出[1,2,3,4,5,6,7,8,9]
zip([iterable,…])	用于将可迭代的对象作为参数，将对象中对应的元素打包成一个个元组，并返回由这些元组组成的列表	list(zip([1,3,5],[2,4,6])) 返回[(1, 2), (3, 4), (5, 6)]

5. 编译执行函数

编译执行函数如表 4.8 所示。

表 4.8 编译执行函数

函数名	说明	示例
eval(expression[,globals[,locals]])	用来计算字符串中表达式的值并返回	eval("1"+"2")返回 12， eval("1+2")返回 3

4.5 Python 模块

4.5.1 模块的概念

为了编写可维护的代码，通常会把不同功能的代码分别存放到不同的文件中，这样每个文件包含的代码相对较少，这种组织代码的方式被称为模块编程。

在 Python 中，模块是一个包含变量、语句、函数或类的程序文件，文件的名称就是模块名加.py 扩展名，所以用户编写程序的过程，也就是编写模块的过程。模块往往体现为多个函数或类的组合，可以被其他应用程序调用。

采用模块编程有以下几个优点。

（1）提高代码的可维护性。在应用系统开发过程中，合理划分程序模块，可以很好地完成程序功能的定义，有利于代码维护。

（2）提高代码的可重用性。模块是按功能划分的程序，编写好的 Python 程序以模块的形式保存，只要在其他程序中引用该模块，就可以调用该模块中的函数，从而达到代码重用的目的。程序中使用的模块可以是用户自定义的模块、Python 内置模块，也可以是来自第三方的模块。

（3）有利于避免命名冲突。相同名称的函数和变量可以分别存放在不同的模块中，用户在编写模块时，不需要考虑模块间变量名冲突的问题。但需要注意的是，尽量不要与内置函数名发生冲突。

4.5.2 模块的分类

在 Python 中，模块分为 3 类：内置模块（标准库）、第三方模块和用户自定义模块。

1. 内置模块（标准库）

内置模块也被称为标准库。此类模块是随 Python 安装包一起发布的，是 Python 运行的核心，提供了系统管理、网络通信、文本处理等功能。标准库中有些模块的使用方法和用户自定义模块一样，需要先用 import 语句引用，才可以使用其中定义的函数；而另一些模块则被包含在 Python 解释器中，使用时不需要引用，就可以直接使用其中的函数，这部分函数就是前面介绍的内置函数。

2. 第三方模块

第三方模块也被称为第三方库，是在 Python 发展过程中针对各种领域，如科学计算、Web 开发、数据库接口、图形系统等逐步形成的，需要安装才能使用。

3. 用户自定义模块

用户自定义模块，就是用户自己在项目中定义的模块。在自定义模块中，用户可以添加自定义函数，并根据程序需要进行调用。

4.5.3　模块的使用

1.　导入模块

应用程序要调用一个模块中的变量或函数，需要先导入该模块。导入模块可使用 import 或 from 语句。

1）import 语句

在 Python 中，如果要引用一些内置的函数，则需要使用 import 语句来导入某个模块，并且可以使用 as 关键字为导入的模块指定一个别名。import 语句的语法格式如下。

```
import 模块名 1[as 别名 1,模块名 2 as 别名 2,…,模块名 N as 别名 N]
```

模块导入后，需要通过模块名或模块的别名来调用函数，具体语法格式如下。

```
模块名.函数名
```

为什么必须加上模块名呢？因为可能存在这样一种情况：在多个模块中含有相同名称的函数，此时如果只通过函数名来调用，则解释器无法判断要调用哪个函数。

【例 4-18】使用 import 语句导入 math 模块。

```
import math              # 使用 import 语句导入 Python 内置模块 math
print(math.sqrt(25))     # 调用 math 模块中的求平方根函数 sqrt()
print(math.pi)           # 调用 math 模块中的常数函数 pi
```

程序运行结果如下。

```
5.0
3.141592653589793
```

【例 4-19】使用 import 语句导入 math 模块，并使用 as 关键字为其指定一个别名。

```
import math as m         # 使用 import 语句导入 math 模块，并为其指定别名 m
print(m.sqrt(25))        # 使用别名 m 调用 math 模块中的求平方根函数 sqrt()
print(m.pi)              # 使用别名 m 调用 math 模块中的常数函数 pi
```

程序运行结果如下。

```
5.0
3.141592653589793
```

在【例 4-19】中，在导入 math 模块时使用 as 关键字为其指定了一个别名 m，因此在调用 math 模块中的函数时必须使用别名进行调用，而不能使用模块名进行调用。

2）from 语句

有时需要用到模块中的某个函数，只需引入该函数即可，此时可以通过 from 语句导入模块中的指定函数。from 语句的语法格式如下。

```
from   模块名 import 函数名
```

通过 from 语句导入的函数可以直接使用，不需要通过模块名或别名来指明函数所属的模块。当两个模块中含有相同名称的函数时，后面的引入会覆盖前面的引入。也就是说，假如在模块 A 和模块 B 中均有 function() 函数，如果引入模块 A 中的 function() 函数先于引入模块 B 中的 function() 函数，则在调用 function() 函数时，执行的是模块 B 中的 function() 函数。

如果想一次性引入 math 模块中的所有内容，则可以通过 from math import * 来实现，但是不建议这么做，因为该方法只在下面两种情况下建议使用。

（1）目标模块中的属性非常多，反复输入模块名很不方便。

（2）在交互式解释器中，这样可以减少输入。

【例 4-20】使用 from 语句导入模块。

```
# 使用 from 语句导入 math 模块中的求余数函数 fmod 和求绝对值函数 fabs
from math import fmod,fabs
print(fmod(10,3))          # 调用 fmod() 函数求 10 除以 3 的余数
print(fabs(-8))            # 调用 fabs() 函数求 -8 的绝对值
```

程序运行结果如下。

```
1.0
8.0
```

2. 创建模块

在 Python 中，每个 Python 文件都可以作为一个模块，模块的名称就是文件的名称。假设创建一个文件 test.py，在文件中定义一个函数 add，用于计算两个数之和。

【例 4-21】创建 test.py 文件，定义 add() 函数。

```
def add(a,b):
    return a+b
```

此时，如果想在 main.py 文件中使用 test.py 文件的 add() 函数，则可以使用"import test"导入 test 文件，并通过 test.add(x,y) 进行调用。

【例 4-22】创建 main.py 文件，导入 test.py 文件，通过键盘输入两个数，调用 test 文件中的 add() 函数，求两个数之和。

```
import test
```

```
x=int(input("x="))
y=int(input("y="))
print("x+y=",test.add(x,y))
```

程序运行结果如下。

```
x=10          # 通过键盘输入 x 的值为 10
y=20          # 通过键盘输入 y 的值为 20
x+y= 30       # 输出 x+y 的结果为 30
```

3. 模块搜索路径

在使用 import 语句导入模块时，需要先查找到模块程序的位置，即模块的文件路径，因为这是调用或执行模块的关键。在导入模块时，解释器会进行搜索，以便找到模块所在的位置。搜索按以下顺序进行。

（1）当前工作目录，即包含 import 语句的代码。

（2）操作系统的 PYTHONPATH 环境变量中包含的目录。

（3）Python 默认的安装路径。

在导入模块时，不能在 import 或 from 语句中指定模块文件的路径，只能使用 Python 设置的搜索路径。标准模块 sys 的 path 属性可以用来查看搜索路径设置。在交互环境下，可以用以下方式查看搜索路径。

```
>>> import sys
>>> sys.path
```

输出类似以下的结果，显示当前环境的搜索路径。

```
# 路径示范，非全部路径
['','C:\\Users\\86155\\AppData\\Local\\Programs\\Python\\Python37\\Lib\\
idlelib','C:\\Users\\86155\\AppData\\Local\\Programs\\Python\\Python37\\pyth
on37.zip','C:\\Users\\86155\\AppData\\Local\\Programs\\Python\\Python37\\DLLs']
```

其中，路径列表的第一个元素为空字符串，代表当前目录。导入模块时，解释器会按照列表顺序搜索，直到找到第一个模块。如果模块所在路径不在搜索路径中，则可以调用 sys.path 中的 append() 函数来增加模块所在的绝对路径。例如：

```
>>> sys.path.append("f:\第 4 章")
>>> sys.path
```

输出结果中显示增加了 "f:\第 4 章" 的路径。

```
['','C:\\Users\\86155\\AppData\\Local\\Programs\\Python\\Python37\\Lib\\
idlelib','C:\\Users\\86155\\AppData\\Local\\Programs\\Python\\Python37\\pyth
```

```
on37.zip', 'C:\\Users\\86155\\AppData\\Local\\Programs\\Python\\Python37\\DLLs',
'f:\\第 4 章']
```

这种将需要的路径增加到搜索路径中的方法在重新启动解释器时会失效。

4.　__name__属性

在 Python 中，每个文件都有两种使用方法，第一种是直接作为独立代码执行，第二种是在执行导入操作时，导入的模块将被执行。如果想要控制 Python 模块中的某些代码在导入时不执行，而模块独立运行时才执行，则可以使用__name__属性来实现。

__name__属性是 Python 的内置属性，用于表示当前模块的名称。如果 Python 文件作为模块被调用，则__name__的属性值为模块文件的主名；如果模块独立运行，则__name__属性值为__main__。

if __name__=='main'语句的作用是控制这两种不同情况下执行代码的过程，当__name__值为"main"时，文件作为脚本直接执行；而使用 import 或 from 语句导入其他程序时，模块中的代码是不会被执行的。

【例 4-23】__name__属性的测试。factorial.py 模块文件定义了一个求阶层的 fac()函数。

```
def fac(x):        # 返回 x 的阶层
    a=1
    for i in range(1,x+1):
        a=a*i
    print(x,"阶层为：",a)


if __name__=="__main__":
    print("please use me as a module.")
```

当 factorial.py 模块文件独立运行时，其__name__值为"__main__"，程序运行结果如下。

```
please use me as a module.
```

【例 4-24】创建一个 ex0424.py 文件，在该文件中使用 import 语句导入 factorial 模块，并调用 fac()函数计算 x 的阶层。

```
import factorial
x=int(input("x="))
factorial.fac(x)
```

在运行 ex0424.py 文件时，由于 factorial.py 模块作为模块被调用，此时__name__的属性值为"factorial"，而不是"__main__"，因此 factorial.py 模块文件中的 print("please use me as a module.")语句没有被执行。程序运行结果如下。

```
x=5        # 通过键盘输入 x 的值为 5
5 阶层为： 120
```

5．包

包是 Python 引入的分层次的文件目录结构，定义了一个由模块、子包，以及子包下的子包等组成的 Python 应用环境。引入包以后，只要顶层的包名不与其他包的名称冲突，那么所有模块都不会与其他包的名称冲突。

Python 的每个包目录下面都会有名为 __init__.py 的特殊文件，该文件可以直接是一个空文件，但必须存在。它表明这个目录不是普通的目录结构，而是一个包，里面包含模块。Python 的包下面还可以有子包，即可以有多级目录，以便组成多级层次的包结构。同样地，每个子包文件夹下也都需要一个 __init__.py 文件。

从包中导入单独的模块可以使用 import PackageA.SubPackageA.ModuleA 语句，使用时必须用全路径名；也可以使用它的变形语句，即 from PackageA.SubPackageA import ModuleA，在使用时可以直接使用模块名而不用加上包前缀；还可以直接导入模块中的函数或变量，即 from PackageA. SubPackageA. ModuleA import functionA。

具体说明如下。

（1）当使用 from package import item 语句时，item 可以是 package 的子模块或子包，也可以是其他定义在包中的名称（如一个函数、类或变量）。首先检查 item 是否定义在包中，如果没找到它，就认为 item 是一个模块并尝试加载它，当加载失败时会抛出一个 ImportError 异常。

（2）当使用 import item.subitem.subsubitem 语句时，最后一个 item 之前的 item 必须是包，最后一个 item 可以是一个模块或包，但不能是类、函数和变量。

（3）当使用 from package import *语句时，如果包的__init__.py 定义了一个名为__all__的列表变量，则它包含模块名称的列表将被导入模块列表；如果没有定义__all__变量，则这条语句不会导入所有的 package 的子模块，而是只保证 package 包被导入。

4.5.4　正则表达式模块

正则表达式本质是一个特殊的字符序列，可以检查一个字符串是否与某种模式匹配，Python 中通过 re 模块实现正则表达式。该模块提供 Perl 风格的正则表达式匹配模式，可以支持全部的正则表达式功能。

1．re.match()函数

re.match()函数尝试从字符串的开始位置匹配一个模式，如果匹配成功，则 re.match()函数返回一个匹配的对象，否则返回 None。语法格式如下。

```
re.match(pattern, string, flags)
```

其中，pattern 参数为匹配的正则表达式；string 为要匹配的字符串；flags 为可选参数，用于控制正则表达式的匹配方式，如说明是否区分大小写。

【例 4-25】使用 re.match()函数，创建 ex0425.py 文件，在导入 re 模块后，对字符串"Hello World"进行匹配。

```
import re
s = "Hello world!"
print(re.match("world", s))
print(re.match("hello", s))
print(re.match("Hello", s))
print(re.match("hello", s, re.I))   # re.I 表示匹配不区分大小写
```

运行 ex0425.py 文件，程序运行结果如下。

```
None
None
<re.Match object; span=(0, 5), match='Hello'>
<re.Match object; span=(0, 5), match='Hello'>
```

2. re.search()函数

re.search()函数会扫描整个字符串并返回一个成功的匹配对象。如果匹配失败，则返回 None。语法格式如下。

```
re.search (pattern, string, flags)
```

其中，pattern 参数为匹配的正则表达式；string 为要匹配的字符串；flags 为标志位。

【例 4-26】使用 re.search()函数，将【例 4-25】中的 match 方法修改为 search 方法，对字符串"Hello World"进行匹配。

```
import re
s = "Hello world!"
print(re.search("world", s))
print(re.search("hello", s))
print(re.search("Hello", s))
print(re.search("hello", s, re.I))
```

运行 ex0426.py 文件，程序运行结果如下。

```
<re.Match object; span=(6, 11), match='world'>
None
```

```
<re.Match object; span=(0, 5), match='Hello'>
<re.Match object; span=(0, 5), match='Hello'>
```

从结果中可以发现 re.match()函数与 re.search()函数的区别：re.match()函数仅匹配字符串开头，如果字符串开头不符合正则表达式，则匹配失败，返回 None；而 re.search()函数匹配整个字符串，直到找到一个匹配对象，如果整个字符串都没有匹配对象才返回 None。

3. 匹配模式

模式字符串（pattern）可以使用特殊的语法来表示一个正则表达式。常用的模式字符串如表 4.9 所示。

表 4.9　常用的模式字符串

模式	说明
.	匹配除 "\r\n" 之外的任何单个字符。要匹配包括 "\r\n" 在内的任何字符，请使用像 "[\s\S]" 的模式
\	将下一个字符标记为特殊字符。例如，"\\n" 匹配\n，"\n" 匹配换行符。序列 "\\" 匹配 "\"，而 "\(" 则匹配 "("，相当于 "转义字符" 的概念
[xyz]	字符集合。匹配所包含的任意一个字符。例如，"[abc]" 可以匹配 "plain" 中的 "a"
[^xyz]	负值字符集合。匹配未包含的任意字符。例如，"[^abc]" 可以匹配 "plain" 中的 "plin"
[a-z]	字符范围。匹配指定范围内的任意字符。例如，"[a-z]" 可以匹配 "a" 到 "z" 范围内的任意小写字母字符 注意：只有连字符在字符组内部且出现在两个字符之间时，才能表示字符的范围；如果出现在字符组的开头，则只能表示连字符本身
[^a-z]	负值字符范围。匹配任何不在指定范围内的任意字符。例如，"[^a-z]" 可以匹配任何不在 "a" 到 "z" 范围内的任意字符
\d	匹配一个数字字符。相当于[0-9]。例如，"a\dc" 可以匹配 "a2c"
\D	匹配一个非数字字符。相当于[^0-9]。例如，"a\dc" 可以匹配 "abc"
\s	匹配任何不可见字符，包括空格、制表符、换页符等。相当于[\f\n\r\t\v]
\S	匹配任何可见字符。相当于[^ \f\n\r\t\v]
\w	匹配包括下画线的任何单词字符。类似但并非 "[A-Za-z0-9_]"，这里的单词字符使用 Unicode 字符集
\W	匹配任何非单词字符。相当于 "[^A-Za-z0-9_]"
*	匹配前面的子表达式任意次。例如，zo*能匹配 "z"，也能匹配 "zo" 及 "zoo"
+	匹配前面的子表达式一次或多次（大于或等于 1 次）。例如，"zo+" 能匹配 "zo" 及 "zoo"，但不能匹配 "z"。+相当于{1,}
?	匹配前面的子表达式零次或一次。例如，"do(es)?" 可以匹配 "do" 或 "does" 中的 "do"。?等价于{0,1}
{n}	n 是一个非负整数。确定匹配 n 次。例如，"o{2}" 不能匹配 "Bob" 中的 "o"，但是能匹配 "food" 中的两个 o

续表

模式	说明
{n,}	n 是一个非负整数。至少匹配 n 次。例如，"o{2,}" 不能匹配 "Bob" 中的 "o"，但能匹配 "foooood" 中的所有 o。"o{1,}" 相当于 "o+"。"o{0,}" 则相当于 "o*"
{n,m}	m 和 n 均为非负整数，其中 n<=m。最少匹配 n 次且最多匹配 m 次。例如，"o{1,3}" 将匹配 "foooood" 中的前三个 o。"o{0,1}" 相当于 "o?"。请注意在逗号和两个数之间不能有空格
^	匹配输入字符串的开始位置。如果设置了 RegExp 对象的 Multiline 属性，则 ^ 也匹配 "\n" 或 "\r" 之后的位置
$	匹配输入字符串的结束位置。如果设置了 RegExp 对象的 Multiline 属性，则 $ 也匹配 "\n" 或 "\r" 之前的位置
\b	匹配一个单词边界，也就是指单词和空格间的位置（正则表达式的"匹配"有两种概念，一种是匹配字符，另一种是匹配位置，这里的 \b 就是匹配位置的）。例如，"er\b" 可以匹配 "never" 中的 "er"，但不能匹配 "verb" 中的 "er"
\B	匹配非单词边界。"er\B" 能匹配 "verb" 中的 "er"，但不能匹配 "never" 中的 "er"
\A	仅匹配字符串开头。例如，"\Aabc" 可以匹配 "abcdef"
\Z	仅匹配字符串末尾。例如，"abc\Z" 可以匹配 "defabc"

4. 可选标志

正则表达式可以包含一些可选标志（flags）来控制匹配模式。多个标志可以通过按位或表示。例如，"re.I|re.M" 表示同时设置 I 和 M 两个标志。常用可选标志如表 4.10 所示。

表 4.10　常用可选标志

标志	说明
re.I	使匹配对大小写不敏感
re.L	做本地化识别（locale-aware）匹配
re.M	多行匹配，影响 ^ 和 $
re.S	使 . 匹配包括换行符在内的所有字符
re.U	根据 Unicode 字符集解析字符。这个标志影响 \w、\W、\b、\B
re.X	该标志通过给予更加灵活的格式，以便用户将正则表达式写得更易于理解

4.6　实训任务 1——斐波那契数列

PY-04-v-003

4.6.1　任务描述

已知斐波那契数列 "0 1 1 2 3 5 8 13 21 34 ..."，请输入数列项数 N，打印该数列前 N 项。例如，输入 5，打印结果为"0 1 1 2 3"。

4.6.2 任务分析

根据斐波那契数列规律（第 1 项是 0，第 2 项是 1，从第 3 项开始，每一项都等于前两项的和），可以定义函数计算出斐波那契数列第 N 项的数值，如果要打印前 N 项的数值，则只需循环调用即可。

实验环境如表 4.11 所示。

表 4.11 实验环境

硬件	软件	资源
PC/笔记本电脑	Windows 10 PyCharm 2022.1.3（社区版） Python 3.7.3	无

4.6.3 任务实现

步骤一：定义计算斐波那契数列的函数

创建 Python 文件 fib.py，并定义 fib(n)函数，用于计算斐波那契数列第 N 项的数值，代码如下。

```python
def fib(n):
    if n == 1:
        return 0
    elif n == 2:
        return 1
    n1 = 0
    n2 = 1
    n3 = 0
    for i in range(2, n):
        # 下一项的数值=前两项相加
        n3 = n1 + n2
        # 更新n-1和n-2项
        n1 = n2
        n2 = n3
    return n3
```

输入数列的项数 N，通过 for 循环依次调用 fib()函数，求出每项的数值，并打印输出，代码如下。

```
n = input("打印斐波那契数列前 N 项，请输入 N: ")
n = int(n)
for item in range(1,n+1):
    print(fib(item), end=" ")
print()
```

步骤二：运行程序

运行上述代码，根据提示输入具体的项数后，可以打印出对应的斐波那契数列，如图 4.1 所示。

步骤三：使用递归函数计算斐波那契数列

图 4.1　斐波那契数列

使用函数递归思想，改进计算斐波那契数列的函数，从第 3 项开始，可以通过自递归，即直接调用函数自身 fib(n − 1) + fib(n − 2)进行计算，这样可以简化代码实现过程，代码如下。

```
def fib(n):
    if n == 1:
        return 0
    elif n == 2:
        return 1
    return fib(n - 1) + fib(n - 2)
```

使用上述代码替换步骤一中的 fib()函数，可以得到相同的执行结果，但是当数据项较大时（例如，输入 N 为 40），会发现代码执行要花费很长时间，所以使用递归函数虽然简化了代码实现，但运行效率会受到影响。

4.7　实训任务 2——人脸检测与识别模块

PY-04-v-004

4.7.1　任务描述

人脸识别是基于人的脸部特征信息进行身份识别的一种生物识别技术，可以对含有人脸的图像进行自动检测，进而对图像中脸部特征进行识别，通常也被称为人像识别、面部识别。

本任务将使用 baidu-aip 模块对包含人脸的 JPG 格式图片进行检测和识别，识别结果包含年龄、颜值、面部表情、脸型、性别、是否戴了眼镜等相关信息。

4.7.2　任务分析

人脸识别算法的相关内容较为复杂，可以借助百度 AI 开放平台解决。该平台提供了一套关于人工智能的编程接口（baidu-aip），让我们不需要了解算法的细节就可以实现人脸检测与识别的功能。

实验环境如表 4.12 所示。

表 4.12　实验环境

硬件	软件	资源
PC/笔记本电脑	Windows 10 PyCharm 2022.1.3（社区版） Python 3.7.3 baidu-aip 4.16 chardet 5.0.0	test.jpg（包含人脸的图片）

4.7.3　任务实现

步骤一：安装百度 AI 平台的人脸识别模块

在浏览器上搜索"百度 AI 开放平台"并进入其官方网站，在首页导航的"开放能力"下拉列表中先选择"人脸与人体"选项，然后选择右侧的"人脸识别云服务"选项，如图 4.2 所示。

图 4.2　百度 AI 开放平台

在 "人脸识别云服务" 界面中，单击 "立即使用" 按钮，在弹出的登录界面中使用百度账号登录，如果没有对应账号，则可以单击 "立即注册" 文字链接进行注册，如图 4.3 所示。

图 4.3　登录百度 AI 开放平台

第一次注册登录后，首先到 "用户中心" 完成个人实名认证，实名认证后可领取 2QPS 的测试资源；然后在 "控制台总览" 界面中，选择 "创建应用" 选项，如图 4.4 所示。

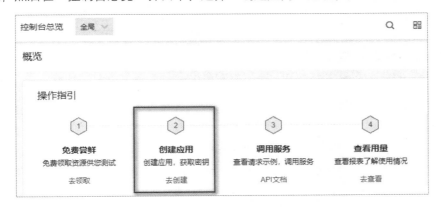

图 4.4　创建应用

根据提示指定应用名称（face_detect）、应用描述等信息。创建完成后，可以在 "应用详情" 界面中看到该应用的详情信息，其中 AppID、API Key 和 Secret Key，在将来使用百度提供的 API 编写程序时会用到，如图 4.5 所示。

在线安装 baidu-aip 和 chardet 模块。之后，在 Python 程序中调用人脸识别的接口函数就是由 baidu-aip 模块提供的，运行该模块还要依赖编码识别的 chardet 模块，所以我们可以在控制终端使用在线包管理工具 pip 安装，也可以在 PyCharm 的图形界面中安装，如图 4.6 所示。

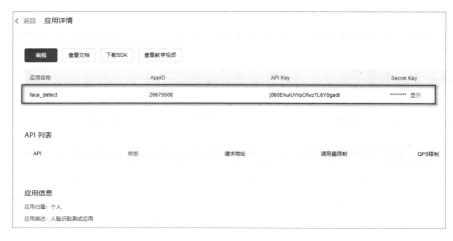

图 4.5 "应用详情"界面

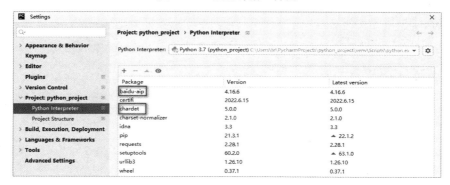

图 4.6 安装 baidu-aip 和 chardet 模块

步骤二：连接百度人脸识别库

在 PyCharm 中新建 Python 文件 face_detect_image.py，在该文件中导入 aip 包中与人脸识别相关的接口。设置 AppID、API Key 和 Secret Key，这些信息可以在百度 AI 开放平台的"应用详情"界面获取，直接复制相关信息即可。调用 AipFace 接口和人脸识别应用建立连接，代码如下。

```python
# 设置 APP_ID、API_KEY、SECRECT_KEY
APP_ID = "26675****"
API_KEY = "j060EhulUWpOfwz7L8Y0****"
SECRECT_KEY = "1sTVm3SPhzfau7QC017GiRSL3zAP****"
# 连接百度人脸识别库
client = AipFace(APP_ID, API_KEY, SECRECT_KEY)
```

步骤三：配置人脸识别选项

配置人脸识别选项和要识别的图片，首先通过字典的"键"（face_field）定义需要识别的参数，然后准备测试的图片（images/test.jpg），将该图片放在项目同级目录下，并确定里面包含人脸的图像信息，代码如下。

```python
# 配置选项
options = {
    # 人脸检测选项：年龄、颜值、面部表情、脸型、性别、是否戴了眼镜、人种、脸的形状
    "face_field":"age,beauty,expression,faceshape,gender,glasses,race,facetype"
}
# 指定要识别的图片
filename = './images/test.jpg'
```

步骤四：打开图片进行人脸识别

打开测试图片，检测里面的人脸图像并进行识别（注意：图片要使用 BASE64 进行编码），识别完成后会以 JSON 格式返回识别结果，代码如下。

```python
# 打开图片，对图片进行识别并打印结果
with open(filename, 'rb') as f:
    # 将读取到的内容经过 base64 模块中的 b64encode 编码成字符串
    image = str(base64.b64encode(f.read()), 'utf-8')
    # 类型为 BASE64
    imageType = 'BASE64'
    # 调用人脸识别接口
    data = client.detect(image, imageType, options)
    print(data)
```

步骤五：解析人脸识别结果

默认的识别结果是 JSON 格式的，可以被看作 Python 中的字典。其中会包含一些冗余信息，如果希望获取人脸识别结果，只需关注 result 中的 face_list 即可。该列表中的元素为字典类型，可以通过具体的 key 获取相应的识别结果，代码如下。

```python
# 获取人脸识别结果
face = data['result']['face_list'][0]

# 对结果进行解析
print('age:', face['age'])
print('beauty:', face['beauty'])
print('expression:', face['expression']['type'])
```

```
print('face_shape:', face['face_shape']['type'])
print('gender:', face['gender']['type'])
print('glasses:', face['glasses']['type'])
print('race:', face['race']['type'])
```

步骤六：运行程序

运行程序进行人脸识别测试，可以看到打印的结果，其中 age 表示年龄，beauty 表示颜值，expression 表示面部表情，face_shape 表示脸型，gender 表示性别，glasses 表示是否戴了眼镜，race 表示人种，具体数值如图 4.7 所示。

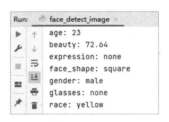

图 4.7　人脸识别结果

本章总结

本章重点介绍 Python 中函数的定义和调用，并详细说明了函数参数的传递方式，以及 Python 中内置函数的使用。另外，本章还扩展介绍了模块的概念、分类和使用。

- 函数是组织好的、可重复使用的，用来实现单一或相关联功能的代码段。它能够提高应用的模块化和代码的重复利用率。在程序中可以通过调用函数来提高代码的复用性，从而提高编程效率及程序的可读性。
- 函数按参数传递可以分为位置参数、关键字参数、默认值参数、不定长参数。
- 递归是一种特殊的函数调用形式，函数在定义时可以直接或间接地调用其他函数。若函数在定义时直接或间接调用了自身，则这个函数被称为递归函数。
- 模块是一个包含了一系列函数的 Python 程序文件，若将一系列的模块文件放在同一个文件夹中，则构成了包。包是可以对模块进行层次化管理的有效工具，大大提高了代码的可维护性和重用性。
- 用户可以编写自己定义的函数、模块和包，也可以使用 Python 提供的各种包。Python 提供的包也被称为内置函数库，更重要的是，除了 Python 的内置函数库，还有实现各种功能的第三方函数库。当需要这些功能时，只需将它们的代码导入自己的程序即可。这种基于大量第三方函数库的编程方式，正是 Python 语言的魅力所在。

• re 模块提供正则表达式功能，常用的函数包括 match() 和 search()。

作业与练习

PY-04-c-001

一、单选题

1．在下列选项中，关于函数的描述正确的是（　　）。

A．函数用于创建对象

B．函数可以重新执行得更快

C．函数是一段代码，用于执行特定的任务

D．以上说法都正确

2．在下列选项中，参数定义不合法的是（　　）。

A．def myfunc(* args):　　　　　　　B．def myfunc(arg1=1):

C．def myfunc(* args,a=1):　　　　　D．def myfunc(a=1,** args):

3．在下列选项中，关于导入模块的方式，错误的是（　　）。

A．import math　　　　　　　　　　B．from fib import fibonacci

C．from math import *　　　　　　　D．from * import fib

二、填空题

1．使用（　　　）语句可以返回函数值并退出函数。

2．如果函数中没有 return 语句或者 return 语句不带任何返回值，则该函数的返回值为（　　　）。

3．在 Python 中，若定义了 f1(p,** p2):print(type(p2))，则 f1(1,a=2) 的运行结果是（　　　）。

4．在 Python 中，若定义了 f1(a,b,c):print(a+b)，则 nums=(1,2,3);f1(* nums) 的运行结果是（　　　）。

三、编程题

1．编写一个函数，当输入的 n 为偶数时，调用函数求 $\frac{1}{2}+\frac{1}{4}+\cdots\frac{1}{n}$；当输入的 n 为奇数时，调用函数求 $\frac{1}{1}+\frac{1}{3}+\cdots+\frac{1}{n}$。

2．由键盘输入任意两个整数 x、y，编写一个函数，用来求 x 的 y 次方。

第5章

组合数据类型

本章目标

- 掌握列表的应用。
- 掌握元组的应用。
- 掌握字典的应用。
- 熟悉集合的应用。

数据类型是学习一门编程语言必须掌握的重要知识，在第 2 章中，我们学习了 Python 简单的数据类型，本章将继续学习 Python 组合数据类型。组合数据类型是编程中常见的一种数据存储方式。Python 组合数据类型包括列表、元组、字典和集合。

5.1 列表

列表（List）是 Python 中最常用的数据类型，是若干个元素的连续内存空间。列表的元素（又被称为数据项）可以是不同的类型。在形式上，列表是以方括号括起来的数据集合，不同元素间以逗号分隔。

列表是可变的。用户不仅可以在列表中任意增加元素或删除元素，还可以对列表进行遍历、排序、反转等操作。

5.1.1 列表的基本操作

1. 列表的创建

PY-05-v-001

（1）使用 "[]" 标记创建列表。

【例 5-1】创建列表。

```
>>> []    # 创建一个空列表
[]
>>> [1]    # 创建只有一个元素的列表
[1]
>>> [1,]  # 创建只有一个元素的列表
[1]
>>> ['春',123,True]  # 创建三个不同类型元素的列表
['春', 123, True]
```

（2）使用赋值运算符创建列表。

【例 5-2】创建列表。

```
>>> stu=['盖天仙','女',18]
>>> season=['春','夏','秋','冬']
>>> num=[2,5,8,11,14]
>>> print(stu)
['盖天仙', '女', 18]
>>> print(season)
['春', '夏', '秋', '冬']
>>> print(num)
[2, 5, 8, 11, 14]
```

（3）使用 list() 函数创建列表。

【例 5-3】使用 list() 函数创建列表。

```
>>> list1=list()              # 创建空列表
>>> list1
[]
>>> len(list1)                # 使用 len() 函数测试空列表的长度
0
>>> list2=list(range(1,6))   # 将 range 对象作为函数参数
>>> list2
[1, 2, 3, 4, 5]
>>> list3=list("abcde")       # 将字符串作为函数参数
```

```
>>> list3
['a', 'b', 'c', 'd', 'e']
>>> list4=list((1,2,3,4,5))    # 将元组作为函数参数
>>> list4
[1, 2, 3, 4, 5]
```

需要注意的是，Python 提供了 list()函数创建列表，可以将 range 对象、字符串、元组等数据转换为列表。空列表是不含任何元素的列表，使用内置函数 len()获取它的长度，返回结果为 0。

2. 列表的删除

使用 del 命令删除列表，在删除列表的同时，也删除了列表中的元素。

【例 5-4】使用 del 命令删除列表 list2 和 list3。

```
>>> del list2
>>> del list3
>>> list3    # 删除列表之后，再次访问就会提示错误
Traceback (most recent call last):
    File "<pyshell#30>", line 1, in <module>
      list3
NameError: name 'list3' is not defined
```

3. 列表元素的增加

（1）使用 "+" 运算符，将新列表元素加在原列表的尾部，一次可以添加一个或多个列表元素。

【例 5-5】使用 "+" 运算符为列表添加元素。

```
>>> list1=[100,200,300,400]
>>> list2=list1+[123,456]
>>> list2
[100, 200, 300, 400, 123, 456]
```

（2）使用切片赋值的方法为列表添加元素。

【例 5-6】使用切片赋值的方法为列表赋值。

```
>>> list1=[100,200,300,400]
>>> list2=[123,456]
>>> list1[len(list1):]=list2
>>> list1
[100, 200, 300, 400, 123, 456]
```

```
>>> list1[len(list1)-5:]=list2   # 新列表会替换原列表中的元素
>>> list1
[100, 123, 456]
```

（3）使用 append() 方法为列表增加元素。这种方法是在原列表的尾部添加元素，一次只能增加一个元素。

【例 5-7】使用 append() 方法为列表添加元素。

```
>>> list1=[100,200,300,400]
>>> list1.append(100)   # 或者写成 list.append([100])
>>> list1
[100, 200, 300, 400, 100]
```

（4）使用 extend() 方法为列表增加元素。extend( ) 方法可以在列表的末尾一次性追加另一个序列中的多个值，即可以用另一个列表扩展原来的列表。

【例 5-8】使用 extend() 方法为列表添加元素。

```
>>> list1=[100,200,300,400]
>>> list2=[1,2,3]
>>> list1.extend(list2)
>>> list1
[100, 200, 300, 400, 1, 2, 3]
```

（5）使用 insert(x,y) 方法为列表添加元素。参数 x 是插入的位置，参数 y 是待插入的元素。

【例 5-9】使用 insert() 方法为列表添加元素。

```
>>> list1=[100,200,300,400]
>>> list1.insert(2,123)   # 在第 3 个元素后面插入 123
>>> list1
[100, 200, 123, 300, 400]
```

"+" 运算符与 insert() 方法运算效率较低，而 append() 方法与 extend() 方法运算效率较高。

4. 列表元素的删除

（1）使用 del 语句删除列表元素。因为前面在删除列表时可以使用 del 命令，所以列表元素的删除也可以使用 del 命令。

【例 5-10】使用 del 命令删除列表元素。

```
>>> list1=[100,200,300,400]
>>> del list1[1]
>>> list1
```

```
[100, 300, 400]
```

（2）使用 remove()方法删除列表元素。这种方法用于移除列表中某个值的第一个匹配项，这里的匹配项是列表中的值，而不是标号。

【例 5-11】使用 remove()方法删除列表元素。

```
>>> list1=[100,200,300,400]
>>> list2=['a','b','c','d','b']
>>> list1.remove(300)
>>> list1
[100, 200, 400]
>>> list2.remove('b')    # 只能删除第一个'b'
>>> list2
['a', 'c', 'd', 'b']
```

需要注意的是，如果列表有重复值，则 remove()方法只能删除第一个匹配的元素。

（3）使用 pop()方法删除列表元素。pop()方法移除列表中的一个元素（默认是最后一个），并返回该元素的值。需要注意的是，pop()方法是唯一一个既能修改列表又能返回元素值（除了 None）的列表方法。

【例 5-12】使用 pop()方法删除列表元素。

```
>>> list1=[100,200,300,400]
>>> list1.pop()
400
>>> list1
[100, 200, 300]
>>> list1.pop()
300
>>> list1
[100, 200]
[100, 200]
```

使用 pop()方法可以实现一种常见的数据结构——栈。append()方法表示入栈，而 pop()方法与 append()方法的操作结果恰好相反，可以表示出栈操作。如果入栈刚刚出栈的值，则最后得到的结果还是原来的栈。

【例 5-13】使用 pop()方法和 append()方法实现出栈和入栈操作。

```
>>> list1=[100,200,300,400]
>>> list1.append(list1.pop())    # 出栈之后又入栈
>>> list1
```

```
[100, 200, 300, 400]
```

（4）使用 clear()方法清空列表元素。

【例 5-14】清空 list1 列表中的元素。

```
>>> list1=["春","夏","秋","冬"]
>>> list1.clear()
>>> list1
[]
```

5. 列表元素的修改

Python 允许对列表元素进行修改或更新。如果对列表中的任意元素重新赋值，就相当于修改。

【例 5-15】修改 list1 列表中的元素。

```
>>> list1=[100,200,300,400]
>>> list1[1]=500
>>> list1[2]='价格'
>>> list1
[100, 500, '价格', 400]
```

6. 列表元素的其他常用方法和内置函数

（1）count()方法。

返回列表中的某个元素在列表中出现的次数。如果元素不在列表中，则结果为 0。

【例 5-16】count()方法的应用。

```
>>> list1=[1,2,3,4,1,5]
>>> list1.count(1)
2
>>> list1.count(6)
0
```

（2）index()方法。

返回列表元素在列表中的序号，如果查找索引的元素不在列表中，则系统提示错误。

【例 5-17】index()方法的应用。

```
>>> list1=[1,2,3,4,5]
>>> list1.index(2)
1
>>> list1.index(4)
```

```
3
>>> list1.index(8)
Traceback (most recent call last):
    File "<pyshell#12>", line 1, in <module>
      list1.index(8)
ValueError: 8 is not in list
```

（3）sort()方法。

对列表中的元素进行升序排序（要求其成员可排序，否则报错）。

【例 5-18】sort()方法的应用。

```
>>> list1=[7,2,9,1,5]
>>> list1.sort()
>>> list1
[1, 2, 5, 7, 9]
>>> list2=["a","c","d","F"]
>>> list2.sort()
>>> list2
['F', 'a', 'c', 'd']
>>> list3=[False,True]
>>> list3.sort()
>>> list3
[False, True]
```

字符型列表元素按 ASCII 值排序，布尔型列表元素 True 大于 False。

【例 5-19】对列表中的元素进行升序排序。

```
>>> list2=[7,2,'abc',True,9,1,5]
>>> list2.sort()
Traceback (most recent call last):
    File "<pyshell#19>", line 1, in <module>
      List2.sort()
TypeError: '<' not supported between instances of 'str' and 'int'
```

需要注意的是，在对列表中的元素进行排序时，其类型要一致，否则会出现错误。

（4）reverse()方法。

将列表中元素的顺序进行颠倒。

【例 5-20】颠倒元素顺序。

```
>>> list1=[7,2,9,1,5]
>>> list1.reverse()
```

```
>>> list1
[5, 1, 9, 2, 7]
```

【例 5-21】对列表中的元素进行降序排序。

```
>>> list1=[7,2,9,1,5]
>>> list1.sort()
>>> list1.reverse()
>>> list1
[9, 7, 5, 2, 1]
```

先对列表中的元素使用 sort()方法进行升序排序，再利用 reverse()方法颠倒顺序，即降序排序。

（5）copy()方法。

复制列表。复制过程中，只复制一层变量，不会复制深层变量绑定的对象，当列表中元素是列表时，会导致嵌套的列表元素共享。

【例 5-22】copy()方法的应用。

```
# 创建列表，该列表包含三个元素，其中第三个元素还是列表
>>> list1=[100,110,[120,140]]
>>> list2=[]
# 使用 copy()方法，把 list1 列表的元素复制到 list2 列表中
>>> list2=list1.copy()
>>> list2
[100, 110, [120, 140]]
# 在修改 list1 列表的第二个列表元素时，list2 列表不发生改变
>>> list1[1]=[115]
>>> list1
[100, [115], [120, 140]]
>>> list2
[100, 110, [120, 140]]
# 在修改 list1 列表的第三个列表元素时，list2 列表发生改变
>>> list1[2][1]=300
>>> list1
[100, [115], [120, 300]]
>>> list2
[100, 110, [120, 300]]
```

（6）len()函数。

len()函数为 Python 的内置函数，用于返回列表元素的个数，即长度。

【例 5-23】len()函数的应用。

```
>>> list1=[]
>>> len(list1)
0
>>> list2=[""]
>>> len(list2)
1
>>> list3=[1,2,3,4,5]
>>> len(list3)
5
>>> list4=["I","Like","Python",True]
>>> len(list4)
4
```

（7）max()函数。

max()函数为 Python 的内置函数，用于返回相同类型列表中元素的最大值。

【例 5-24】max()函数的应用。

```
>>> list1=[3,44,2,55,6,9]
>>> max(list1)
55
>>> list2=["a","c","d","F"]
>>> max(list2)
'd'
>>> list3=[False,True]
>>> max(list3)
True
>>> list4=[12,"c",True]   # 列表元素类型不一致，系统报错
>>> max(list4)
Traceback (most recent call last):
    File "<pyshell#69>", line 1, in <module>
      max(list4)
TypeError: '>' not supported between instances of 'str' and 'int'
```

数字类型列表元素返回数值最大的元素，字符型列表元素返回 ASCII 值最大的字符，布尔型列表元素 True 大于 False。需要注意的是，如果列表元素类型不相同，则 max()函数是不能返回最大值的。

（8）min()函数。

min()函数为 Python 的内置函数，用于返回相同类型列表中元素的最小值。和 max()函数一

样，如果列表元素类型不相同，则 min()函数是不能返回最小值的。

【例 5-25】min()函数的应用。

```
>>> list1=[3,44,2,55,6,9]
>>> min(list1)
2
>>> list2=["a","c","d","F"]
>>> min(list2)
'F'
>>> list3=[False,True]
>>> min(list3)
False
>>> list4=[12,"c",True]    # 列表元素类型不一致，系统报错
>>> min(list4)
Traceback (most recent call last):
    File "<pyshell#69>", line 1, in <module>
      min(list4)
TypeError: '>' not supported between instances of 'str' and 'int'
```

（9）sum()函数。

sum()函数为 Python 的内置函数，用于返回列表中数字类型元素的和。对非数字类型列表元素使用 sum()函数则会出错。

【例 5-26】sum()函数的应用。

```
>>> list1=[3,44,2,55,6,9]
>>> sum(list1)
119
>>> list2=["a","c","d","F"]
>>> sum(list2)
Traceback (most recent call last):
    File "<pyshell#75>", line 1, in <module>
      sum(list2)
TypeError: unsupported operand type(s) for +: 'int' and 'str'
```

（10）sorted()函数。

sorted()函数为 Python 的内置函数，可以将列表元素进行升序排序。

【例 5-27】sorted()函数的应用。

```
>>> list1=[3,44,2,55,6,9]
>>> sorted(list1)
```

```
[2, 3, 6, 9, 44, 55]
>>> list2=["a","c","d","F"]
>>> sorted(list2)
['F', 'a', 'c', 'd']
>>> list3=[False,True]
>>> sorted(list3)
[False, True]
```

5.1.2 列表的访问

列表是有序的序列，要访问列表元素，可以先指出列表的名称，再使用 "[]" 标记指出元素的索引。

列表的正向索引是从 0 开始的，第二个元素索引为 1，以此类推，最后一个为 len(s)-1，如图 5.1 所示。

元素1	元素2	元素3	元素...	元素n
0	1	2	...	n-1 ⟸ 索引

图 5.1 列表的正向索引

【例 5-28】正向访问列表元素。

```
>>> list1=["春","夏","秋","冬"]
>>> list1[0]
'春'
>>> list1[1]
'夏'
>>> list1[2]
'秋'
>>> list1[3]
'冬'
>>> list1[1:3]        # 访问列表第二个元素和第三个元素
['夏', '秋']
>>> list1[0:3:2]      # 格式：列表[起始索引:结束索引:步长]
['春', '秋']
```

反向索引从-1 开始，-1 代表最后一个元素，-2 代表倒数第二个元素，以此类推，第一个是 -len(s)，如图 5.2 所示。

元素1	元素2	元素...	元素n-1	元素n
-n	-(n-1)	...	-2	-1 ⟸ 索引

图 5.2 列表的反向索引

【例 5-29】反向访问列表元素。

```
>>> list1=["春","夏","秋","冬"]
>>> list1[-1]
'冬'
>>> list1[-2]
'秋'
>>> list1[-3]
'夏'
>>> list1[-4]
'春'
>>> list1[-3:-1]            # 访问列表倒数第三个元素和倒数第二个元素
['夏', '秋']
>>> list1[-4:-1:2]         # 格式：列表[起始索引:结束索引:步长]
['春', '秋']
```

5.1.3　列表的遍历

列表的元素，在内存中是连续存放的。列表创建后，逐一输出列表的元素被称为列表的遍历。由于列表中可以存放很多元素，因此遍历列表通常需要用到循环结构。

（1）使用 for 循环语句直接遍历列表。

【例 5-30】编写程序，输出列表元素。

```
list1=['春','夏','秋','冬']
for i in list1:
    print(i)
```

结果为：

```
春
夏
秋
冬
```

（2）使用 range()函数遍历列表。

【例 5-31】编写程序，使用 range()函数遍历列表。

```
list1=['春','夏','秋','冬']
for i in range(len(list1)):
    print(list1[i])
```

结果为：

春
夏
秋
冬

（3）使用 iter() 函数遍历列表。

【例 5-32】编写程序，使用 iter() 函数遍历列表。

```
list1=['春','夏','秋','冬']
for i in iter(list1):
    print(i)
```

结果为：

春
夏
秋
冬

需要注意的是，iter() 函数是迭代器函数。

（4）使用 enumerate() 函数遍历列表。

【例 5-33】编写程序，使用 enumerate() 函数遍历列表。

```
list1=['春','夏','秋','冬']
for i in enumerate(list1):
    print(i)
```

结果为：

```
(0, '春')
(1, '夏')
(2, '秋')
(3, '冬')
```

需要注意的是，enumerate() 函数返回的是列表元素及其下标。

5.2　元组

元组（Tuple）和列表类似，也是 Python 的内置数据类型，但元组是由一系列变量组成的不可变序列容器，即元组在创建后不可以再添加、删除、修改元素。

5.2.1 元组的基本操作

1. 元组的创建

（1）使用"()"标记创建元组。

【例 5-34】创建元组。

```
# 创建空元组
>>> tup1=()
>>> tup1
()
# 创建只有一个元素的元组，逗号不能省略
>>> tup2=(5,)
>>> tup2
(5)
# 创建数字类型元组
>>> tup3=(1,2,3,4)
>>> tup3
(1, 2, 3, 4)
# 创建字符型元组
>>> tup4=("a","b","c","d")
>>> tup4
('a', 'b', 'c', 'd')
# 创建不同类型元素的元组
>>> tup5=("春",123,True)
>>> tup5
('春', 123, True)
# 在创建元组时，圆括号可以省略
>>> tup6="春","夏","秋","冬"
>>> tup6
('春', '夏', '秋', '冬')
```

（2）使用 tuple()函数创建元组。

【例 5-35】使用 tuple()函数创建元组。

```
>>> tup1=tuple()          # 创建空元组
>>> tup1
()
```

```
>>> len(tup1)                    # 空元组长度为 0
0
>>> tup2=tuple(range(1,10,3))    # 将 range 对象作为函数参数
>>> tup2
(1, 4, 7)
>>> tup3=tuple("abcdef")         # 将字符串转换为元组
>>> tup3
('a', 'b', 'c', 'd', 'e', 'f')
>>> tup4=tuple([1,2,3,4,5])      # 将列表转换为元组
>>> tup4
(1, 2, 3, 4, 5)
```

需要注意的是，Python 可以使用 tuple()函数创建元组，也可以将 range 对象、字符串、列表等数据转换为列表。空元组是不含任何元素的列表，使用 len()内置函数获取它的长度，返回结果为 0。

2. 元组的更新

在元组的概念中给出了元组在创建后不可以再添加、删除、修改元素，但某些元组可以通过间接方式修改。如果元组中某个元素是可更新的，则可以通过更改这个元素实现对元组的更新。

【例 5-36】间接更新元组。

```
>>> tup1=([100,200,[300,400]])
>>> tup1
[100, 200, [300, 400]]
>>> tup1[2][0]=250  # 更新元组中第三个元素中的第一个元素
>>> tup1
[100, 200, [250, 400]]
```

我们也可以对元组进行重新赋值，以便改变元组的值。

【例 5-37】重新赋值来更新元组。

```
>>> tup1=(100,200,300)
>>> tup1
(100, 200, 300)
>>> tup1=(123,234,345)
>>> tup1
(123, 234, 345)
```

3. 元组的删除

由于元组不可变，无法删除元组元素，因此只能使用 del 命令删除整个元组。

【例 5-38】删除元组对象。

```
>>> tup1=(100,200,300)
>>> tup1
(100, 200, 300)
>>> del tup1
>>> tup1    # 元组删除后被重新引用，则系统报错
Traceback (most recent call last):
    File "<pyshell#102>", line 1, in <module>
        tup1
NameError: name 'tup1' is not defined
```

4. 元组的访问

与列表的访问相同，元组在创建后，可以使用元组名代表整个元组，并通过索引访问元素。

元组正向索引是从 0 开始的，第二个元素索引为 1，以此类推，最后一个为 len(s)-1，如图 5.3 所示。

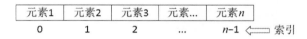

图 5.3　元组的正向索引

【例 5-39】正向访问元组元素。

```
>>> tup1=("a","b","c","d","e")
>>> tup1[0]
'a'
>>> tup1[3]
'd'
>>> tup1[2:4]    # 访问元组元素 2 和元素 3
('c', 'd')
>>> tup1[1:4:2]    # 格式：元组[起始索引:结束索引:步长]
('b', 'd')
```

反向索引从-1 开始，-1 代表最后一个元素，-2 代表倒数第二个元素，以此类推，第一个是 -len(s)，如图 5.4 所示。

元素1	元素2	元素...	元素n-1	元素n
-n	-(n-1)	...	-2	-1	⟸ 索引

图 5.4　元组的反向索引

【例 5-40】在交互环境下，反向访问元组元素。

```
>>> tup1=("a","b","c","d","e")
>>> tup1[-1]
'e'
>>> tup1[-3]
'c'
>>> tup1[-3:-1]       # 访问元组倒数第三个元素和倒数第二个元素
('c', 'd')
>>> tup1[-4:-1:2]     # 格式：元组[起始索引:结束索引:步长]
('b', 'd')
```

5. 元组的遍历

元组创建后，逐一访问元组中的元素被称为元组的遍历。与列表相同，元组的遍历需要用到循环结构。

（1）使用 for 循环语句遍历元组。

【例 5-41】编写程序，输出元组元素。

```
tup1=('春','夏','秋','冬')
for i in tup1:
    print(i)
```

结果为：

```
春
夏
秋
冬
```

（2）使用 range()函数遍历元组。

【例 5-42】编写程序，使用 range()函数遍历元组。

```
tup1=('春','夏','秋','冬')
for i in range(len(tup1)):
    print(tup1[i])
```

结果为：

```
春
夏
```

秋

冬

（3）使用 iter()函数遍历元组。

【例 5-43】编写程序，使用 iter()函数遍历元组。

```
tup1=('春','夏','秋','冬')
for i in iter(tup1):
    print(i)
```

结果为：

春

夏

秋

冬

（4）使用 enumerate()函数遍历元组。该函数用于遍历元组中的元素及其下标。

【例 5-44】编写程序，使用 enumerate()函数遍历元组。

```
tup1=('春','夏','秋','冬')
for i in enumerate(tup1):
    print(i)
```

结果为：

```
(0, '春')
(1, '夏')
(2, '秋')
(3, '冬')
```

6. 元组常用的内置函数

以下函数用法和列表基本相同，在此不单独举例。

（1）len()函数：获取元组序列长度，即元组中的元素个数。

（2）max()函数：获取元组中最大值的元素。

（3）min()函数：获取元组中最小值的元素。

（4）sum()函数：获取元组中所有元素的和。

（5）index()函数：查找指定元素在元组中第一次出现的索引位置。

（6）count()函数：统计某个元素在元组中出现的次数。

5.2.2 元组与列表的转换

PY-05-v-002

1. 元组和列表的区别

（1）列表可变，可以随时修改和删除列表中的元素；而元组不可变，不能修改其中的元素。

（2）元组的访问速度更快。如果只对元素进行遍历操作，一般建议使用元组。

（3）元组可以作为字典的"键"，而列表不可以。这是因为字典中的"键"是不可变的。

2. 元组和列表的转换

元组和列表非常类似，通过函数可以实现元组和列表的相互转换。

（1）元组转列表。

【例 5-45】使用 list()函数将元组转换成列表。

```
>>> tup1=(100,200,300)
>>> tup1
(100, 200, 300)
>>> list1=list(tup1)
>>> list1
[100, 200, 300]
```

（2）列表转元组。

【例 5-46】使用 tuple()函数将列表转换成元组。

```
>>> list1=["春","夏","秋","冬"]
>>> list1
['春', '夏', '秋', '冬']
>>> tup1=tuple(list1)
>>> tup1
('春', '夏', '秋', '冬')
```

5.3 字典

字典（Dictionary）是由一系列"键:值"对组成的可变映射容器，其中"键"必须是唯一不可改变的，可以使用字符串、数字、元组表示，而"值"可以是任意类型，通过唯一的"键"可以快速找到对应的"值"。

字典常用于表示一一对应的关系。比如，超市管理员通过条形码可以找到商品价格，其中条形码为"键",这是因为同一商品条形码必须是唯一的;而商品价格则为"值",没有任何限制,可以和其他商品相同也可以不同,这样就建立了"条形码→商品价格"的对应关系。

5.3.1　字典的基本操作

1. 创建字典

PY-05-v-003

(1)使用"{}"标记创建字典。字典中每个元素由"键"和"值"两部分构成,"键"和"值"中间用冒号分隔。元素之间用逗号分隔。

【例 5-47】创建字典。

```
# 创建空字典
>>> dict1={}
>>> dict1
{}
# 字典中的"键"可以加引号, 也可以不加引号
>>> dict2 = {101: "晓松", 102: "李明", 103: "赵栅河"}
>>> dict2
{101: '晓松', 102: '李明', 103: '赵栅河'}
>>> dict3={"name":"ddw","age":10," native place":"changchun"}
>>> dict3
{'name': 'ddw', 'age': 10, ' native place': 'changchun'}
```

(2)使用 dict()函数创建字典。

【例 5-48】使用 dict()函数创建字典。

```
>>> dict1=dict()
>>> dict1
{}
>>> dict2=dict(name="晓松",age=10)
>>> dict2
{'name': '晓松', 'age': 10}
# 使用 zip()函数, 可将多个相同长度的集合合并成对
>>> keys=["吉林","海南","湖北"]
>>> values=["长春","海口","武汉"]
>>> dict3=dict(zip(keys,values))
>>> dict3
{'吉林': '长春', '海南': '海口', '湖北': '武汉'}
```

（3）使用 fromkeys()方法创建字典

【例 5-49】使用 fromkeys()方法创建字典。

```
>>> dict1={}.fromkeys(("a","b"),2)
>>> dict1
{'a': 2, 'b': 2}
```

2. 删除字典

使用 del 命令删除字典。

【例 5-50】删除字典。

```
>>> dict2 = {101: "小明", 102: "张三", 103: "李四"}
>>> dict2
{101: '小明', 102: '张三', 103: '李四'}
>>> del dict2
>>> dict2
Traceback (most recent call last):
    File "<pyshell#162>", line 1, in <module>
      dict2
NameError: name 'dict2' is not defined
```

3. 查找字典的"值"

根据字典中的"键"查找对应的"值"。

【例 5-51】查找字典的"值"。

```
>>> dict1 = {101: "晓松", 102: "李明", 103: "赵栅河"}
>>> dict1[101]
'晓松'
# "键"不存在，系统报错
>>> dict1[104]
Traceback (most recent call last):
  File "<pyshell#151>", line 1, in <module>
    dict1[104]
KeyError: 104
```

4. 添加或修改字典中的元素

（1）"键"存在就修改字典中的元素，"键"不存在就添加字典中的元素。

【例 5-52】修改和添加字典元素。

```
>>> dict1 = {101: "晓松", 102: "李明", 103: "赵栅河"}
>>> dict1[102]="樊千岭"
>>> dict1
{101: '晓松', 102: '樊千岭', 103: '赵栅河'}
>>> dict1[104]="才子伯"
>>> dict1
{101: '晓松', 102: '樊千岭', 103: '赵栅河', 104: '才子伯'}
```

（2）使用 update()方法可以把另一个字典的元素追加到当前字典中。

【例 5-53】update()方法的应用。

```
>>> dict1 = {101: "小明", 102: "张三", 103: "李四"}
>>> dict2={"x":"a","y":"b"}
>>> dict1.update(dict2)    # 将 dict2 字典中的所有元素追加到 dict1 字典元素的后面
>>> dict1
{101: '小明', 102: '张三', 103: '李四', 'x': 'a', 'y': 'b'}
```

5. 删除字典中的元素

（1）使用 del 命令删除字典中的元素。

【例 5-54】删除字典元素。

```
>>> dict1 = {101: "小明", 102: "张三", 103: "李四"}
>>> del dict1[101]    # 删除 key 为 101 的元素
>>> dict1
{102: '张三', 103: '李四'}
```

（2）使用 pop()方法删除字典中的元素。

【例 5-55】使用 pop()方法删除字典中的元素。

```
>>> dict1 = {101: "小明", 102: "张三", 103: "李四"}
>>> dict1.pop(103)    # 删除 key 为 103 的元素
'李四'
>>> dict1
{101: '小明', 102: '张三'}
```

（3）使用 clear()方法清除字典中的所有元素。

【例 5-56】clear()方法的应用。

```
>>> dict1 = {101: "小明", 102: "张三", 103: "李四"}
```

```
>>> dict1.clear()
>>> dict1
{}
```

6. 字典的遍历

字典的遍历一般通过 for 循环语句实现。使用 items()方法可以获得字典的"键:值"对列表；使用 keys()方法可以获得字典的"键"列表；使用 values()方法可以获得字典的"值"列表。

【例 5-57】编写程序，实现对字典"键:值"的遍历。

```
dict1={101: "晓松", 102: "李明", 103: "赵栅河"}
for i in dict1.items():
    print(i)
```

结果为：

```
(101, '晓松')
(102, '李明')
(103, '赵栅河')
```

【例 5-58】编写程序，实现对字典"键"的遍历。

```
dict1={101: "晓松", 102: "李明", 103: "赵栅河"}
for i in dict1.keys():
    print(i)
```

结果为：

```
101
102
103
```

【例 5-59】编写程序，实现对字典"值"的遍历。

```
dict1={101: "晓松", 102: "李明", 103: "赵栅河"}
for i in dict1.values():
    print(i)
```

结果为：

```
晓松
李明
赵栅河
```

5.3.2 字典的常用方法

1. keys()方法

返回所有的"键"信息。

【例 5-60】keys()方法的应用。

```
>>> dict1 = {101: "晓松", 102: "李明", 103: "赵栅河"}
>>> dict1.keys()
dict_keys([101, 102, 103])
```

2. values()方法

返回所有的"值"信息。

【例 5-61】values()方法的应用。

```
>>> dict1 = {101: "晓松", 102: "李明", 103: "赵栅河"}
>>> dict1.values()
dict_values(['晓松', '李明', '赵栅河'])
```

3. items()方法

返回所有"键:值"对。

【例 5-62】items()方法的应用。

```
>>> dict1 = {101: "晓松", 102: "李明", 103: "赵栅河"}
>>> dict1.items()
dict_items([(101, '晓松'), (102, '李明'), (103, '赵栅河')])
```

4. popitem()方法

删除字典的最后一个"键:值"对，并将其以元组的形式返回。当字典为空时使用 popitem() 方法，系统会报错。

【例 5-63】popitem()方法的应用。

```
>>> dict1 = {101: "晓松", 102: "李明", 103: "赵栅河"}
>>> dict1.popitem()
(103, '赵栅河')
>>> dict1
{101: '晓松', 102: '李明'}
```

5. get()方法

根据 key 得到字典中的对应的 value。

【例 5-64】get()方法的应用。

```
>>> dict1 = {101: "晓松", 102: "李明", 103: "赵栅河"}
>>> dict1.get(102)
'李明'
>>> dict1.get(103)
'赵栅河'
```

5.4 集合

Python 中的集合（Set）和数学中的集合概念类似，是由任意个无序元素组成的容器。集合内的元素不能重复，类似字典中的"键"，虽然可以把集合看作只有"键"没有"值"的字典，但是集合不支持索引操作。

集合的所有元素都放在一对花括号中，相邻元素之间用逗号分隔。

5.4.1 集合的基本操作

1. 创建集合

（1）使用"{}"标记创建集合。

【例 5-65】创建集合。

```
# 创建数字类型集合
>>> s1={1,2,3,4,5}
>>> s1
{1, 2, 3, 4, 5}
# 创建字符型集合
>>> s2={"春","夏","秋","冬"}
>>> s2
{'秋', '冬', '春', '夏'}
# 创建多种类型的元素集合
>>> s3={123,"abc",True}
>>> s3
{True, 123, 'abc'}
# "{}"标记不能创建空集合
>>> s4={}
>>> s4
```

```
{}
>>> type(s4)
<class 'dict'>
```

需要注意的是，"{}" 标记创建的是字典，不是集合。

（2）使用 set() 函数创建集合。

使用 set() 函数可以将字符串、列表、元组、range 对象等转换为集合。

【例 5-66】使用 set() 函数创建集合。

```
>>> s1=set("春夏秋冬")
>>> s1
{'秋', '冬', '春', '夏'}  # 集合是无序的
>>> s2=set([100,200,300])
>>> s2
{200, 100, 300}
>>> s3=set((123,234,345))
>>> s3
{345, 234, 123}
>>> s4=set(range(1,10))
>>> s4
{1, 2, 3, 4, 5, 6, 7, 8, 9}
```

2. 集合的删除

使用 del 命令删除集合。

【例 5-67】删除集合。

```
>>> s1={1,2,3,4,5}
>>> del s1
>>> s1
Traceback (most recent call last):
  File "<pyshell#33>", line 1, in <module>
    s1
NameError: name 's1' is not defined
```

3. 集合元素的添加

使用 add() 方法添加集合元素，可以添加字符串、数字和布尔类型的数据，但列表、元组等是不能被添加到集合中的。

因为集合中的元素是不能重复的，所以添加的数据已经在集合中存在，不进行任何操作，也不报错。

【例 5-68】添加集合元素。

```
>>> s1={1,2,3,4,5}
>>> s1.add(100)
>>> s1
{1, 2, 3, 4, 5, 100}
>>> s2={"春","夏","秋","冬"}
>>> s2.add("春")
>>> s2
{'秋', '冬', '春', '夏'}
```

4. 集合元素的删除

删除集合中的元素可以使用 pop() 方法、remove() 方法和 clear() 方法。pop() 方法和 remove() 方法可以删除集合中的一个元素，而 clear() 方法则删除集合中的所有元素。

【例 5-69】删除集合中的元素。

```
>>> s1={"春","夏","秋","冬"}
>>> s1.pop()              # 随机删除集合中的一个元素
'秋'
>>> s1
{'冬', '春', '夏'}
>>> s1.remove("春")       # 删除集合中指定的一个元素
>>> s1
{'冬', '夏'}
>>> s1.clear()           # 删除集合中的所有元素
>>> s1
set()
```

5.4.2　集合运算

Python 中集合的概念与数学中集合的概念是一致的，因此 Python 中的集合运算包括交集、并集、差集。

1. 交集运算

交集运算的结果是获取多个集合中的共同元素。交集运算符是 "&"。

【例 5-70】交集运算。

```
>>> s1 = {100, 200, 300}
```

```
>>> s2 = {200, 300, 400}
>>> s1 & s2
{200, 300}
```

2. 并集运算

并集运算的结果是获取多个集合中所有不重复的元素，可用于去重。并集运算符是"|"。

【例5-71】并集运算。

```
>>> s1 = {100, 200, 300}
>>> s2 = {200, 300, 400}
>>> s1|s2
{100, 200, 300, 400}
```

3. 差集运算

差集运算的结果是获取只属于其中之一的元素。差集运算符是"-"。

【例5-72】差集运算。

```
>>> s1 = {100, 200, 300}
>>> s2 = {200, 300, 400}
>>> s1 - s2
{100}
```

5.5 实训任务 1——计算分数序列

5.5.1 任务描述

已知分数序列"2/1，3/2，5/3，8/5，13/8，21/13…"，求这个分数序列的前 n 项之和。

5.5.2 任务分析

根据已知分数项，观察分子与分母的变化规律，先通过循环计算出每项分数值，并保存到列表中，再利用 sum() 函数对列表进行求和。

（1）第一项：分子是 2，分母是 1。

（2）第二项：分子=(第一项分子+第一项分母)，分母=(第一项分子)。

（3）第 n 项：分子=(第 n-1 项分子+第 n-1 项分母)，分母=(n-1 项分子)。

实验环境如表 5.1 所示。

表 5.1   实验环境

硬件	软件	资源
PC/笔记本电脑	Windows 10 PyCharm 2022.1.3（社区版） Python 3.7.3	无

5.5.3   任务实现

步骤一：定义记录中分子和分母的变量

创建 Python 文件 fraction.py，并在该文件中编写程序。首先通过 input()函数读入分数序列项数，然后定义记录中分子和分母的变量并初始化为序列第一项，代码如下。

```
n = int(input("请输入分数序列的项数："))
x = 2   # 记录中的分子
y = 1   # 记录中的分母
```

步骤二：通过列表记录计算分数序列

首先定义列表并初始化为分数序列的第一项；然后通过 for 循环语句计算出前 n 项分数序列，并保存到列表中；最后使用 sum()函数即可求出分数序列前 n 项的和，代码如下。

```
# 定义记录中分数序列前 n 项的列表，保存第一项
result = [x / y]
# 根据第一项结果循环
for i in range(1, n):
    x, y = x + y, x
    result.append(x / y)
print(sum(result))
```

步骤三：运行程序

运行上述代码，只需根据提示输入项数 n 以后，即可计算出该分数序列前 n 项的和。例如，计算分数序列前 20 项的和如图 5.5 所示。

图 5.5   计算分数序列前 20 项的和

5.6　实训任务 2——投票选举班长

PY-05-v-004

5.6.1　任务描述

假定某个班级要选举班长，经推荐有"小张""小李""小明""小伟""小豪"5 个候选者。为了选出班长，现在要对 5 个候选者进行匿名投票，全班每个同学都可以为支持的候选者投一次票，得到最多的候选者将成为班长。请编写 Python 代码，实现上述投票选举班长的业务程序。

5.6.2　任务分析

本任务要求使用投票的方式从候选者名单中选出一个班长，为了方便计票可以为每个候选者指定唯一的编号，投票时只需输入编号即可。

综上所述，我们可以使用字典类型保存投票数据，其中字典的"键"用于记录候选者编号，字典的"值"则用于记录候选者姓名和票数。在投票过程中，通过唯一的编号就可以找出对应的候选者，将"值"中的票数加 1 即可完成一次投票。等投票完成后，通过遍历字典进行唱票，选出获取票数最多的候选者作为班长。

实验环境如表 5.2 所示。

表 5.2　实验环境

硬件	软件	资源
PC/笔记本电脑	Windows 10 PyCharm 2022.1.3（社区版） Python 3.7.3	无

5.6.3　任务实现

步骤一：创建候选者名单

在 PyCharm 中新建 Python 文件 vote.py，打开该文件，编写投票程序，首先定义记录中所有候选者姓名的元组。

```
names = ("小张", "小李", "小明", "小伟", "小豪")
```

遍历元组中候选者姓名，创建候选者名单的字典，字典中的"键"使用唯一的数字编号，字典中的"值"使用列表记录候选者姓名和票数，代码如下。

```
candidate = {}
```

```
for num in range(0, len(names)):
    candidate[str(num + 1)] = [names[num], 0]
```

步骤二：投票

使用 while 循环语句进行投票，每次循环都通过 input()函数输入一个候选者编号，将候选者编号作为字典的"键"，找到对应的候选者，将字典"值"中记录的票数+1。通过多次循环投票，直至输入"0"结束投票，代码如下。

```
while True:
    # 打印候选者名单编号
    for key in candidate:
        print(key, candidate[key][0], sep='-', end=' ')
    print()
    # 计票
    vote = input("请输入候选者编号(0 退出):")
    if vote == '0':
        break
    try:
        candidate[vote][1] += 1
    except Exception as ex:
        print("输入错误！", ex)
```

步骤三：唱票

遍历候选者名单的字典，打印每个候选者所得票数，同时计算获取票数最多的候选者，完成选举班长的业务程序，代码如下。

```
winner = candidate['1']
for key in candidate:
    print(key,'-', candidate[key][0], " 获得:",
        candidate[key][1], "票！", sep='')
    if candidate[key][1] > winner[1]:
        winner = candidate[key]
print("恭喜", winner[0], "同学当选为班长！", sep='')
```

步骤四：运行程序

运行程序，根据提示输入候选者编号进行投票。在循环这个过程时可以多次投票，直至输入"0"结束投票。最后会自动唱票，选择出票数最多的候选者为班长，如图 5.6 所示。

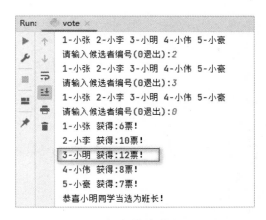

图 5.6　投票选举班长

本章总结

通过本章的学习，读者应该了解 Python 的组合数据类型，具体如下。

1. 列表

（1）列表的基本操作。

（2）列表的访问。

（3）列表的遍历。

2. 元组

（1）元组的基本操作。

（2）元组与列表的转换。

3. 字典

（1）字典的基本操作。

（2）字典的常用方法。

4. 集合

（1）集合的基本操作。

（2）集合运算。

作业与练习

PY-05-c-001

一、单选题

1．下列关于列表的描述错误的是（　　　）。

A．列表是一个有序集合，可以添加或删除元素

B．列表可以存放任意类型的元素

C．使用列表时，其下标可以是负数

D．列表是不可变的数据结构

2．Python 中元组用（　　　）符号标记。

A．() 　　　　　　B．[] 　　　　　　C．{} 　　　　　　D．""

3．下列关于字典的描述错误的是（　　　）。

A．字典可以在原来的变量上增加或缩短

B．字典是一种无序的对象集合，通过"键"来存取

C．对字典中的数据可以进行切片和合并操作

D．字典可以包含列表和其他数据类型，支持嵌套

4．关于 Python 中元组和列表的区别，下列说法错误的是（　　　）。

A．元组可以作为字典的"键"，而列表不可以

B．元组的访问速度比列表快

C．元组的元素可以更改，而列表的元素不能更改

D．元组用()表示，列表用[]表示

5．下列代码执行的结果是（　　　）。

```
ddw=tuple(range(1,10,3))
print(ddw)
```

A．(0, 3, 6) 　　　　B．(1, 4, 7) 　　　　C．(0, 3) 　　　　D．(1, 4)

二、填空题

1．集合中的运算包括（　　　）、（　　　）和（　　　）。

2．list1=[];len(list1)的结果是（　　　）。

3．字典由（　　　）和（　　　）构成。

三、编程题

1．使用列表存储数据，输出任意 5 个学生的成绩之和。

2．设计 dict1、dict2 和 dict3 三个字典，每个字典存储一个学生的信息，学生信息包括姓名、学号。把 3 个列表存储到 list1 列表中，遍历 list1 列表，打印学生信息。

第6章

面向对象编程

本章目标

- 了解面向对象编程的基本概念。
- 了解面向对象编程的特点。
- 掌握创建类的方法。
- 掌握创建和使用对象的方法。
- 掌握构造方法和析构方法的使用方法。
- 掌握类的继承、多态，以及运算符的重载等。

面向对象是一种程序开发方法，其核心是运用现实世界的概念，抽象地描述问题并解决问题。面向对象编程使得软件开发更加灵活，能更好地支持代码的重用性、灵活性和扩展性，适用于大型软件的设计和开发。Python 语言不仅是解释性语言，还是一门面向对象的程序设计语言，因此掌握面向对象程序设计思想至关重要。

本章主要介绍 Python 面向对象编程的相关知识，通过本章的学习，使读者能够建立面向对象编程思想，并学会使用这种思想开发程序。

6.1 面向对象编程概述

6.1.1 面向对象编程的基本概念

1. 对象

对象（Object）一词在现实世界和计算机世界有着不同的含义。

1）现实世界中的对象

在现实世界中，我们时时刻刻在面对一些客观实体。这些客观实体都拥有着不同的特性及独特的行为，从而构成了我们所认识的外部世界。这些不依赖于人类意识而存在的客观实体就是现实世界中的对象。

在现实世界中，用属性和行为来描述抽象的特性。例如，人拥有姓名、年龄、性别等静态属性，拥有思维、行走、说话等动态行为。而对于抽象概念的"人"，这些属性和行为还都没有具体的值和方式。只有在描述一个特定的对象时，人的属性和行为才会具体化。例如，对象张三，年龄 20，性别男，按某种非常有张三特色的方式思维、行走和说话。这样一来，对象就真正地活起来了。

2）计算机模型中的对象

现代的计算不再仅是数学上的数值计算，而是一种对事务处理的仿真。仿真的第一步是建模（Modeling）。一般我们会为问题建立现实和计算机两种模型，而后者是对前者的仿真。由于现实模型主要由对象构成，因此计算机模型中建立与现实对象相对应的对象模型是非常自然的事情。

计算机模型中的对象对应客观世界的事物，将描述事物的一组数据和与这组数据有关的操作封装在一起，形成一个实体，这个实体就是对象。

2. 类

类（Class）不仅是用来描述具有相同属性和方法的对象的集合，还定义了该集合中每个对象所共有的属性和方法。类用于描述多个对象的共同特征，是对象的抽象；而对象用于描述现实中的个体，是类的实例。对象是根据类创建的，并且一个类可以对应多个对象。例如，如果人类是一个类，则一个具体的人就是一个对象。

3. 面向对象编程

面向对象编程（Object Oriented Programming，OOP）是一种程序设计思想，将对象作为程序的基本单元。对象是由数据和对数据的操作组成的封装体，与客观实体有直接的对应关系。对象之间通过传递消息来模拟现实世界中不同事物之间的联系。

4. 面向对象编程和面向过程编程的区别

面向过程编程属于结构化程序设计，强调分析、解决问题所需要的步骤，可以用函数实现这些步骤，并通过函数调用完成特定功能。为了简化程序设计，面向过程编程把函数切分为子函数，即把大块函数通过切割成小块函数来降低程序的复杂度。

面向对象编程通常先有宏观的描述，再有任务的划分，最后实现具体的功能。面向对象编程把解决的问题按照一定规则划分为多个独立的对象，而每个对象都可以接收其他对象发来的消息，并处理这些消息。程序的执行就是一系列消息在各个对象之间的传递。

简单地说，面向过程是从解决问题的角度进行的编程，而面向对象是从描述问题的角度进行的编程。但是，在实际项目的开发中面向过程和面向对象的区别并不像人们想象的那么大，面向对象的大部分思想在面向过程中也可以体现，但面向过程最大的问题在于随着项目规模的不断扩大，需要考虑的所有细节将难以维护，最终可能导致整个项目崩溃。相比之下，面向对象编程无论是在思想层面还是技术层面，都具有较大的优势。

1）思想层面

- 可模拟现实情景，更接近于人的思维。
- 有利于梳理归纳、分析、解决问题。

2）技术层面

- 代码复用率高，对重复的代码进行封装，提升开发效率。
- 可扩展性强，增加新的功能，不需要修改以前的代码。
- 代码可读性好，逻辑清晰，结构规整，更易于维护。

6.1.2　面向对象编程的特点

面向对象编程具有封装性、继承性和多态性 3 个特点，下面对这 3 个特点进行简单介绍。

1. 封装性

封装是指将数据和对数据操作的实现代码组织在一起，定义一个新类的过程。封装是面向对象编程的核心思想，通过封装，不仅使对象向外界隐藏了实现细节，还使对象以外的事物不能随意获取对象的内部属性，从而提高了对象的安全性，有效地避免了外部错误对它产生的影响，减少了软件开发过程中可能发生的错误，降低了软件开发的难度。

例如，用户利用手机的功能菜单就可以操作手机，而不必知道手机内部的工作细节，这就是一种封装。

2. 继承性

继承描述了类之间的关系，在这种关系中，一个类共享了一个或多个其他类定义的数据和操作。继承来源于现实世界，如子女会继承父母的一些特征。面向对象编程中的继承更多的是表现为继承代码，实现代码的复用，通过继承的机制可以利用已有的类去派生出新的类，而新的类就会继承已有类的属性和方法，并且可以根据需要进行修改、拓展。

例如，有一个汽车的类，该类中描述了汽车的公共特性和功能，而轿车的类中不仅应该包含汽车的公共特性和功能，还应该增加轿车特有的功能，这时可以让轿车的类继承汽车的类，并在轿车的类中单独添加轿车特有的功能就可以了。

3．多态性

多态通常是指类中的方法重写，在方法调用时，根据不同的参数选择执行不同的方法。在 Python 语言中多态主要发生在继承过程中，当一个类中定义的属性和方法被其他类继承后，可以使其具有不同的数据类型或者表现出不同的行为，这使得相同的属性和方法在不同的类中具有不同的语义。

例如，当收到"Cut"这个指令时，理发师的行为是剪发，演员的行为是停止表演。因此，不同的对象，所表现的行为是不一样的。

6.2　创建类和对象

PY-06-v-001

面向对象编程的核心概念就是类和对象。我们可以通过面向对象编程，创建用于描述现实世界中事物的类，并基于这些类来创建对象。在创建类时，需要定义多个对象都有的通用行为。在基于类创建对象时，每个对象都自动具备这种通用行为，并且可以根据需要赋予每个对象独特的个性。

6.2.1　创建类

在 Python 中，可以使用 class 关键字来声明一个类，其基本语法格式如下。

```
class 类名:
    类的属性（成员变量）
    …
    类的方法（成员方法）
    …
```

类由 3 部分组成，具体如下。

（1）类名：类的名称，该名称必须符合标识符的命名规则，一般建议首字母大写。

（2）属性：用于描述事物的属性，如人的姓名、年龄等。

（3）方法：用于描述事物的行为，如人具有说话、微笑等行为。

【例 6-1】创建类的示例。

```
class Cat:
    num=0          # 类变量
```

```
    def __init__(self,id=0,color="white"):  # 构造方法
        self.id=id                          # 成员变量
        self.color=color
    def cry(self):                          # 成员方法
        print("miaomiao")
cat=Cat()
cat.cry()
```

在【例 6-1】中，使用 class 关键字定义了一个名为 Cat 的类，类中有一个名为 cry()的成员方法。从示例中可以看出，方法跟函数的格式是一样的，主要区别在于成员方法显式地声明了一个 self 参数，且位于参数列表的开头。self 代表对象本身，可以用来引用对象的属性和方法。程序运行的结果如下。

```
miaomiao
```

6.2.2　创建对象

程序要想完成具体的功能，仅有类是远远不够的，还需要根据类来创建实例对象。在 Python 程序中，可以使用如下语法来创建一个对象。

```
对象名=类名()
```

例如，创建 Cat 类的一个 cat 对象，示例代码如下。

```
cat=Cat()
```

在上述代码中，cat 实际上是一个变量，可以用来访问类的属性和方法。要想为对象添加属性，可以使用如下语法。

```
对象名.属性名=值
```

例如，为 Cat 类的对象添加 age 属性，示例代码如下。

```
cat.age=3
```

下面通过一个完整的示例来演示如何创建对象、添加属性，并调用方法。

【例 6-2】创建对象示例。

```
class Cat:
    num=0                                   # 类变量
    def __init__(self,id=0,color="white"):  # 构造方法
        self.id=id                          # 成员变量
```

```
        self.color=color
    def cry(self):          # 成员方法
        print("miaomiao")
    def show(self,age):
        print("年龄{}岁".format(age))
        print("颜色{}".format(self.color))
cat=Cat(color="black")
cat.age=3
cat.show(cat.age)
cat.cry()
```

在【例 6-2】中，首先定义了一个 Cat 类，并在类中定义了 cry()和 show()两个成员方法；然后创建了 Cat 类的 cat 对象，在第 12 行动态地添加了 age 属性且赋值为 3；最后依次调用了 show()方法和 cry()方法，打印输出了 cat 对象的属性值。

程序运行的结果如下。

```
年龄 3 岁
颜色 black
miaomiao
```

6.3　构造方法和析构方法

在 Python 的类中，提供了两个比较特殊的方法：__init__()和__del__()，分别用于初始化对象的属性和释放对象所占用的资源。

6.3.1　构造方法

构造方法也被称为初始化方法、构造函数、构造器。在创建对象时自动调用构造方法，用于在创建对象时初始化对象，即为对象的实例变量赋初始值。

在定义类时，可以添加一个__init__()方法。每一个类都会有一个构造方法。构造方法的语法格式如下。

```
def __init__(self,parameter1,parameter2,…,parameterN):
    self.variable_name1=parameter1
    self.variable_name2=parameter2
    …
```

```
self.variable_nameN=parameterN
```

说明：构造方法是类的一个特殊的实例方法，除了具有一般实例方法的特点，还具有自己的特点。

（1）在构造的方法名中，开头和结尾各有两条下划线，且中间不能有空格。Python 中很多像这种以双下划线开头、双下划线结尾的方法，都具有特殊的意义。

（2）每个类中都会有一个构造方法。如果程序员没有为该类定义任何构造方法，则 Python 会自动为该类创建一个只包含 self 参数的默认构造方法。

（3）__init__()方法是一个初始化的方法，其中 self 代表由类产生出来的实例对象，而__init__()方法则对这个对象进行相应的初始化操作。

（4）__init__()方法可以包含多个参数，但必须包含 self 参数，且必须作为第一个参数。也就是说，类的构造方法最少要有一个 self 参数。如果希望在创建对象时通过传参的方式给实例变量赋初值，则需要在构造方法中添加相应的参数。

（5）构造方法主要负责对象初始化，因此在构造方法中一般只对实例变量赋初值，这些数据成员一般为私有成员。因为在构造方法中一般不做初始化以外的事情，所以实例变量的初始化最好在__init__()方法中完成，并且可以直接把参数赋值给实例变量。

（6）构造方法没有返回值，不需要写 return 语句。

【例 6-3】使用无参数的构造方法创建对象示例。

```
class Cat:
    def __init__(self):            # 构造方法
        self.color="white"         # 初始化对象的color属性值为"white"
    def show(self):
        print("颜色:{}".format(self.color))
cat=Cat()                          # 创建对象
cat.show()
```

程序运行的结果如下。

```
颜色:white
```

在【例 6-3】中，在创建 cat 对象时，自动调用__init__()方法，初始化对象后，执行 show() 方法，从而显示"颜色:white"的信息。

【例 6-4】使用带参数的构造方法创建对象示例。

```
class Cat:
    def __init__(self,id=101,color="white"):      # 构造方法
        self.id=id
        self.color=color
```

```
    def show(self):
        print("id值:{} 颜色:{}".format(self.id,self.color))
cat1=Cat()                                    # 创建 cat1 对象
cat1.show()
cat2=Cat(102,"black")                         # 创建 cat2 对象
cat2.show()
```

程序运行的结果如下。

```
id值:101 颜色:white
id值:102 颜色:black
```

在【例 6-4】中，为__init__()方法增加了参数，因此在对象初始化时，可以将参数值传递给对象的属性。在__init__()方法中为参数设置默认值，以便更为灵活地创建对象。

6.3.2 析构方法

类中的__del__()方法被称为析构方法。与构造方法相反，析构方法用来释放对象占用的资源。当对象被销毁时（如对象所在的函数已调用完成），析构方法会在 Python 收回对象空间之前自动执行。

【例 6-5】使用析构方法示例。

```
class Cat:
    def __init__(self):            # 构造方法
        self.color="white"
    def show(self):
        print("颜色:{},id:{}".format(self.color,self.id))
    def __del__(self):             # 析构方法
        print("对象被清除")
cat=Cat()
cat.id=101
cat.show()
```

在 PyCharm 环境下，程序运行的结果如下，创建了 cat 对象，并显示了 cat 对象的信息，当程序结束时，cat 对象被销毁，并自动调用析构函数，看到"对象被删除"的提示信息。

```
颜色:white, id值:101
对象被清除
```

6.3.3　self 参数

在方法的定义中，第 1 个参数永远是 self。self 的意思是"自己"，表示对象自身。当某个对象调用方法时，Python 解释器会把这个对象作为第 1 个参数传给 self，开发者只需传递后面的参数即可。

下面通过一个示例来理解 self 参数的使用。

【例 6-6】self 参数的使用示例。

```
class Car:
    def __init__(self,wheelNum,color="红色"):      # 构造方法
        self.wheelNum=wheelNum                       # 成员变量
        self.color=color
    def getCarInfo(self,name):                       # 成员方法
        self.name=name
        print(self.name,"有{}个车轮。".format(self.wheelNum))
    def run(self):
        print("{}轿车行驶在公路上。".format(self.color))
car1=Car(4,"黑色")                                    # 第 10 行
car1.getCarInfo("红旗轿车")
car1.run()
```

程序运行的结果如下。

```
红旗轿车 有 4 个车轮。
黑色轿车行驶在公路上。
```

在【例 6-6】中，定义了一个 Car 类，第 2～4 行定义了带有 wheelNum 参数和 color 参数的构造方法，并且设置了 color 参数的默认值为"红色"，将 wheelNum 参数赋值给 wheelNum 属性，将 color 参数赋值给 color 属性，这样保证了 wheelNum 属性和 color 属性的值随参数值的变化而变化。在 getCarInfo()方法中获取了 wheelNum 属性的值，在 run()方法中获取了 color 属性的值。

在第 10 行中，程序使用带参数的构造方法创建了一个 Car 类的 car1 对象，将参数"4"传递给 wheelNum 属性，将参数"黑色"传递给 color 属性，并让 car1 指向了该对象所占用的内存空间。在第 11 行中，car1 调用了带参数的 getCarInfo()方法，默认会把 car1 传递给 self，也就是将 car1 引用的内存地址赋值给 self，这时 self 也指向了这块内存空间，将参数"红旗轿车"传递给 name 属性。因为在执行第 7 行 print 语句时，self.wheelNum 会访问 car1 的 wheelNum 属性的值"4"，所以程序会输出"红旗轿车 有 4 个车轮。"

同样地，在第 12 行，当 car1 调用 run()方法时，默认会把 car1 传递给 self，self 此时指向了

car1 所引用的内存。因为在执行第 9 行 print 语句时，self.color 会访问 car1 的 color 属性的值"黑色"，而不是 Car 类的 color 属性初始值"红色"，所以会输出"黑色的轿车行驶在公路上"。

6.3.4 成员变量和类变量

PY-06-v-002

类中的变量分为两种类型，一种是成员变量（实例变量），另一种是类变量（类属性）。成员变量是在__init__()构造方法中定义的，通过 self 参数引用的；类变量是在类方法之外定义的变量。在类的外部，成员变量属于对象，只能通过对象名访问；类变量属于类，既可以通过类名访问，又可以通过对象名访问，被类的所有对象共享。

【例 6-7】定义含有成员变量（name、color）和类变量（num）的 Car 类。

```python
class Car:
    num=0                              # 类变量
    def __init__(self,name,color):     # 构造方法
        self.name=name                 # 成员变量，即实例变量
        self.color=color
    def show(self):                    # 成员方法，即类变量用类名访问
        print("名字:{},颜色:{},数量:{}".format(self.name,self.color, Car.num))
car1=Car("红旗","黑色")                 # 第8行
car2=Car("长安","白色")
car1.show()
car2.show()
Car.num=5                             # 第12行，修改类变量的值
car1.show()
car2.show()
```

程序运行的结果如下。

名字:红旗,颜色:黑色,数量:0
名字:长安,颜色:白色,数量:0
名字:红旗,颜色:黑色,数量:5
名字:长安,颜色:白色,数量:5

在【例 6-7】中，定义了一个 num 类变量，以及 name 和 color 两个成员变量，第 8 行和第 9 行创建了 car1 和 car2 两个对象，并显示了两个对象信息；第 12 行修改了 num 类变量的值。从第 13 行和第 14 行的运行结果中可以看出，car1 和 car2 两个对象的 num 类变量的值都发生了改变。

6.3.5 类的方法

方法是对象行为的抽象表述。Python 中，在类中定义的方法分为实例方法、类方法和静态

方法 3 种。下面介绍这 3 种方法的特点和用法。

1. 实例方法

在定义方法时，如果方法的形参以 self 参数为第一个参数，则该方法为实例方法（也被称为普通方法），构造方法和析构方法均属于实例方法，只不过它们比较特殊。实例方法对类的某个给定的实例进行操作，可以通过 self 参数显式地访问该实例。

实例方法的声明语法格式如下。

```
def 方法名(self,[形参列表]):
    语句块
```

调用方法格式如下。

```
对象.方法名([实参列表])
```

在调用时，不必也不能给 self 参数传值，这是因为 Python 会自动把对象实例传递给该参数。

【例 6-8】实例方法示例。定义 Bus 类，创建其对象，并调用对象函数。

```
class Bus:
    def bus_new(self,name):        # 定义 bus_new() 实例方法
        self.name=name
        print("这辆{}是新能源客车".format(self.name))
bus1=Bus()                         # 创建 Bus 类的 bus1 对象
bus1.bus_new("宇通客车")            # 使用 bus1 对象调用 bus_new() 实例方法
```

程序运行的结果如下。

```
这辆宇通客车是新能源客车
```

在【例 6-8】中，首先定义了一个 Bus 类，里面包含一个实例方法 bus_new()；然后在第 5 行创建了一个实例对象 bus1；最后在第 6 行就可以使用 bus1 对象调用 bus_new()实例方法了。

2. 类方法

在 Python 中，允许声明属于类本身的方法，即类方法。类方法不对特定实例进行操作，在类方法中访问对象实例变量会导致错误。类方法通过@classmethod 装饰器来定义，第一个形式参数必须是类对象本身，通常为 cls 参数。

类方法的声明语法格式如下。

```
@classmethod
def 类方法名(cls,[形参列表]):
    语句块
```

类方法一般通过类名来访问，也可通过对象实例来调用。其调用方法格式如下。

类名.类方法名([实参列表])

在调用时，不能给 cls 参数传值，因为 Python 会自动把类对象传递给该参数。类对象与类的实例对象不同，在 Python 中，类本身也是对象。

【例 6-9】类方法示例。

```
class Date:
    def __init__(self,year=0,month=0,day=0):        # 构造方法
        self.year=year
        self.month=month
        self.day=day
    @classmethod
    def get_date(cls,string_date):                  # 类方法
        year,month,day=map(int,string_date.split("-"))
        date1=cls(year,month,day)                    # 调用构造方法
        return date1                                 # 返回的是一个初始化后的对象
    def output_date(self):                           # 实例方法
        print("year:",self.year,"month:",self.month,"day:",self.day)
date1=Date(2022,6,20)                                # 第 13 行
date1.output_date()
date2=Date.get_date("2022-7-1")
date2.output_date()
```

程序运行的结果如下。

```
year: 2022 month: 6 day: 20
year: 2022 month: 7 day: 1
```

在【例 6-9】中，定义了一个 Date 类，通过__init__()构造方法完成了对象初始化工作，其中 year、month、day 是对象的属性。程序第 13 行创建 date1 对象，并在下面输出对象信息。

为了方便处理字符串格式的日期，在 Date 类中创建了一个用@classmethod 装饰器定义的类方法 get_date(cls,string_date)。该方法的第 1 个参数 cls 代表当前类，第 2 个参数是字符串格式的日期，因此可以先通过 year,month,day=map(int,string_date.split("-"))代码，将字符串解析出来，得到 year、month、day 的值；再通过 date1=cls(year,month,day)代码，使用 Date 类的构造方法完成对象的初始化。

3. 静态方法

在 Python 中，允许声明与类和对象无关的方法，被称为静态方法。静态方法不对特定实例

进行操作，在静态方法中访问对象实例变量会导致错误。静态方法通过@staticmethod 装饰器来定义。

静态方法的声明语法格式如下。

```
@staticmethod
def 静态方法名([形参列表]):
    语句块
```

静态方法的参数列表中没有 self 参数，所以它无法访问实例变量；静态方法也没有 cls 参数，所以它也无法访问类变量。静态方法跟定义它的类没有直接关系，只是起到类似函数的作用。静态方法既可以通过类名调用，也可以通过对象名调用，二者没有任何区别。其调用方法格式如下。

```
类名.静态方法名([实参列表])或对象实例.静态方法名([实参列表])
```

【例 6-10】静态方法示例。

```
class Democlass:
    def instancemethod(self):      # 实例方法
        print("实例方法")
    @staticmethod
    def staticmethod():            # 静态方法
        print("静态方法")
object1=Democlass()
object1.instancemethod()
object1.staticmethod()
Democlass.staticmethod()
```

程序运行的结果如下。

```
实例方法
静态方法
静态方法
```

在【例 6-10】中，首先定义了一个 Democlass 类，并且在该类中包括一个实例方法 instancemethod()和一个静态方法 staticmethod()；然后创建了 Democlass 类的 object1 对象，分别通过类和类的对象调用静态方法。

4. 实例方法、类方法和静态方法的区别

原则上来说，类方法应该被类调用（实际上也能被实例调用），实例方法应该被实例调用（实际上只能被实例调用），静态方法两者都能调用。

实例方法、类方法和静态方法有以下区别。

（1）如果要修改实例的属性值，就应该使用实例方法。实例变量属于实例自己，改变实例变量的值不会影响类变量。

（2）如果要修改类属性的值，就应该使用类方法。对于类方法，无论是类调用还是实例调用，都是访问类变量的值，不随实例变量的变化而变化。

（3）如果是辅助功能，与面向对象关系不大，就可以考虑使用静态方法，并且可以在不创建对象的前提下使用。静态方法不能直接访问实例变量和类变量。

6.4　类的继承

PY-06-v-003

继承是面向对象的一个重要特性。所谓继承就是将已存在的类作为基础，建立新类的技术。已存在的类被称为基类或父类，而新建的类则被称为派生类或子类。通过继承，一个新建子类从已有的父类那里获得父类的属性和行为。从另一个角度来说，从已有的父类中产生一个新的子类，被称为类的派生。子类继承了父类的所有属性和方法，并且可以定义自己的属性和方法，也可以重新定义某些属性和方法。也就是说，子类可以覆盖父类原有的属性和方法，使其获得与父类不同的功能，但不能选择性地继承父类。

6.4.1　继承的实现

Python 中实现继承的类被称为子类（或派生类），被继承的类被称为父类（或基类）。在父类中定义所需的属性和方法，其他的类只需继承这个父类，就可以继承父类中的属性和方法。子类继承父类的语法格式如下。

```
class 子类名(父类名 1[,父类名 2,…,父类名]):
    类的属性
    类的方法
```

说明：

（1）子类名是新定义的一个类的名称，在子类名后的圆括号中指定要继承的父类名，父类名是已经定义的类名。Python 的继承支持多继承，即一个子类可以同时拥有多个直接父类，多个父类名之间用逗号分隔。

（2）在定义一个类时，如果未指定这个类的直接父类，则这个类默认继承 object 类。object 类是所有类的父类，要么是直接父类，要么是间接父类。

【例 6-11】类的继承示例。

```
class Animal:
    def __init__(self):
        print("父类 Animal")
    def show(self):
        print("父类 Animal 的 show()方法")

class Dog(Animal):
    def __init__(self):
        print("构建子类 Dog")
    def run(self):
        print("子类 Dog 的 run()方法")

dog=Dog()
dog.run()      # 第 14 行
dog.show()
```

程序运行的结果如下。

```
构建子类 Dog
子类 Dog 的 run()方法
父类 Animal 的 show()方法
```

在【例 6-11】中，子类 Dog 继承于父类 Animal，第 14 行调用的是子类的 run()成员方法，第 15 行调用的是继承于父类的 show()成员方法。

6.4.2　方法的重写

在继承关系中，子类会自动拥有父类的方法，如果父类的某些方法不能满足子类的需求，则可以在子类中对父类的方法进行选择性的修改，包括形参、方法体、返回值等，甚至覆盖（全部修改），这就是方法的重写。

在子类中重写父类中的同名方法时，形参的个数、顺序等都没有要求。如果子类没有重写父类的方法，则在子类中调用该方法时，会调用父类的方法；如果子类重写了父类的方法，则默认调用自身的方法。

如果子类重写了父类的方法，则在子类中调用父类的实例方法有 3 种方式。

（1）用父类名调用，需要传递 self 参数，即在调用本类的实例成员时需要添加 self 参数。其语法格式如下。

父类名.父类的方法名（self,参数列表）

（2）通过 super()方法调用，语法格式如下。

```
super(当前类名,self).父类的方法名(参数列表)
```

（3）通过 super()方法调用，不用写类名，建议使用本方法。其语法格式如下。

```
super().父类的方法名(参数列表)
```

【例 6-12】子类重写父类的方法。

```
class Animal:
    def __init__(self,name):
        self.name=name
    def show(self):
        print("父类 Animal 的 show()方法")
    def run(self):
        print("父类 Animal 的 run()方法")


class Dog(Animal):
    def __init__(self):          # 子类的构造方法
        print("构建子类 Dog")
    def run(self):               # 方法重写
        super().run()            # 使用 super()方法调用父类的 run()方法
        print("子类 Dog 重写的 run()方法")


animal=Animal("哺乳动物")         # 构建父类 Animal 的 animal 实例对象
animal.show()                    # 使用父类的 animal 实例对象调用父类的 show()方法
dog=Dog()                        # 构建子类 Dog 的 dog 实例对象
dog.run()                        # 使用子类 Dog 的 dog 实例对象调用子类重写的 run()方法
dog.show()                       # 使用子类 Dog 的 dog 实例对象调用父类的 show()方法
```

程序运行的结果如下。

```
父类 Animal 的 show()方法
构建子类 Dog
父类 Animal 的 run()方法
子类 Dog 重写的 run()方法
父类 Animal 的 show()方法
```

在【例 6-12】中，子类 Dog 重写了父类 Animal 的 run()方法，在重写过程中使用 super()方法调用了父类的 run()方法。super()方法主要用于在继承过程中访问父类的成员。

6.4.3 多继承

一个子类中存在多个父类的现象被称为多继承。多继承的现象在现实生活中广泛存在，如智能手机在功能上继承了传统电话和传统相机的特点。Python 语言支持多继承，一个子类同时拥有多个父类的特征，即子类继承了多个父类的方法和属性。多继承的语法格式如下。

```
class 子类名(父类名 1,父类名 2,…):
    类的属性
    类的方法
```

【例 6-13】多继承示例。

```python
class Phone:                    # 电话类
    def receive(self):
        print("接电话")
    def send(self):
        print("打电话")
class Camera:                   # 相机类
    def takepicture(self):
        print("拍照片")
    def makevideo(self):
        print("拍视频")
class Mobile(Phone,Camera):   # 手机类
    pass

mobile=Mobile()
mobile.receive()
mobile.send()
mobile.takepicture()
mobile.makevideo()
```

程序运行的结果如下。

```
接电话
打电话
拍照片
拍视频
```

在【例 6-13】中，首先定义了一个 Phone 类，并且在该类中包括两个方法，用于实现"接电话"和"打电话"的功能；然后定义了一个 Camera 类，并且在该类中包括两个方法，用于实现"拍照片"和"拍视频"的功能；最后定义了一个继承于 Phone 类和 Camera 类的子类 Mobile，

且该类内部没添加任何方法，所有方法均来自两个父类。下面的测试语句创建了子类 Mobile 的
mobile 对象，分别调用了两个父类的方法。

6.5 类的多态

在面向对象程序设计过程中，我们通常希望一个方法具备一定的通用性。例如，在 Animal
类中定义一个 cry()方法来模拟动物的叫声，由于每种动物的叫声是不同的，因此可以在方法中
设置一个参数，当传入 Cat 类对象时就模拟猫的叫声，传入 Dog 类对象时就模拟狗的叫声。这
种同一个方法(方法名相同)，因参数类型或参数个数不同而导致执行效果各异的现象就是多态。

【例 6-14】多态的示例。

```python
class Animal:
    def __init__(self,aname):
        self.name=aname
    def cry(self):
        print("aoao")
class Cat(Animal):
    def cry(self):
        print(self.name,"喵喵")
class Dog(Animal):
    def cry(self):
        print(self.name,"汪汪")
class Person:
    def __init__(self,name):
        self.name=name
    def drive(self,ani):
        ani.cry()

cat=Cat("小花猫")
dog=Dog("大黄狗")
person=Person("小明")
person.drive(cat)
person.drive(dog)
```

程序运行的结果如下。

```
小花猫 喵喵
大黄狗 汪汪
```

在【例 6-14】中，定义了父类 Animal，并且在该类中包括构造方法和一个通用的 cry()方法；子类 Cat 和 Dog 继承于父类 Animal，并且根据各自的特征重写了 cry()方法。之后定义了 Person 类，如果该类的 drive()方法接收了一个参数，则在执行 drive()方法时，根据传入的不同参数，执行不同的 cry()方法。

6.6 运算符重载

使用 Python 里的运算符实际上是调用了对象的方法。例如，"+"运算符是类里提供的 __add__()方法，当使用"+"运算符实现加法运算时，实际上是调用了 __add__()方法。运算符重载是通过实现特定的方法，使类的实例对象支持 Python 的各种内置操作。常见的运算符重载的方法如表 6.1 所示。

表 6.1 常见的运算符重载的方法

方法	说明	运算符调用方式
__add__()	加法运算	对象加法：x+y，x+=y
__sub__()	减法运算	对象减法：x-y，x-=y
__mul__()	乘法运算	对象乘法：x*y，x*=y
__div__()	除法运算	对象除法：x/y，x/=y
__mod__()	求余运算	对象求余：x%y，x%=y
__bool__()	真值测试	测试对象是否为真值：bool(x)
__repr__()、__str__()	打印、转换	print(x)、repr(x)、str(x)
__contains__()	成员测试	item in x
__getitem__()	索引、分片	x[i]、x[i:j]、没有__iter__的 for 循环
__setitem__()	索引赋值	x[i]=值、x[i:j]=序列对象
__delitem__()	索引和分片删除	del x[i]、del x[i:j]
__len__()	求长度	len(x)
__iter__()、__next__()	迭代	iter(x)、next(x)、for 循环等
__eq__()、__ne__()	相等测试、不等测试	x==y、x!=y
__ge__()、__gt__()	大于或等于测试、大于测试	x>=y、x>y
__le__()、__lt__()	小于或等于测试、小于测试	x<=y、x<y

6.6.1 加法运算符重载

加法运算符重载是通过 __add__()方法完成的，当两个实例对象执行加法运算时，自动调用

__add__()方法。

【例 6-15】加法运算符重载的示例。

```
class Computing:
    def __init__(self,value):
        self.value=value
    def __add__(self, other):
        lst=[]
        for i in self.value:
            lst.append(i+other)
        return lst


c=Computing([-1,3,4,5])
print("+运算符重载后的列表",c+2)              # 加法运算符重载
```

程序运行的结果如下。

```
+运算符重载后的列表 [1, 5, 6, 7]
```

在【例 6-15】中，实现了列表与数值的运算符重载。Computing 类的 value 属性是一个数值列表，在重载方法__add__()中遍历 value 列表，将其与 other 参数相加后，返回修改后的列表。

6.6.2　索引和分片重载

与索引和分片相关的重载方法如下。

1.　__getitem__()方法

用于索引、分片操作，在对象执行索引、分片或 for 迭代操作时，会自动调用该方法。

2.　__setitem__()方法

用于索引赋值，在通过赋值语句给索引或分片赋值时，可调用__setitem__()方法实现对序列对象的修改。

3.　__delitem__()方法

当使用 del 关键字删除对象时，实质上会调用__delitem__()方法实现删除操作。

【例 6-16】索引和分片重载的示例。

```
class SelectData:
    def __init__(self,data):
```

```
        self.data=data
    def __getitem__(self, index):
        return self.data[index]
    def __setitem__(self, index, value):
        self.data[index]=value
    def __delitem__(self, index):
        del self.data[index]

x=SelectData([10,35,21,"ab",True])
print(x)                 # x 的地址
print(x[:])              # 分片，x 中的全部元素
print(x[2])              # 分片，x 中的第 2 个元素
print(x[2:])             # 分片，x 中从第 2 个起的全部元素
x[4]=100                 # 索引赋值，替换 x 中的第 4 个元素
print(x[:])
del(x[3])                # 删除 x 中的第 3 个元素
for num in x:            # 遍历对象 x 中的元素
    print(num,end="")
```

程序运行的结果如下。

```
<__main__.SelectData object at 0x000002077990B780>
[10, 35, 21, 'ab', True]
21
[21, 'ab', True]
[10, 35, 21, 'ab', 100]
103521100
```

在【例 6-16】中，在 SelectData 类的构造方法中添加的 data 属性是个列表，在该类中重写了__getitem__()方法、__setitem__()方法和__delitem__()方法，实现了对属性的索引、分片和删除操作。

6.6.3　定制对象的字符串形式

定制对象的字符串形式可以使用__str__()方法和__repr__()方法重载，在执行 print()、str()、repr()等函数，以及交互模式下直接显示的对象时，会调用__str__()方法和__repr__()方法。__str__()方法和__repr__()方法的区别是，只有 print()方法和 str()方法可以调用__str__()方法的转换，而__repr__()方法在多种操作下都能将对象转换为自定义的字符串形式。

下面的代码声明了 Person 类，并创建了 person1 对象和 person2 对象。

```
class Person:
```

```
    def __init__(self,name,age):
        self.name=name
        self.age=age
person1=Person("小明",17)
person2=Person("小红",18)
print(person1)
print(person2)
```

运行程序，当执行 print(person1)和 print(person2)时，显示的是对象的地址，结果如下。

```
<__main__.Person object at 0x00000167E938A160>
<__main__.Person object at 0x00000167E9427E80>
```

我们实际希望显示的是对象的描述信息，而不是地址。【例 6-17】对该程序进行了修改，只需重载__str__()方法，就可以解决这个问题。

【例 6-17】重载__str__()方法示例。

```
class Person:
    def __init__(self,name,age):
        self.name=name
        self.age=age
    def __str__(self):            # 重载__str__()
        return "{} {}".format(self.name,self.age)

person1=Person("小明",17)
person2=Person("小红",18)
print(person1)
print(person2)
```

程序运行的结果如下。

```
小明 17
小红 18
```

6.7   实训任务 1——学生信息管理系统

6.7.1   任务描述

实现基本的学生信息管理系统。学生信息包含学号、姓名、年龄和成绩，其中学号必须是唯一的。系统功能包括对学生信息的增加、删除、修改、查询、排序等操作。

6.7.2 任务分析

采用 MVC 设计模式，对学生成绩管理系统进行框架设计。MVC 是面向对象开发中常用的设计模式，分别对应模型（Model）、视图（View）、控制（Controller）。按照这 3 部分将项目职责进行划分，每部分通过独立的类来进行封装，这样可以降低功能模块的耦合度，具体如下。

（1）数据模型类：定义需要处理的数据类型，主要包括学生信息。

（2）逻辑控制类：负责处理业务逻辑。比如，对学生信息的添加、删除、修改等。

（3）界面视图类：实现界面交互功能。比如，显示菜单、获取用户输入数据、打印结果等。

实验环境如表 6.2 所示。

表 6.2 实验环境

硬件	软件	资源
PC/笔记本电脑	Windows 10 PyCharm 2022.1.3（社区版） Python 3.7.3	无

6.7.3 任务实现

步骤一：创建项目

在 PyCharm 开发工具中，创建项目目录（student），并向里面添加 bll.py 文件、main.py 文件、model.py 文件和 ui.py 文件，项目的目录结构如图 6.1 所示。

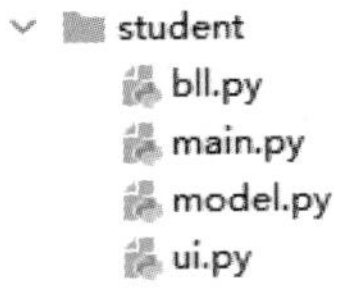

步骤二：实现学生信息的数据模型类

图 6.1 项目的目录结构

在 model.py 文件中，编写数据模型类（StudentModel），用于描述学生信息，包含姓名、年龄、成绩、学号（编号），代码如下。

```python
class StudentModel:
    def __init__(self, name="", age=0, score=0, id=0):
        """
        创建学生对象
        """
        self.name = name
        self.age = age
```

```
    self.score = score
    self.id = id
```

步骤三：实现学生信息的业务逻辑控制类

在 bll.py 文件中，定义学生逻辑控制类（StudentManagerController），负责业务逻辑处理。首先向类中添加类属性，用于表示学生学号；然后定义初始化方法，在初始化方法中添加实例变量，用于记录学生信息的列表。实例变量使用私有成员形式，以便在外部访问。下面继续添加@property 装饰器来定义同名方法，代码如下。

```
class StudentManagerController:
    # 类属性，表示初始编号
    __init_id = 1000
    # 初始化方法
    def __init__(self):
        self.__stu_list = []
    @property
    def stu_list(self):
        return self.__stu_list
```

向学生管理类（StudentManagerController）中添加生成学号的方法。每次调用该方法对记录学号的类属性加 1，从而确保将来创建的学生信息中学号是唯一的，代码如下。

```
def __generate_id(self):
    StudentManagerController.__init_id += 1
    return StudentManagerController.__init_id
```

添加创建新学生信息的方法。其参数可以先接收从视图界面中输入的学生信息，再获取唯一的学生学号，并保存到记录学生信息列表中，代码如下。

```
def add_student(self, stu_info):
    stu_info.id = self.__generate_id()
    self.__stu_list.append(stu_info)
```

添加删除学生信息的方法。参数接收要删除的学生学号，如果学生学号存在，将其从学生信息列表中删除，并返回 True；如果学生学号不存，将直接返回 False，表示删除失败，代码如下。

```
def remove_student(self, id):
    for item in self.__stu_list:
        if item.id == id:
            self.__stu_list.remove(item)
            return True  # 表示删除成功
```

```
        return False  # 表示删除失败
```

添加修改学生信息的方法，根据参数传递的学生信息 id，从列表中找到要修改的学生进行修改操作。修改成功返回 True，失败返回 False。

```
def update_student(self, stu_info):
    for item in self.__stu_list:
        if item.id == stu_info.id:
            item.name = stu_info.name
            item.age = stu_info.age
            item.score = stu_info.score
            return True
    return False
```

添加学生信息排序的方法，实现根据学生成绩进行排序，代码如下。

```
def order_by_score(self):
    for r in range(len(self.__stu_list) - 1):
        for c in range(r + 1, len(self.__stu_list)):
            if self.__stu_list[r].score > self.__stu_list[c].score:
                self.__stu_list[r], self.__stu_list[c] = \
                    self.__stu_list[c], self.__stu_list[r]
```

步骤四：实现学生信息管理的界面视图类

打开 ui.py 文件，完成学生信息管界面视图类编码工作，使用户可以在控制终端输入操作指令和必要信息，实现基本的交互功能。首先需要导入使用的业务逻辑模块和数据模型模块，代码如下。

```
import bll
import model
```

定义学生信息管理的界面视图类（StudentManagerView），实现在控制终端的交互功能。首先添加初始化方法，在其中创建学生业务逻辑的管理对象，代码如下。

```
class StudentManagerView:
    def __init__(self):
        # 创建学生业务逻辑的管理对象
        self.__manager = bll.StudentManagerController()
```

添加打印菜单选项和选择菜单的方法，在命令行进行交互时，可以提示用户的输入操作，代码如下。

```
    def __display_menu(self):
```

```
        print("1、添加学生")
        print("2、显示学生")
        print("3、删除学生")
        print("4、修改学生")
        print("5、按照成绩升序显示学生")
        print("0、退出")
```

添加输入菜单选项的方法，并定义 main 接口，在 main()函数中可以循环选择菜单功能，方便将来在外部调用，代码如下。

```
    def __select_menu(self):
        item = input("请输入：")
        if item == "1":
            self.__input_student()
        elif item == "2":
            self.__output_students(self.__manager.stu_list)
        elif item == "3":
            self.__delete_student()
        elif item == "4":
            self.__modify_student()
        elif item == "5":
            self.__output_student_by_score()
        elif item == "0":
            exit()
        else:
            print("输入错误，请重试！")
    def main(self):
        while True:
            self.__display_menu()
            self.__select_menu()
```

添加输入数字的方法，类似 input()函数功能，但要检查输入的数据是否为数字，直到输入数字形式内容后将其转换为 int 类型，并返回 int 类型结果，代码如下。

```
    def __input_number(self, message):
        while True:
            try:
                number = int(input(message))
                return number
            except:
```

```
            print("输入有误")
```

添加新增学生信息的方法，实现从控制终端中获取学生的姓名、年龄和成绩，并使用它们构造学生信息对象，最后利用逻辑控制模块的 add_student()方法将其保存到学生信息列表中，代码如下。

```
def __input_student(self):
    name = input("请输入姓名: ")
    age = self.__input_number("请输入年龄: ")
    score = self.__input_number("请输入成绩: ")
    stu = model.StudentModel(name, age, score)
    self.__manager.add_student(stu)
```

添加显示学生信息的方法，将参数列表中记录的所有学生对象信息依次打印输出，代码如下。

```
def __output_students(self, list_output):
    for item in list_output:
        print(item.id, item.name, item.age, item.score)
```

添加删除学生信息的方法，先通过控制终端获取用户希望删除的学生学号，再调用逻辑控制模块的 remove_student()方法将对应的学生信息从列表中删除，代码如下。

```
def __delete_student(self):
    id = self.__input_number("请输入编号: ")
    if self.__manager.remove_student(id):
        print("删除成功")
    else:
        print("删除失败")
```

添加修改学生信息的方法，先通过控制终端获取要修改学生学号和修改后的新信息，再调用逻辑控制模块的 update_student()方法完成信息修改操作，代码如下。

```
def __modify_student(self):
    stu = model.StudentModel()
    stu.id = self.__input_number("请输入需要修改的学生编号:")
    stu.name = input("请输入新的学生名称: ")
    stu.age = self.__input_number("请输入新的学生年龄:")
    stu.score = self.__input_number("请输入新的学生成绩: ")
    if self.__manager.update_student(stu):
        print("修改成功")
    else:
```

```
        print("修改失败")
```

添加排序显示学生信息的方法，先调用逻辑控制模块的 order_by_score()方法实现根据成绩的排序工作，排序后再调用__output_students()方法将打印显示结果，代码如下。

```
def __output_student_by_score(self):
    self.__manager.order_by_score()
    self.__output_students(self.__manager.stu_list)
```

步骤五：定义主模块并测试

打开 main.py 文件，将 main.py 文件定义为主模块，首先导入 ui 界面视图模块，然后调用界面入口的 main()方法，代码如下。

```
import ui
if __name__ == "__main__":
    view = ui.StudentManagerView()
    view.main()
```

运行学生成绩管理系统，会看到选择菜单，输入"1"进行添加学生信息测试，根据提示，依次录入姓名、年龄、成绩，即可完成添加操作。重复该过程可以添加多个学生信息，也可以选择其他菜单项进行测试，如图 6.2 所示。

图 6.2　学生成绩管理系统

6.8　实训任务 2——员工薪资计算

6.8.1　任务描述

使用面向对象的编程技术，实现员工薪资计算程序。员工薪资由基础工资和绩效工资两部分组成，所有岗位的基础工资计算方式都相同，而绩效工资因职位而异，具体如下。

1. 普通员工

基础工资 = 每月基本工资 * 出勤率

绩效工资 = 基础工资一半

总工资 = 基础工资 + 绩效工资

2. 技术员

基础工资 = 每月基本工资 * 出勤率

绩效工资 = 工作小时数 * 研发津贴（元/时） * 进度因数（输入）

总工资 = 基础工资 + 绩效工资

3. 经理

基础工资 = 每月基本工资 * 出勤率

绩效工资 = 绩效奖金（元/月） * 绩效因数（输入）

总工资 = 基础工资 + 绩效工资

4. 技术主管

基础工资 = 每月基本工资 * 出勤率

绩效工资 = （技术员绩效工资+经理绩效工资）* 0.5

总工资 = 基础工资 + 绩效工资

6.8.2 任务分析

通过类的封装，实现普通员工薪资计算类，普通员工薪资包含基础工资和绩效工资两部分，只需分别计算后求和即可。

经理和技术员的工资计算，可以复用普通员工薪资计算方法，使用继承语法进行扩展，其中基础工资和普通员工的基础工资的计算方法相同，不需要重新定义，而绩效工资计算因职位而异，在子类中重写对应方法即可。

技术主管因为同时具备技术员和经理的属性，可以同时继承技术员类和经理类，所以计算绩效工资的方法也可以通过调用两个父类中已经实现的绩效工资计算方法，分别计算后相加再取平均值即可得到技术主管的绩效工资。

实验环境如表 6.3 所示。

表 6.3 实验环境

硬件	软件	资源
PC/笔记本电脑	Windows 10 PyCharm 2022.1.3（社区版） Python 3.7.3	无

6.8.3 任务实现

步骤一：创建项目

在 PyCharm 开发工具中创建项目目录（salary），并向里面添加 employee.py 文件、main.py 文件、manager.py 文件、technician.py 文件和 technical_manager.py 文件，项目的目录结构如图 6.3 所示。

步骤二：实现普通员工的薪资计算

打开 employee.py 文件，在该文件中定义普通员工类（Employee）。首先定义初始化方法，参数分别表示员工的工号、姓名和每月基本工资。同时在初始化方法中添加 attend 实例变量用于记录员工对象的出勤率，代码如下。

图 6.3 项目的目录结构

```
# 普通员工类
class Employee:
    def __init__(self, number, name, base_salary, *args, **kwargs):
        self.number = number
        self.name = name
        self.base_salary = base_salary
        self.attend = 0.0
```

重写对象转字符串的 str()方法，返回员工对象信息描述的字符串，方便员工对象信息打印输出，代码如下。

```
def __str__(self):
    return "普通员工：" + str(self.number) + ", " + self.name + \
        ", 每月基本工资" + str(self.base_salary)
```

向 Employee 类中添加计算基础工资的方法，获取员工出勤天数后，除以 23.0（假定每月工作日是 23 天）计算出勤率，用每月基础工资乘以出勤率即可得到该员工的基础工资，代码如下。

```
def calculate_basic(self):
```

```
    days = float(input("请输入出勤天数："))
    self.attend = days / 23.0
    return self.base_salary * self.attend
```

添加计算绩效工资的方法，用普通员工的基础工资乘以 0.5 即可得到绩效工资，代码如下。

```
def calculate_merit(self):
    return self.base_salary * self.attend * 0.5
```

最后计算总工资，打开 main.py 文件，定义计算总工资的全局函数，参数用于接收员工对象，分别调用普通员工类的基础工资和绩效工资计算的方法，相加后得到总工资。

添加测试程序，创建一个名为"张飞"的普通员工对象，打印该员工信息后再调用 calculate_salary()函数计算总工资，代码如下。

```
from employee import Employee

def calculate_salary(employee):
    basic = employee.calculate_basic()
    merit = employee.calculate_merit()
    print("基础工资=%.2f" % basic, end=", ")
    print("绩效工资=%.2f" % merit, end=", ")
    print("总工资=%.2f" % (basic+merit) )

if __name__ == "__main__":
    employee01 = Employee(10001, "张飞", 8800)
    print(employee01)
    calculate_salary(employee01)
```

运行 main.py 文件的测试程序，首先会打印出员工的信息，然后根据提示输入员工的出勤天数，即可自动计算出该员工的薪资，如图 6.4 所示。

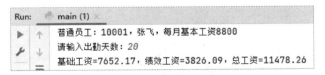

图 6.4　计算普通员工的薪资

步骤三：实现经理和技术员的薪资计算

打开 manager.py 文件编写经理薪资计算类，首先导入普通员工薪资计算的 Employee 类，然后定义经理薪资计算类，且该类继承 Employee 类。需要注意的是，在__init__()方法中需要通过 super()方法显式地调用 Employee 的构造方法，并重写 str()方法和计算绩效工资的方法，代码如下。

```python
from employee import Employee

# 经理薪资计算类
class Manager(Employee):
    def __init__(self, number, name, base_salary, bonus, *args, **kwargs):
        super().__init__(number, name, base_salary, *args, **kwargs)
        self.bonus = bonus
        self.attend = 0.0

    def __str__(self):
        return "经理: " + str(self.number) + "," + self.name + ",每月基本工资"\
            + str(self.base_salary) + ", 每月绩效奖金" + str(self.bonus)

    def calculate_merit(self):
        factor = float(input("请输入绩效因数: "))
        return self.bonus * factor
```

在 technician.py 文件中编写技术员薪资计算类，其实现过程与经理薪资计算类相似，在继承普通员工类以后，需对 str()方法和计算绩效工资的方法进行重写，代码如下。

```python
from employee import Employee

# 技术员薪资计算类
class Technician(Employee):
    def __init__(self, number, name, base_salary, allowance, *args, **kwargs):
        super().__init__(number, name, base_salary, *args, **kwargs)
        self.allowance = allowance
        self.attend = 0.0

    def __str__(self):
        return "技术员:" + str(self.number) + "," + self.name +",每月基本工资"\
            + str(self.base_salary) + ", 每小时研发津贴" + str
(self.allowance)

    def calculate_merit(self):
        factor = float(input("请输入进度因数: "))
        return 23.0 * self.attend * 8 * self.allowance * factor
```

最后在主模块（main.py）中添加测试程序，测试技术员和经理的薪资计算结果，这里计算总工资的 calculate_salary() 函数不需要修改，这是因为系统会根据实参对象的类型调用相应类中的方法，体现出多态的语法现象，测试代码如下。

```python
from technician import Technician
from manager import Manager

if __name__ == "__main__":
    employee02 = Technician(10002, "赵云", 18000, 30)
    print(employee02)
    calculate_salary(employee02)

    employee03 = Manager(10003, "刘备", 22000, 5000)
    print(employee03)
    calculate_salary(employee03)
```

再次运行 main.py 文件的测试程序，除了需要输入出勤天数，技术员还需要输入进度因数，经理则需要输入绩效因数，如图 6.5 所示。

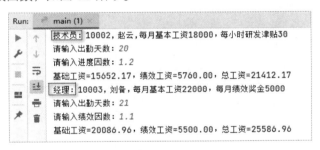

图 6.5　计算技术员和经理的薪资

步骤四：实现技术主管的薪资计算

打开 technical_manager.py 文件，实现技术主管的薪资计算类，其基础工资计算和普通员工基础工资计算的方法相同，而绩效工资同时包含技术员绩效工资和经理绩效工资，可以通过多继承语法编写该类，代码如下。

```python
from technician import Technician
from manager import Manager

# 技术主管的薪资计算类
class TechnicalManager(Technician, Manager):
    def __init__(self, number, name, base_salary, allowance, bonus):
        super().__init__(number, name, base_salary, allowance, bonus)
```

```python
    def __str__(self):
        return "技术主管：" + str(self.number) + ", " + self.name + \
            ", 每月基本工资" + str(self.base_salary) + ", 每小时研发津贴" + \
            str(self.allowance) + ", 每月绩效奖金" + str(self.bonus)

    def calculate_merit(self):
        return (Technician.calculate_merit(self) +
            Manager.calculate_merit(self)) * 0.5
```

在主模块（main.py）中添加测试程序，创建技术主管对象，打印对象信息并计算总工资，代码如下。

```python
from technical_manager import TechnicalManager

if __name__ == "__main__":
    employee04 = TechnicalManager(10004, "诸葛亮", 28000, 30, 5000)
    print(employee04)
    calculate_salary(employee04)
```

重新运行 main.py 文件的测试程序，因为技术主管同时具备技术员和经理的绩效工资，所以在计算总工资时需要输入出勤天数、进度因数和绩效因数，如图 6.6 所示。

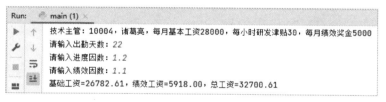

图 6.6　计算技术主管的薪资

本章总结

1. 面向对象编程的相关名词

（1）类：拥有相同属性和行为的对象可以分成一组，即为一个类。它定义了该类对象所共有的属性和方法。

（2）方法：类中定义的函数，其基本语法形式与函数相同。

（3）数据成员：类变量或实例变量，用于表示类或实例对象的相关数据。

（4）对象：通过类创建的实例，可以访问数据成员和方法。

（5）实例变量：在记录中每个对象自身的属性，可以在初始化方法中创建，通常在方法中使用 self 参数访问的变量就是实例变量。

（6）类变量：存储该类所创建的所有对象的公共属性。类变量被定义在类的内部且在类的方法之外，通过类名或对象进行访问，但不推荐使用对象访问。

2. 类中的方法

（1）构造方法(__init__)：也被称为初始化方法或构造函数，在对象创建时自动被调用，通常为新创建的对象添加实例变量。

（2）析构方法(__del__)：在对象被销毁时自动调用。

（3）实例方法：每个类都可以包含若干个实例方法，用于描述对象的行为，通过 self 参数可以访问调用对象的实例变量。

（4）类方法：使用@classmethod 装饰器来定义，用于描述类的行为，属于类不属于对象。

（5）静态方法：使用@staticmethod 装饰器来定义，属于类内部作用域的函数，不能访问类变量和实例变量。

3. 面向对象编程的三大特点

（1）封装：封装是指将数据与具体操作的实现代码放在某个类的内部，使这些代码的实现细节不被外界发现，因此外界只能通过对象使用方法，而不能通过任何形式修改对象内部属性。

（2）继承：面向对象编程中的继承更多的是表现为继承代码，实现代码的复用，通过继承的机制可以利用已有的类派生出新的类，而新的类就会继承已有类的属性和方法。

（3）多态：在面向对象程序设计过程中，同一个方法（方法名相同），因参数类型或参数个数不同而导致执行效果各异的现象就是多态。

作业与练习

PY-06-c-001

一、单选题

1．关于类和对象的关系，下列描述正确的是（　　　）。

　A．类是面向对象的核心

　B．类是现实中事物的个体

　C．对象是根据类创建的，并且一个类只能对应一个对象

　D．对象描述的是现实的个体，是类的实例

2．构造方法的作用是（　　　）。

    A．一般成员方法　　　　　　　　　　　B．类的初始化

    C．对象的初始化　　　　　　　　　　　D．对象的建立

3．下列选项中，不属于面向对象编程的特点的是（　　　）。

    A．重写　　　　　　　B．封装　　　　　　　C．继承　　　　　　　D．多态

4．在下列 C 类继承 A 类和 B 类的格式中，正确的是（　　　）。

    A．class C extends A,B:　　　　　　　　B．class C(A:B):

    C．class C(A,B):　　　　　　　　　　　D．class C implements A,B:

二、填空题

1．Python 类中的方法有（　　　）、（　　　）和（　　　）三种。

2．Python 类中的变量有（　　　）和（　　　）两种。

3．在 Python 中，定义类的关键字是（　　　）。

三、编程题

1．创建一个 Circle（圆）类，该类中包括圆心位置、半径、颜色等属性，还包括构造方法和计算周长和面积的方法。设计完成后，请测试该类的功能。

2．创建 Person 类，属性有姓名、年龄、性别，创建方法为 personInfo()方法，打印这个人的信息。

3．创建 Student 类，继承第 2 题创建的 Person 类，属性有学院（college），重写父类 personInfo()方法，除打印个人信息外，还需要将学生的学院信息也打印出来。

第 *7* 章

文件操作

本章目标

- 熟悉文件的打开与关闭操作。
- 掌握文件的读/写操作。
- 掌握文件和目录的操作。
- 掌握使用 CSV 文件格式读/写数据的方法。
- 掌握使用 JSON 文件格式读/写数据的方法。

文件是指存储在计算机辅助存储器上的信息集合，可以是数据文件、程序等。例如，Python 程序是以.py 为扩展名的文件，保存在磁盘上，是一种程序文件。文件被广泛应用于用户和计算机之间的数据交换。Python 程序可以从文件中读取数据，也可以向文件写入数据。

本章主要介绍 Python 的文件操作，包括文件的概念、文件的读/写操作、文件和目录管理，以及使用 CSV 文件和 JSON 文件读/写数据等内容。

7.1 文件的概念

文件是存储在计算机辅助存储器上的一组数据序列，可以包含任何数据内容。从概念上讲，文件是数据的集合和抽象，用文件形式组织和表达数据会更有效也更为灵活。根据文件的存储模式不同，可以将文件分为文本文件和二进制文件两种类型。

1. 文本文件

文本文件一般由单一特定编码的字符组成，如 ASCII 码、UTF-8 或 Unicode 编码，方便了对文件内容的查看和编辑。大部分文本文件都可以通过文本编辑软件或文字处理软件创建、修改和阅读。Windows 记事本创建的.txt 格式的文件是典型的文本文件，以.py 为扩展名的 Python 源文件、以.html 为扩展名的网页文件等都是文本文件。

2. 二进制文件

二进制文件直接由二进制数码 0 和 1 组成，没有统一的字符编码，文件内部数据的组织格式与文件用途有关。二进制文件是信息按照非字符但有特定格式形成的文件，如.bmp 格式的图片文件、.avi 格式的视频文件，以及各种计算机语言编译后生成的文件等均为二进制文件。

文本文件和二进制文件最主要的区别在于是否有统一的字符编码。二进制文件由于没有统一的字符编码，因此只能当作字节流，而不能当作字符串。

无论是文本文件还是二进制文件，都可以用"文本文件模式"和"二进制文件模式"打开，但打开后的操作是不同的。

7.2 文件的打开与关闭

PY-07-v-001

在 Python 中，无论是二进制文件还是文本文件，在进行文件的读/写操作时，都需要先打开文件，并在操作结束后关闭文件。

打开文件是指将文件从外部介质读取到内存中，打开后的文件被当前程序占用，此时其他程序不能操作这个文件。打开文件后，可以通过一组方法读取文件的内容或向文件写入内容。操作完文件后，需要将文件关闭，释放文件的控制使用权，使文件恢复成存储状态，以便让其他程序能够操作这个文件。

1. 打开文件

在 Python 中，通过内置的 open()函数打开文件，并创建一个文件对象。open()函数的基本语法格式如下。

```
<变量名>=open(<文件名>,<打开模式>)
```

open()函数有文件名和打开模式两个参数。

（1）文件名：可以是文件的实际名称，也可以是包含路径的名称。

（2）打开模式：用于控制使用何种方式打开文件。

open()函数提供了 7 种文件的打开模式，具体说明如表 7.1 所示。

表 7.1　文件的打开模式说明

文件的打开模式	说明
r	默认模式，只读模式，以只读模式打开文件，文件的指针将会放在文件的开头。该模式打开的文件必须存在，否则会返回 FileNotFoundError 异常
w	覆盖写模式，打开一个文件只用于写入。如果该文件已存在，则将其覆盖；如果该文件不存在，则创建新文件
x	创建写模式，打开一个文件用于写入。如果该文件不存在，则创建新文件；如果该文件已存在，则返回 FileExistsError 异常
a	追加写模式，打开一个文件用于追加。如果该文件已存在，则文件指针会放在文件的结尾，新的内容会被写到已有内容之后；如果该文件不存在，则创建新文件进行写入
b	二进制文件模式，以二进制文件模式打开一个文件
t	文本文件模式，以文本文件模式打开一个文件
+	读/写模式，与 r/w/x/a 一同使用，在原功能基础上增加同时读/写功能

2. 关闭文件

close()方法用于关闭文件。在通常情况下，在 Python 中操作文件时，使用内存缓冲区缓存文件数据。在关闭文件时，Python 先将缓冲区的数据写入文件，然后关闭文件，并释放对文件的引用。关闭文件的语法格式如下。

```
<文件对象名>.close()
```

使用 flush()方法可将缓冲区的内容写入文件，但不关闭文件，具体语法格式如下。

```
<文件对象名>.flush()
```

【例 7-1】新建一个名为 test1.txt 的文本文件，文件内容为 "Python 是一门简单易学的编程语言。"，保存在当前目录中。新建一个名为 ex0701.py 的 Python 程序，输入如下代码。

```
textfile=open("test1.txt","rt",encoding="UTF-8")   # 以文本文件模式打开文件
print(textfile.read())                             # 读取文件内容并输出
textfile.close()                                   # 关闭当前打开的文件

binfile=open("test1.txt","rb")                     # 以二进制文件模式打开文件
print(binfile.read())                              # 读取文件内容并输出
binfile.close()                                    # 关闭当前打开的文件
```

在【例 7-1】中，第 1 行代码采用文本文件模式打开文件，因为文本文件默认是 ANSII 编码方式，而 Python 源文件的编码方式是 UTF-8，所以我们在打开时需要指定文件的编码方式，

即 encoding="UTF-8"。文件经过编码会形成字符串，当执行第 2 行 print 输出语句时，会原样输出 test1.txt 文本文件中的字符串；第 5 行代码采用二进制文件模式打开文件，文件被解析为字节流；当执行第 6 行 print 输出语句时，则输出字节流信息，由于存在编码，因此字符串中的一个字符由两字节表示。

程序运行的结果如下。

```
Python 是一门简单易学的编程语言。
b'Python\xe6\x98\xaf\xe4\xb8\x80\xe9\x97\xa8\xe7\xae\x80\xe5\x8d\x95\xe6
\x98\x93\xe5\xad\xa6\xe7\x9a\x84\xe7\xbc\x96\xe7\xa8\x8b\xe8\xaf\xad\xe8\xa8
\x80\xe3\x80\x82'
```

7.3 文件的读/写操作

当文件被打开后，根据打开模式的不同可以对文件进行相应的读/写操作。当文件以文本文件模式打开时，程序会按照当前操作系统的编码或指定编码的方式来读/写文件；当文件以二进制文件模式打开时，程序则会按照字节流方式来读/写文件。

7.3.1 读取文件数据

在 Python 中，使用 open()函数以只读或读/写模式打开一个文本文件或二进制文件后，可以调用该文件对象的读取方法从文件中读取文件内容。Python 提供了 3 种常用的文件内容读取方法，如表 7.2 所示。

PY-07-v-002

表 7.2　常用的文件内容读取方法

方法	说明
read(size)	读取整个文件内容。如果给出参数 size，则读取 size 长度的字符串或字节流
readline(size)	读取文件一行内容。如果给出参数 size，则读取当前行 size 长度的字符串或字节流
readlines(hint)	读取文件所有行的内容，以每行为元素形成一个列表。如果给出参数 hint，则读取 hint 行

1. read()方法

read()方法可以从文件中读取数据，该方法的语法格式如下。

```
fileobject.read(size)
```

说明：

（1）fileobject 是用 open()函数打开文件时返回的文件对象。

（2）在打开的文件中读取一个字符串，从文件指针的当前位置开始读入。size 参数是一个可选的非负整数，用于指定从指针当前位置开始要读取的字符个数，如果省略，则默认为从指针当前位置到文件末尾的内容。因为刚打开文件时指针当前位置是 0，所以省略 size 参数会读取文件的所有内容。

（3）刚打开文件时，当前读取位置在文件开头，当前指针为 0。每次读取内容之后，读取位置会自动移到下一个字符，直至文件末尾。如果当前指针处在文件末尾，则返回一个空字符串。

【例 7-2】使用 read()方法读取文件。

在当前目录中新建一个名为 test2.txt 的文本文件，文件内容如下。

```
Python 是一门简单易学的编程语言。
我喜欢 Python!
```

新建一个名为 ex0702.py 的 **Python** 程序，输入如下代码。

```
file=open("test2.txt","r",encoding="UTF-8")  # 以只读模式打开文件
str1=file.read(6)                             # 读取文件的前 6 个字符到 str1 变量
print(str1)

str2=file.read()        # 读取从文件当前指针处开始的全部内容到 str2 变量
print(str2)
file.close()
```

程序运行的结果如下。

```
Python
是一门简单易学的编程语言。
我喜欢 Python!
```

在【例 7-2】中，第 1 行代码以只读方式打开 test2.txt 文本文件，并指定文件的编码方式为 UTF-8；第 2 行的 str1=file.read(6)表示读取文件的前 6 个字符到 str1 变量中；第 4 行打印输出 str1 变量的值"Python"；第 5 行的 file.read()命令可以读取从文件当前指针处开始的全部内容到 str2 变量。通过运行结果可以看出，随着文件的读取，文件指针在变化。

2. readline()方法

使用 readline()方法可以从文件的当前行的当前位置开始读取指定数量的字符，并以字符串形式返回，该方法的语法格式如下。

```
fileobject.readline(size)
```

说明：

（1）size 参数是一个可选的非负整数，指定从当前行的当前位置开始读取字符数。如果省略 size 参数，则读取从当前行的当前位置到当前行末尾的全部内容，即读 1 行，包括换行符"\n"。如果 size 参数的值大于从当前位置到行尾的字符数，则仅读取并返回这些字符，包括 "\n" 字符在内。

（2）刚打开文件时，当前读取位置在第 1 行，每读完一行，当前读取位置自动移至下一行，直至文件末尾，返回一个空字符串。

【例 7-3】使用 readline()方法读取文件。

在当前目录中新建一个名为 test3.txt 的文本文件，文件内容如下。

悯农

唐 李绅

春种一粒粟，秋收万颗子。

四海无闲田，农夫犹饿死。

锄禾日当午，汗滴禾下土。

谁知盘中餐，粒粒皆辛苦。

新建一个名为 ex0703.py 的 Python 程序，输入如下代码。

```python
file=open("test3.txt","r",encoding="UTF-8")    # 以只读模式打开文件
str1=file.readline()      # 读取文件当前行的内容到 str1 变量
while str1!="":           # 判断文件是否结束
    print(str1)
    str1=file.readline()
file.close()
```

程序运行的结果如下。

悯农

唐 李绅

春种一粒粟，秋收万颗子。

四海无闲田，农夫犹饿死。

锄禾日当午，汗滴禾下土。

谁知盘中餐，粒粒皆辛苦。

在【例 7-3】中，str1=file.readline()表示读取文件当前行内容到 str1 变量中，使用 while 循

环逐行读取文件内容到 str1 变量，并打印输出 str1 的值。随着文件的读取，文件指针慢慢后移。由于原来文本文件每行都有换行符"\n"，而 print()函数又是默认换行的（使用时省略了换行参数 end="\n"），因此在程序运行时，行和行之间增加了一个空行。

3. readlines()方法

使用 readlines()方法可以一次性读取文件中所有行的内容，并返回这些行所构成的列表类型。该方法的语法格式如下。

```
fileobject.readlines(hint)
```

说明：

hint 参数表示读取内容的总字节数，即只读文件的一部分。该方法返回一个列表，文本文件的每一行作为该列表的一个成员字符串，包括换行符"\n"在内。如果当前处于文件末尾，则返回一个空列表。如果文件很大，则会占用大量的内存空间，也会增加较长的读取时间。

【例 7-4】使用 readlines()方法读取文件的内容，以读取 test3.txt 文本文件为例。

```
file=open("test3.txt","r",encoding="UTF-8")      # 以只读模式打开文件
list1=file.readlines()      # 读取文件的所有行的内容到 list1 列表
print(list1)
file.close()
```

程序运行的结果如下。

```
['悯农\n', '唐 李绅\n', '春种一粒粟，秋收万颗子。\n', '四海无闲田，农夫犹饿死。\n',
'锄禾日当午，汗滴禾下土。\n', '谁知盘中餐，粒粒皆辛苦。']
```

在【例 7-4】中，将 test3.txt 文本文件的全部内容读取到 list1 列表中，list1 列表中的元素对应 test3 中每一行的数据。打印输出 list1 列表的内容，由于原来文本文件每行都有换行符"\n"，因此在使用 print()函数打印列表元素时，每个元素都包含了换行符"\n"。

如果想按行打印 test3.txt 文本文件的内容，则需要将【例 7-4】的代码改成如下。

```
file=open("test3.txt","r",encoding="UTF-8")      # 以只读模式打开文件
list1=file.readlines()   # 读取文件的所有行的内容到 list1 列表
for line in list1:      # 用 for 循环遍历 list1 列表
    print(line,end="")      # 在 print()函数中添加 end=""参数将不显示空行
file.close()
```

程序运行的结果如下。

```
悯农
唐 李绅
```

> 春种一粒粟，秋收万颗子。
> 四海无闲田，农夫犹饿死。
> 锄禾日当午，汗滴禾下土。
> 谁知盘中餐，粒粒皆辛苦。

在此程序中，使用 for 循环遍历 list1 列表，并逐个打印输出列表元素，即可逐行输出 test3.txt 文本文件的内容。在 print()函数中添加 end=""参数的作用是替换掉 print()函数默认的 end="\n" 参数，相当于去掉了 print()函数自带的换行符，所以输出每行内容时不显示空行。

7.3.2　向文件写入数据

PY-07-v-003

在 Python 中，不仅可以读取文本文件或二进制文件中的数据，还可以向文本文件或二进制文件中写入数据。在用 open()函数以只写模式或读/写模式打开一个文本文件或二进制文件后，将创建一个文件对象，调用该文件对象的写入数据的方法向文件中写入数据。Python 提供了两个常用的向文件中写入数据的方法，如表 7.3 所示。

表 7.3　常用的向文件中写入数据的方法

方法	说明
write(str)	将 str 字符串写入文件
writelines()	写多行到文件中，seq_of_str 参数为可迭代的对象

1. write()方法

使用 write()方法可以向文件中写入字符串，同时将文件指针后移。该方法的语法格式如下。

```
fileobject.write(str)
```

说明：

（1）fileobject 是在使用 open()函数打开文件时返回的文件对象。

（2）str 参数是一个字符串，是要写入文件的文本内容。write()方法不会在 str 字符串后加上换行符 "\n"。

（3）当以读/写模式打开文件时，因为完成写入操作后，当前读/写位置的文件指针处在文件末尾，所以此时无法直接读取到文本内容，需要使用 seek()方法将文件指针移到文件开头。

（4）在使用 Python 写文件时，默认编码格式是 UTF-8。

【例 7-5】使用 write()方法向文件中写入字符串。

```
file=open("test5.txt","w+")              # 以读/写模式打开文件
file.write("我喜欢使用 Python 语言编写程序。")    # 向文件中写入字符串
file.write("因为 Python 语言简单易学。")
```

```
file.seek(0)              # 将指针定位到文件的开始位置
print(file.read())        # 读取文件内容
file.close()
```

程序运行的结果如下。

我喜欢使用 Python 语言编写程序。因为 Python 语言简单易学。

在【例 7-5】中，以读/写模式打开 test5.txt 文本文件，由于 test5.txt 文本文件不存在，所以先创建一个新的 test5.txt 文本文件，然后调用 write()方法向文件中写入字符串"我喜欢使用 Python 语言编写程序。"，最后再次调用 write()方法向文件中写入字符串"因为 Python 语言简单易学。"，由于 write()方法不会在字符串后加上换行符，因此写入的两个字符串在同一行。另外，在向文件中写入字符串时，文件指针后移，因为此时文件指针处在文件末尾，所以想读取文件内容，需要将文件指针定位到文件的开始位置，调用 file.seek(0)完成将文件指针定位到文件开始位置的操作。

2．writelines()方法

使用 writelines()方法可向文件中写入字符串序列，这个序列可以是列表、元组或集合等。该方法的语法格式如下。

```
fileobject.writelines(seq_of_str)
```

说明：

（1）fileobject 是用 open()函数打开文件时返回的文件对象。

（2）seq_of_str 是一个字符串列表对象，是要写入文件中的文本内容，写入时不会在字符串的结尾添加换行符（\n）。

（3）当以读/写模式打开文件时，因为完成写入操作后文件指针位于文件末尾，所以此时无法直接读取到文本内容，需要使用 seek()方法将文件指针移到文件的开始位置。

【例 7-6】使用 writelines()方法向文件中写入字符串。

```
file=open("test6.txt","w+")
list=(["静夜思\n","李白\n"])   # 定义 list 列表
file.writelines(list)          # 将 list 列表写入文件
file.seek(0)                   # 将文件指针移到文件的开始位置
print(file.read())
file.close()
```

程序运行的结果如下。

静夜思

李白

在【例 7-6】中，定义了一个 list 列表，首先将 list 列表内容写入打开的文本文件中，然后将文件指针移到文件的开始位置，最后将读取的文件内容打印输出。

【例 7-7】以追加模式打开【例 7-6】创建的 test6.txt 文本文件，将从键盘中输入的"床前明月光""疑是地上霜""举头望明月""低头思故乡"文本内容添加到该文件末尾，并输出该文件中的所有文本内容。程序代码如下。

```
file=open("test6.txt","a+")        # 以追加模式打开 test6.txt 文本文件
print("输入文本内容（Q=退出）")
list=[]                            # 定义 list=[]列表
str=input("请输入：")
while str.upper()!="Q":            # 当输入内容为 Q 时，结束循环
    list.append(str+"\n")          # 在列表尾部添加元素
    str=input("请输入：")
file.writelines(list)              # 将 list 列表内容写入 test6.txt 文本文件
file.seek(0)                       # 将文件指针移到文件的开始位置
print(file.read())
file.close()
```

程序运行的结果如下。

```
输入文本内容（Q=退出）
请输入：床前明月光
请输入：疑是地上霜
请输入：举头望明月
请输入：低头思故乡
请输入：Q
静夜思
李白
床前明月光
疑是地上霜
举头望明月
低头思故乡
```

在【例 7-7】中，代码以追加模式打开 test6.txt 文本文件，由于此文本文件是已经存在的文件，因此打开此文件时文件指针位于文件的结尾处。第 3 行代码定义了一个初始值为空的 list 列表，利用 while 循环将通过键盘输入的文本内容依次添加到 list 列表中，当通过键盘输入 Q 时，则结束输入。往下的代码是将 list 列表内容写入前面打开的 test6.txt 文本文件中，因为文件是以追加模式打开的，所以写入的内容是追加到原来文本内容之后的。

7.3.3　文件的定位读/写

前面例题中，文件的读/写是按顺序逐行进行的。在实际应用中，当对数据文本进行读/写操作时，文件当前的读/写位置会随着数据的读/写自动改变，这个读/写位置也被称为文件指针。如果需要读取某个位置的数据，或者向某个位置写入数据，则需要先获取或定位文件的读/写位置。Python 提供了 tell()方法和 seek()方法，其中 tell()方法用于获取文件指针的当前位置，seek()方法用于定位文件指针的位置。这两种方法的具体说明如表 7.4 所示。

表 7.4　获取和定位文件指针的方法说明

方法	说明
tell()	获取文件指针的当前位置
seek(offset[,whence])	改变文件指针的位置，offset 是移动的偏移量，whence 指文件指针移动的参考位置。whence 的值：0 为文件开头；1 为当前位置；2 为文件结尾

1.　tell()方法

文件的当前位置就是文件指针的位置，调用文件对象的 tell()方法可以获取文件指针的当前位置，其语法格式如下。

```
fileobject.tell()
```

说明：

（1）fileobject 是在使用 open()函数打开文件时返回的文件对象。

（2）tell()方法返回一个数字，表示当前文件指针所在的位置，即相对于文件开头的字节数。每一次的文件读/写操作都是在当前文件指针指向的位置上进行的。

【例 7-8】使用 tell()方法获取文件当前的读/写位置。

```
file=open("test2.txt","r+",encoding="UTF-8")
print("打开文件时当前指针位置: ",file.tell())
print("从当前位置开始读取文件的 6 个字符为: ",file.read(6))
print("读取 6 个字符后的当前指针位置: ",file.tell())
print("从当前位置开始读取文件的当前行的内容为: ",file.readline(),end="")
print("读取当前行内容后当前指针位置: ",file.tell())
print("从当前位置开始读取文件所有行内容为: ",file.readlines())   # 第 7 行
print("读取文件所有内容后当前指针位置: ",file.tell())             # 文件末尾位置
file.close()
```

程序运行的结果如下。

```
打开文件时当前指针位置:  0
```

从当前位置开始读取文件的 6 个字符为： Python
读取 6 个字符后的当前指针位置： 6
从当前位置开始读取文件的当前行的内容为： 是一门简单易学的编程语言。
读取当前行内容后当前指针位置： 47
从当前位置开始读取文件所有行内容为： ['我喜欢 Python！']
读取文件所有内容后当前指针位置： 65

在【例 7-8】中，第 7 行代码从当前位置开始读取文件所有行内容之后，文件指针指向文件末尾的位置，第 8 行打印当前指针的位置为 65，即为文件末尾位置。

2. seek()方法

文件在读/写过程中，指针位置会自动移动。调用 seek()方法可以手动移动指针位置，其语法格式如下。

```
fileobject.seek(offset[,whence])
```

说明：

（1）fileobject 是在使用 open()函数打开文件时返回的文件对象。

（2）offset 是移动的偏移量，单位为字节，是一个整数。当值为正数时，向文件末尾方向移动文件指针；当值为负数时，向文件头方向移动文件指针。

（3）whence 指定文件指针移动的参考位置，默认值为 0，表示以文件开头作为参考点，1 表示以当前位置作为参考点，2 表示以文件末尾作为参考点。需要注意的是，在文本文件中，如果没有使用 b 模式打开文件，则只允许以文件头作为参考点。

【例 7-9】使用 seek()方法移动文件指针的位置。

```
file=open("test2.txt","r+",encoding="UTF-8")
file.seek(6)                           # 将文件指针移到第 6 个位置
print("当前指针位置: ",file.tell())
print("从当前位置开始读取文件的当前行的内容为: ",file.readline(),end="")
file.seek(0)                           # 将文件指针移到文件头位置
print("当前指针位置: ",file.tell())
print("从文件头开始读取文件的所有行内容为: ",file.readlines())
print("当前指针位置: ",file.tell())    # 文件指针在文件的末尾位置
file.close()
```

程序运行的结果如下。

当前指针位置: 6
从当前位置开始读取文件的当前行的内容为： 是一门简单易学的编程语言。
当前指针位置: 0

从文件头开始读取文件的所有行内容为： ['Python 是一门简单易学的编程语言。\n', '我喜欢 Python! ']

当前指针位置： 65

7.3.4　读/写二进制文件

在使用 open() 函数打开文件时，如果在打开模式参数中包含字母 "b"，则表明是以二进制文件模式打开指定的文件。

读/写文件的 read() 方法和 write() 方法同样适用于二进制文件，但二进制文件只能读/写 bytes 字符串。在默认情况下，二进制文件是按顺序读/写的，同样可以使用 seek() 方法和 tell() 方法移动和查看文件的当前位置。

写入二进制文件中的字符串必须是 bytes 字符串，所以在写入二进制文件前要先把字符串转换为 bytes 字符串。对于普通字符串，在字符串前加 b 构成 bytes 对象，即 bytes 字符串。对于其他类型的数据（如整型、浮点型、序列等），则需要使用 bytes() 函数将其转换为 bytes 字符串。bytes() 函数的格式如下。

```
bytes(str,encoding="utf-8")        # str 是要转换的字符串
```

【例 7-10】读/写二进制文件。

```
file=open("test7.txt","wb+")            # 以二进制文件的读/写模式打开文件
file.write(b"Hello Python!")            # 向文件中写入普通字符串
file.seek(0)                            # 移动指针到文件头
print("第一次写入字符串后读取文件内容为：",file.read())   # 读取文件内容

a=123                                   # 定义整型变量 a=123
b=bytes(str(a),encoding="utf-8")        # 把变量 a 转换为 bytes 字符串并赋值给 b
print("b 的数据类型为：",type(b))         # 查看 b 的数据类型
file.write(b)                           # 把 bytes 字符串 b 写入文件
file.seek(0)                            # 移动指针到文件头
print("第二次写入字符串后读取文件内容为：",file.read())   # 读取文件内容

file.write(b"\n123.456")                # 把换行符 "\n" 和字符串 "123.456" 写入文件
file.seek(0)                            # 移动指针到文件头
print("第三次写入字符串后读取文件内容为：",file.read())   # 读取文件内容
file.close()

file=open("test7.txt","rt",encoding="utf-8") # 以文本文件的只读模式打开文件
print("以文本文件模式打开 test7.txt 文本文件，读取文件内容为：")
```

```
print(file.read())              # 读取文件内容
file.close()
```

程序运行的结果如下。

```
第一次写入字符串后读取文件内容为： b'Hello Python!'
b 的数据类型为： <class 'bytes'>
第二次写入字符串后读取文件内容为： b'Hello Python!123'
第三次写入字符串后读取文件内容为： b'Hello Python!123\n123.456'
以文本文件模式打开 test7.txt 文本文件，读取文件内容为：
Hello Python!123
123.456
```

7.4　文件和目录操作

前面介绍的文件读/写操作主要是对文件内容的操作，而查看文件属性、复制和删除文件、创建和删除目录等都属于文件和目录的操作。

7.4.1　常用的文件操作函数

os 模块和 os.path 模块提供了大量的文件处理函数。

1.　os.path 模块常用的文件处理函数

os.path 模块常用的文件处理函数如表 7.5 所示（path 参数是文件名或目录名）。

表 7.5　os.path 模块常用的文件处理函数

函数名	说明
abspath(path)	返回 path 参数的绝对路径
dirname(path)	返回 path 参数的目录。与 os.path.split(path)的第一个元素相同
exists(path)	如果 path 参数存在，则返回 True；否则返回 False
getatime(path)	返回 path 参数所指向的文件或目录的最后存取时间
getmtime(path)	返回 path 参数所指向的文件或目录的最后修改时间
getsize(path)	返回 path 参数的文件大小（字节）
isabs(path)	如果 path 参数是绝对路径，则返回 True
isfile(path)	如果 path 参数是一个存在的文件，则返回 True，否则返回 False
split(path)	将 path 参数分割成目录和文件名二元组返回
splitext(path)	分离文件名与扩展名。默认返回（fname，fextension）元组，可做分片操作

【例 7-11】os.path 模块的文件处理函数示例（文件保存位置是 F:\第 7 章\test11.txt）。

```
import os.path
print("文件的绝对路径：",os.path.abspath("test11.txt"))
print("文件的目录：",os.path.dirname("F:\\第 7 章\\test11.txt"))
print("目录是否存在？",os.path.exists("F:\\第 7 章\\test11.txt"))
print("目录最后的存取时间：",os.path.getatime("F:\\第 7 章"))
print("目录最后的修改时间：",os.path.getmtime("F:\\第 7 章"))
print("路径是否为绝对路径？",os.path.isabs("F:\\第 7 章\\test11.txt"))
print("文件是否存在？",os.path.isfile("F:\\第 7 章\\test11.txt"))
print("将文件路径分割成目录和文件名二元组：",os.path.split("F:\\第 7 章
\\test11.txt"))
print("分离文件名和扩展名：",os.path.splitext("F:\\第 7 章\\test11.txt"))
```

程序运行的结果如下。

```
文件的绝对路径： F:\第 7 章\test11.txt
文件的目录： F:\第 7 章
目录是否存在？ True
目录最后的存取时间： 1658119534.6020803
目录最后的修改时间： 1658119534.6020803
路径是否为绝对路径？ True
文件是否存在？ True
将文件路径分割成目录和文件名二元组： ('F:\\第 7 章', 'test11.txt')
分离文件名和扩展名： ('F:\\第 7 章\\test11', '.txt')
```

2. os 模块常用的文件处理函数

os 模块常用的文件处理函数如表 7.6 所示（path 参数是文件名或目录名）。

表 7.6　os 模块常用的文件处理函数

函数名	说明
getcwd()	当前 Python 脚本工作的路径
listdir(path)	返回指定目录下所有文件和目录名
remove(file)	删除 file 参数指定的文件
removedirs(path)	删除指定目录
rename(old,new)	将文件 old 重命名为 new
mkdir(path)	创建单个目录
stat(path)	获取文件属性

7.4.2 文件的复制、重命名及删除

1. 文件的复制

无论是二进制文件还是文本文件，文件的读/写操作都是以字节为单位进行的。在 Python 中复制文件可以使用 read()方法和 write()方法来实现，也可以使用 shutil 模块中的 copyfile()函数来实现，这是因为 shutil 模块是一个文件、目录的管理接口。

【例 7-12】使用 shutil 模块中的 copyfile()函数将当前目录下的 test1.txt 复制为 test12.txt。

```
import os
import shutil
file1=open("test1.txt","r+",encoding="UTF-8")
print("调用 shutil.copyfile()方法复制文件前：")
print("读取 test1.txt 文本文件的内容为：",file1.read())
print("test12.txt 文本文件是否存在：",os.path.exists("test12.txt"))
shutil.copyfile("test1.txt","test12.txt")   # 将 test1.txt 复制为 test12.txt
print()
print("调用 shutil.copyfile()方法复制文件后：")
print("test12.txt 文本文件是否存在：",os.path.exists("test12.txt"))
file2=open("test12.txt","r+",encoding="UTF-8")
print("读取 test12.txt 文本文件的内容为：",file2.read())
file2.close()
file1.close()
```

程序运行的结果如下。

```
调用 shutil.copyfile()方法复制文件前：
读取 test1.txt 文本文件的内容为： Python 是一门简单易学的编程语言。
test12.txt 文本文件是否存在： False

调用 shutil.copyfile()方法复制文件后：
test12.txt 文本文件是否存在： True
读取 test12.txt 文本文件的内容为： Python 是一门简单易学的编程语言。
```

2. 文件的重命名

【例 7-13】使用 os 模块的 rename()函数将【例 7-12】中的 test12.txt 文本文件重命名为 test13.txt。

```
import os,path
print("更名前：")
```

```
print("test12.txt 文本文件是否存在: ",os.path.exists("test12.txt"))
print("test13.txt 文本文件是否存在: ",os.path.exists("test13.txt"))
print()
os.rename("test12.txt","test13.txt")   # 将 test12.txt 更名为 test13.txt
print("更名后: ")
print("test12.txt 文本文件是否存在: ",os.path.exists("test12.txt"))
print("test13.txt 文本文件是否存在: ",os.path.exists("test13.txt"))
```

程序运行结果如下。

```
更名前:
test12.txt 文本文件是否存在:  True
test13.txt 文本文件是否存在:  False


更名后:
test12.txt 文本文件是否存在:  False
test13.txt 文本文件是否存在:  True
```

3. 文件的删除

【例 7-14】使用 os 模块的 remove()函数将【例 7-13】中的 test13.txt 文本文件删除。

```
import os,path
print("删除文件前: ")
print("test13.txt 文本文件是否存在",os.path.exists("test13.txt"))
print()
os.remove("test13.txt")        # 删除 test3.txt 文本文件
print("删除文件后: ")
print("test13.txt 文本文件是否存在",os.path.exists("test13.txt"))
```

程序运行结果如下。

```
删除文件前:
test13.txt 文本文件是否存在 True


删除文件后:
test13.txt 文本文件是否存在 False
```

7.4.3 文件的目录操作

目录即文件夹，是操作系统用于组织和管理文件的逻辑对象。在 Python 程序中，os 模块的

getcwd()函数、listdir()函数、mkdir()函数和 removedirs()函数分别用来实现查看当前目录、查看当前目录中的文件、创建目录和删除目录等操作。

【例 7-15】常用的目录操作。

```python
import os
print("当前目录: ",os.getcwd())              # 查看当前目录
print("创建目录前: ")
print("当前目录中的文件: ",os.listdir())      # 查看当前目录中的文件
print()
os.mkdir("我的目录")                         # 创建一个新的目录, 并命名为"我的目录"
print("创建目录后: ")
print("当前目录中的文件: ",os.listdir())      # 查看当前目录中的文件
print()
os.removedirs("我的目录")                    # 删除前面创建的"我的目录"目录
print("删除目录后: ")
print("当前目录中的文件: ",os.listdir())      # 查看当前目录中的文件
```

程序运行结果如下。

```
当前目录: F:\第 7 章
创建目录前:
    当前目录中的文件:   ['.idea', 'ex0701.py', 'ex0702.py', 'ex0703.py',
'ex0704.py',   'ex0704 改 .py',   'ex0705.py',   'ex0706.py',   'ex0707.py',
'ex0708.py', 'ex0709.py', 'ex0710.py', 'ex0711.py', 'ex0712.py', 'ex0713.py',
'ex0714.py',   'ex0715.py',   'test1.txt',   'test11.txt',   'test2.txt',
'test3.txt', 'test4.txt', 'test5.txt', 'test6.txt', 'test7.txt', 'venv']

创建目录后:
    当前目录中的文件:   ['.idea',   'ex0701.py',   'ex0702.py',   'ex0703.py',
'ex0704.py',   'ex0704 改 .py',   'ex0705.py',   'ex0706.py',   'ex0707.py',
'ex0708.py', 'ex0709.py', 'ex0710.py', 'ex0711.py', 'ex0712.py', 'ex0713.py',
'ex0714.py', 'ex0715.py', 'test1.txt', 'test11.txt', 'test2.txt', 'test3.txt',
'test4.txt', 'test5.txt', 'test6.txt', 'test7.txt', 'venv', '我的目录']

删除目录后:
    当前目录中的文件:   ['.idea',   'ex0701.py',   'ex0702.py',   'ex0703.py',
'ex0704.py',   'ex0704 改 .py',   'ex0705.py',   'ex0706.py',   'ex0707.py',
'ex0708.py', 'ex0709.py', 'ex0710.py', 'ex0711.py', 'ex0712.py', 'ex0713.py',
'ex0714.py',   'ex0715.py',   'test1.txt',   'test11.txt',   'test2.txt',
'test3.txt', 'test4.txt', 'test5.txt', 'test6.txt', 'test7.txt', 'venv']
```

7.5 使用 CSV 文件格式读/写数据

7.5.1 CSV 文件介绍

CSV（Comma-Separated Values，用逗号分隔值）文件是一种通用的、相对简单的文件格式，是用于存储表格数据（数字和文本）的一种纯文本文件格式。纯文本表示该文件是一个字符序列，不包含像二进制数字那样的数据。CSV 文件通常用于在程序之间转移表格数据，被广泛应用于商业和科学领域。

CSV 格式存储的文件一般采用.csv 为扩展名，可以通过 Excel 或记事本打开，也可以在其他操作系统上用文本编辑工具打开。一般的表格处理工具（如 Excel）都可以将数据另存为 CSV 格式，以便在不同工具间进行数据交换。

1. CSV 文件的特点

（1）纯文本，使用某个字符集，如 ASCII、Unicode、EBCDIC 或 GB2312。

（2）由任意数目的行组成，一行被称为一条记录，开头不留空格，第一行是属性，数据列之间用分隔符隔开，无空格，行之间无空行。

（3）每条记录由若干数据项组成，这些数据项被称为字段。字段间的分隔符通常是半角的逗号，也可以是分号、制表符或空格。

（4）每条记录都有同样的字段序列。

（5）以行为单位读取数据，读取出的数据一般为字符类型，如果要获得数字类型，则需要对其进行转换。

2. CSV 文件的创建

CSV 文件是纯文本文件，可以使用记事本按照 CSV 文件的规则来建立，也可以使用 Excel 录入数据。另存为 CSV 文件，CSV 文件的扩展名默认为.csv。

【例 7-16】使用 Excel 录入如下内容，并另存为"score.csv"。

```
学号,姓名,性别,语文,数学,英语
20220101,张明,女,90,89,96
20220103,李山,男,95,90,87
20220205,刘静,女,88,93,92
```

3. 数据的维度

CSV 文件主要用于数据的组织和处理。根据数据表示的复杂程度和数据间关系的不同，将数据划分为一维数据、二维数据、多维数据等类型。

一维数据即线性结构也被称为线性表，表现为由若干个数据项组成的有限序列。这些数据项之间体现为线性关系，即除了序列中的第一个元素和最后一个元素，序列中的其他元素都有一个前驱和一个后继。在 Python 中，可以用列表、元组等数据类型描述一维数据。例如，下面的列表和元组均属于一维数据。

```
list1=['a','b','c',10,20]
tuple1=(1,2,3,4,5)
```

二维数据也被称为关系，与数学中的二维矩阵类似，可用表格方式组织。用列表和元组描述一维数据时，如果一维数据中的每个数据项又是序列时，就构成了二维数据。例如，下面是用列表描述的二维数据。

```
list2=[['a','b','c'],[10,20,30],[-24,-5,98]]
```

典型的二维数据用二维表格来表示。例如，用如表 7.7 所示的二维表描述的二维数据。

表 7.7　二维表描述的二维数据

学号	姓名	性别	语文/分	数学/分	英语/分
20220101	张明	女	90	89	96
20220103	李山	男	95	90	87
20220205	刘静	女	88	93	92

二维数据可以理解为特殊的一维数据，更适合用 CSV 文件存储。

多维数据是二维数据的扩展，通常用列表或元组来组织，通过索引来访问。

7.5.2　读/写 CSV 文件

1. 导入 CSV 文件的标准库

Python 提供了读/写 CSV 文件的标准库，该标准库用 import 语句导入后即可使用，其语法格式如下。

```
import csv
```

2. 向 CSV 文件中写入和读取一维数据

使用列表变量保存一维数据，可以先使用字符串的 join()方法把列表中的元素用逗号连接生成一个字符串，再通过文件的 write()方法，以文本文件的方式保存到 CSV 文件中，在文本文件中为一行数据。

读取 CSV 文件中的一行数据，可以使用文件的 read()方法读取，也可以将文件的内容读取到列表中。

【例 7-17 】将一维数据写入 CSV 文件，读取 CSV 文件中的数据，并保存到列表中。

```python
import csv
list1=["20220101","张明","女","90","89","96"]      # 列表元素类型必须是字符串
str=","
line1=str.join(list1)                            # 使用 join()方法生成用逗号连接的字符串
print("需要写入 CSV 文件的数据：")
print("line1:",line1)
file1=open("st1.csv","w")        # 以写入模式打开 CSV 文件
file1.write(line1)               # 向 CSV 文件写入由 join()方法生成的字符串
file1.close()
print("读取 CSV 文件中的数据：")
file2=open("st1.csv","r")        # 以只读模式打开 CSV 文件
line2=file2.read()               # 读取 CSV 文件的一行数据
print("line2:",line2)
file2.close()
```

程序运行结果如下。

```
需要写入 CSV 文件的数据：
line1: 20220101,张明,女,90,89,96
读取 CSV 文件中的数据：
line2: 20220101,张明,女,90,89,96
```

3. 向 CSV 文件中写入和读取二维数据

CSV 模块中的 reader()方法和 writer()方法提供了读/写 CSV 文件的操作。在写入 CSV 文件的方法中，指定 newline=""选项，可以防止向文件中写入空行。

【例 7-18 】CSV 文件中二维数据的读/写。

```python
datas=[["学号","姓名","性别","语文","数学","英语"],
["20220101","张明","女","90","89","96"],
["20220103","李山","男","95","90","87"],
["20220205","刘静","女","88","93","92"]]        # 定义一个二维列表 datas

import csv
file1=open("bsheet.csv","w",newline="")        # newline=""防止向文件中写入空行
writer=csv.writer(file1)
for row in datas:
    writer.writerow(row)                       # 按行写入列表中的元素
file1.close()
```

```
list1=[]
file2=open("bsheet.csv","r")
reader=csv.reader(file2)
for row in reader:
    print(reader.line_num,row)        # 按行读取数据并打印输出，行号从 1 开始
    list1.append(row)            # 将当前行的数据添加到 list1 列表中
print(list1)                # 打印列表
file2.close()
```

程序的运行结果如下，第一部分是打印在屏幕上的二维数据，并显示了行号；第二部分打印的是列表。

```
1 ['学号', '姓名', '性别', '语文', '数学', '英语']
2 ['20220101', '张明', '女', '90', '89', '96']
3 ['20220103', '李山', '男', '95', '90', '87']
4 ['20220205', '刘静', '女', '88', '93', '92']
[['学号', '姓名', '性别', '语文', '数学', '英语'], ['20220101', '张明', '女',
'90', '89', '96'], ['20220103', '李山', '男', '95', '90', '87'], ['20220205',
'刘静', '女', '88', '93', '92']]
```

7.6 使用 JSON 文件格式读/写数据

7.6.1 JSON 文件介绍

JSON（JavaScript Object Notation）文件是一种轻量级的数据交换格式，其文件的扩展名为 ".json"。JSON 文件为完全独立于语言的纯文本格式，易于阅读和编写，因此成为网络传输中相对理想的数据交换格式。

JSON 使用 JavaScript 语法来描述数据对象，但是 JSON 仍然独立于语言和平台。JSON 解析器和 JSON 库支持多种不同的编程语言。

1. JSON 数据的特点

JSON 数据可以是一个简单的字符串（String）、数字（Number）、布尔值（Boolean），也可以是一个数组或一个复杂的 Object 对象。JSON 数据具有如下特点。

（1）字符串需要用双引号括起来。

（2）数字可以是整数或浮点数。

（3）布尔值为 true 或 false。

（4）数组需要用方括号括起来。

（5）Object 对象需要用花括号括起来。

2. JSON 数据格式

（1）使用（键，name）:（值，value）表示。其中，name 必须是字符串，value 可以是字符串、数字、布尔值、逻辑值和空值。例如：

```
"xingming":"张三"
```

等价于下列 JavaScript 赋值语句：

```
xingming="张三"
```

（2）使用 JSON 对象表示。JSON 对象在花括号（{}）中书写，对象可以包含多个"键:值"对，"键:值"对之间用逗号隔开。例如：

```
{"xingming":"张三","nianling":20,"xingbie":True,"dianhua":13609876523}
```

等价于下列 JavaScript 赋值语句：

```
xingming="张三"
nianling=20
xingbie=True
dianhua=13609876523
```

JSON 对象的值也可以是另一个对象。例如：

```
{"xingming":"张三","nianling":20,"xingbie":True,"dianhua":13609876523,
"friend":{"xingming":"李四","nianling":19,"xingbie":False,
"dianhua":13345335678}}
```

（3）使用 JSON 数组表示。JSON 文件可以包含多个 JSON 数据作为数组元素，每个元素之间用逗号隔开，元素需要用方括号括起来，访问元素时，使用下标引用法。例如：

```
>>>member=["小红",21,"女"]        # 将多个数据元素作为 JSON 数组
>>>member[0]                     # 下标引用法，访问第 1 个元素
'小红'
>>> member[1]                    # 下标引用法，访问第 2 个元素
21
>>> member[2]                    # 下标引用法，访问第 3 个元素
'女'
```

7.6.2　读/写 JSON 文件

1. 导入 JSON 文件的标准库

JSON 库是由 Python 标准库提供的，该库用一种很简单的方式对 JSON 数据进行解析，将

JSON 格式数据与 Python 标准数据类型相互转换。

常见的 Python 标准数据类型与 JSON 格式数据的转换关系如表 7.8 所示。

表 7.8　Python 标准数据类型与 JSON 格式数据的转换关系

Python 数据类型	JSON 格式数据
dict	object
list	array
str	string
None	null

在使用 JSON 库时，需要先用 import 语句导入该库，语法格式如下。

```
import json
```

2. JSON 库中数据转换及读/写数据的常用函数

在 Python 数据与 JSON 格式数据进行转换时，需要使用以下几个 JSON 库中的常用函数，如表 7.9 所示。

表 7.9　JSON 库中的常用函数

函数名	说明
dumps(obj)	将 Python 字典类型转换为 JSON 字符串类型
loads(str)	将 JSON 字符串类型转换为 Python 字典类型
dump(obj,file)	将 Python 数据类型转换为 JSON 数据类型并储存到文件中
load(file)	将文件中的 JSON 数据类型转换为 Python 数据类型并读取出来

1）将 Python 字典类型转换为 JSON 字符串类型函数

使用 JSON 库中的 dumps()方法可以将 Python 数据类型转换为 JSON 数据类型，此过程的转换被称为编码。其语法格式如下。

```
json.dumps(obj)          # 将 obj 数据类型转换为 JSON 数据类型
```

其中，obj 参数表示 dict 数据。

【例 7-19】定义一个字典数据，使用 dumps()方法将字典类型转换为字符串类型。

```
import json
data={"name":"Linda","age":18,"sex":False}        # 定义字典数据
print("data 的数据类型为：",type(data))               # 查看 data 的数据类型
json_str=json.dumps(data)                          # 将字典类型转换为字符串类型
print("json_str 的内容为：",json_str)                 # 输出 json_str 的内容
print("json_str 的数据类型为：",type(json_str))        # 查看 json_str 的数据类型
```

程序运行结果如下。

```
data 的数据类型为：<class 'dict'>
json_str 的内容为：{"name": "Linda", "age": 18, "sex": false}
json_str 的数据类型为：<class 'str'>
```

2）将 JSON 字符串类型转换为 Python 字典类型函数

使用 JSON 库中的 loads()方法可以将 JSON 数据类型转换为 Python 数据类型（即将 str 数据类型转换为 dict 数据类型），此过程的转换被称为解码。其语法格式如下。

```
json.loads(str)      # 将 str 数据类型转换为 dict 数据类型
```

其中，str 参数表示字符串。

【例 7-20】将【例 7-19】中转换的字符串类型通过 loads()方法转换为字典类型。

```
import json
data={"name":"Linda","age":18,"sex":False}  # 定义字典数据
print("data 的数据类型为：",type(data))           # 查看 data 的数据类型
json_str=json.dumps(data)                     # 将字典类型转换为字符串类型
print("json_str 的内容为：",json_str)          # 输出 json_str 的内容
print("json_str 的数据类型为：",type(json_str))  # 查看 json_str 的数据类型
data1=json.loads(json_str)                    # 字符串类型转换为字典类型
print("data1 的内容为：",data1)                # 输出 data1 的内容
print("data1 的数据类型为：",type(data1))      # 查看 data1 的数据类型
```

程序运行结果如下。

```
data 的数据类型为：<class 'dict'>
json_str 的内容为：{"name": "Linda", "age": 18, "sex": false}
json_str 的数据类型为：<class 'str'>
data1 的内容为：{'name': 'Linda', 'age': 18, 'sex': False}
data1 的数据类型为：<class 'dict'>
```

3）将数据写入文件函数

使用 JSON 库中的 dump()方法可以将 dict 数据类型转换为 JSON 数据类型并写入文件中，语法格式如下。

```
json.dump(obj,file)      # 将 obj 对象数据写入 file 文件中
```

其中，obj 参数表示 JSON 对象数据，file 参数表示文件名。

【例 7-21】将一个 JSON 数据内容保存到 json1.json 文件中。

```
import json
```

```
data={"name":"Tom","age":20,"sex":True}# 定义字典数据
file1=open("json1.json","w")              # 打开具有写入模式的 JSON 文件
json.dump(data,file1)                      # 将 data 数据写入 file1 指定的文件中
print("数据写入成功！")
file1.close()
file2=open("json1.json","r")              # 打开具有读取模式的 JSON 文件
line=file2.read()                          # 读取 file 指定的文件内容
print("json1.json 文件内容为：",line)       # 显示 JSON 文件内容
file2.close()
```

程序运行结果如下，并在当前目录下生成一个 json1.json 文件。

```
数据写入成功！
json1.json 文件内容为： {"name": "Tom", "age": 20, "sex": true}
```

4）读取文件内容函数

使用 JSON 库中的 load()方法可以将文件中的 JSON 数据类型转换为 dict 数据类型，并读取数据。其语法格式如下。

```
json.load(file)        # 从 file 文件中读取数据
```

其中，file 参数表示文件名。

【例 7-22】读取 json1.json 文件中的数据。

```
import json
file=open("json1.json","r")  # 打开具有读取模式的 JSON 文件
L=json.load(file)             # 读取 file 指定的文件内容到 L
name=L["name"]               # 读取 L 中的第 1 个元素到 name
age=L["age"]                 # 读取 L 中的第 2 个元素到 age
sex=L["sex"]                 # 读取 L 中的第 3 个元素到 sex
print(name,age,sex)          # 显示 name、age、sex 的值
file.close()
```

程序运行结果如下。

```
Tom 20 True
```

【例 7-23】将批量数据写入 json2.json 文件中，并读取输出。

```
import json
data=[{"name":"Tom","age":20,"sex":True},\
     {"name":"Helen","age":19,"sex":False},\
     {"name":"Alice","age":18,"sex":False}]
```

```
file1=open("json2.json","w")        # 打开具有写入模式的 JSON 文件
json.dump(data,file1)               # 将 data 数据写入 file1 指定的文件中
print("数据写入成功!")
file1.close()
file2=open("json2.json","r")        # 打开具有读取模式的 JSON 文件
L=json.load(file2)                  # 读取 file2 指定的文件内容到 L
for arr in L:                       # 利用 for 循环依次读取 L 中的元素
    name=arr["name"]
    age=arr["age"]
    sex=arr["sex"]
    print(name,age,sex)
file2.close()
```

程序运行结果如下，并在当前目录下生成一个 json2.json 文件。

```
数据写入成功!
Tom 20 True
Helen 19 False
Alice 18 False
```

7.7　实训任务 1——文件管理器

PY-07-v-004

7.7.1　任务描述

在本章中我们已经熟悉了 IO 相关模块的基本使用，掌握了文件读/写操作、目录创建和删除操作，下面将完成一个相关的文件管理器项目。

7.7.2　任务分析

实现基于命令行的文件管理器，包括新建文件、新建目录、复制文件、复制目录、删除文件、删除目录等常用的文件管理功能。项目目录结构如图 7.1 所示。

file_manager.py　　文件处理操作代码
folder_manager.py　文件夹处理操作代码
main.py　　　　　　运行主代码

图 7.1　项目目录结构

实验环境如表 7.10 所示。

表 7.10 实验环境

硬件	软件	资源
PC/笔记本电脑	Windows 10 PyCharm 2022.1.3（社区版） Python 3.7.3	无

7.7.3 任务实现

步骤一：创建 file_manager.py 文件并编写

（1）导入必要的库。

```
import os
from shutil import copyfile
```

（2）编写新建文件函数。

```
def new_file(file_path):
    """
    新建文件
    """
    cur_file = open(file_path, 'w')
    cur_file.close()
```

（3）编写复制文件函数。

```
def copy_file_to_file(file_path, new_file_path):
    """
    复制文件
    """
    copyfile(file_path, new_file_path)
```

（4）编写复制文件到指定目录下函数。

```
def copy_file_to_folder(file_path, new_folder_path):
    """
    复制文件到指定文件夹路径下
    """
    if file_path.find('/') >= 0:  # 判断路径格式 / or \\
        list_file_path = file_path.split('/')
```

```
        current_filename = list_file_path[len(list_file_path) - 1]
    else:
        list_file_path = file_path.split('\\')
        current_filename = list_file_path[len(list_file_path) - 1]

    if new_folder_path.find('/') >= 0:  # 判断路径格式 / or \\
        if new_folder_path.endswith('/'):
            new_copy_path = new_folder_path + current_filename
            copyfile(file_path, new_copy_path)
        else:
            new_copy_path = new_folder_path + '/' + current_filename
            copyfile(file_path, new_copy_path)
    else:
        if new_folder_path.endswith('\\'):
            new_copy_path = new_folder_path + current_filename
            copyfile(file_path, new_copy_path)
        else:
            new_copy_path = new_folder_path + '\\' + current_filename
            copyfile(file_path, new_copy_path)
```

（5）编写删除文件函数。

```
def delete_file(file_path):
    """
    删除指定的文件
    """
    is_Exist = os.path.exists(file_path)   # 判断文件是否存在
    if not is_Exist:
        print("当前文件不存在")
    else:
        os.remove(file_path)
```

（6）编写主函数，主要用于函数试错。

```
if __name__ == "__main__":
    new_file("test.txt")
    copy_file_to_file("test.txt", "test2.txt")
    copy_file_to_folder("test.txt", "..")
    delete_file("test.txt")
```

步骤二：创建 folder_manager.py 文件并编写

（1）导入必要的库。

```
import os
import shutil
```

（2）编写新建文件夹函数。

```
def new_folder(folder_path):
    """
    # 新建文件夹
    """
    is_Exist = os.path.exists(folder_path)          # 判断该文件夹是否存在
    if not is_Exist:                                 # 不存在时创建该文件夹
        os.mkdir(folder_path)
    else:
        print("当前文件夹已存在，文件夹路径为：" + folder_path)
```

（3）编写复制文件夹函数。

```
def copy_folder_to_folder(folder_path, new_folder_path):
    """
    复制文件夹到指定文件夹路径下
    """
    if not os.path.exists(folder_path):
        print("folder_path not exist!")

    if not os.path.exists(new_folder_path):
        print("new_folder_path not exist!")
    else:
        is_Exist = os.path.exists(new_folder_path+"/"+folder_path)
        if not is_Exist:                                   # 不存在时创建该文件夹
            os.mkdir(new_folder_path+"/"+folder_path)

    for root, dirs, files in os.walk(folder_path, True):
        for eachfile in files:
            shutil.copy(os.path.join(root, eachfile), new_folder_path+"/"+
folder_path)
```

（4）编写删除文件夹函数。

```
def delete_empty_folder(folder_path):
    """
    删除空的文件夹
    """
```

```
        os.rmdir(folder_path)

def delete_folder(folder_path):
    """
    删除包含文件内容的文件夹
    """
    shutil.rmtree(folder_path, True)
```

（5）编写主函数，主要用于函数试错。

```
if __name__ == "__main__":
    # 新建文件夹测试
    new_folder("test_folder")
    # 复制文件夹测试：复制到上一级目录
    copy_folder_to_folder("test_folder","..")
    # 删除空文件夹
    delete_empty_folder("test_folder")
    # 删除非空文件夹
    delete_folder("test_folder")
```

步骤三：创建 main.py 文件并编写

（1）调用之前写好的 Python 文件。

```
from file_manager import *
from folder_manager import *
```

（2）创建界面函数。

```
def menu():
    print("<1> 新建文件")
    print("<2> 新建文件夹")
    print("<3> 复制文件")
    print("<4> 复制文件到指定文件夹")
    print("<5> 复制文件夹")
    print("<6> 删除空文件夹")
    print("<7> 删除文件夹(包含内容)")
    print("<8> 删除指定文件")
    print("<0> 退出")
```

（3）创建并运行逻辑函数。

```
def run():
    while True:
```

```python
menu()
select = input("请选择：")
if select == "1":
    try:
        pathname = input("请输入新建的文件名：")
        new_file(pathname)
    except Exception as exp:
        print("Error:", exp)
elif select == "2":
    try:
        folder = input("请输入新建的文件夹名：")
        new_folder(folder)
    except Exception as exp:
        print("Error:", exp)
elif select == "3":
    try:
        file_src = input("请输入源文件名：")
        file_des = input("请输入目标文件名：")
        copy_file_to_file(file_src,file_des)
    except Exception as exp:
        print("Error:", exp)
elif select == "4":
    try:
        file_src = input("请输入源文件名：")
        folder_des = input("请输入目标文件夹名：")
        copy_file_to_folder(file_src,folder_des)
    except Exception as exp:
        print("Error:", exp)
elif select == "5":
    try:
        folder_src = input("请输入源文件夹名：")
        folder_des = input("请输入目标文件夹名：")
        copy_folder_to_folder(folder_src,folder_des)
    except Exception as exp:
        print("Error:", exp)
elif select == "6":
    try:
        folder = input("请输入要删除的空文件夹名：")
        delete_empty_folder(folder)
```

```
        except Exception as exp:
            print("Error:", exp)
    elif select == "7":
        try:
            folder = input("请输入要删除的文件夹名：")
            delete_folder(folder)
        except Exception as exp:
            print("Error:", exp)
    elif select == "8":
        try:
            folder = input("请输入要删除的文件名：")
            delete_file(folder)
        except Exception as exp:
            print("Error:", exp)
    elif select == "0":
        break
    else:
        print("输入错误！")
```

（4）运行主函数。

```
if __name__ == "__main__":
    # 运行测试
    run()
```

步骤四：运行测试效果

在终端执行以下命令。

```
python3 main.py
```

显示如图 7.2 所示的文件管理器操作界面，按照界面操作，即可完成所需处理操作。

```
<1> 新建文件
<2> 新建文件夹
<3> 复制文件
<4> 复制文件到指定文件夹
<5> 复制文件夹
<6> 删除空文件夹
<7> 删除文件夹(包含内容)
<8> 删除指定文件
<0> 退出
请选择：
```

图 7.2　文件管理器操作界面

7.8　实训任务 2——图书管理系统

7.8.1　任务描述

在本章中我们已经学习了使用 Python 中的 json 模块处理 JSON 文件，为了更加熟练掌握字典格式数据和 JSON 格式数据相互转换的方法，可以完成一个相关的图书管理系统。

7.8.2　任务分析

使用 JSON 格式保存图书信息，并将所有图书信息写入指定文件，利用 Python 的 json 模块实现对图书的管理功能，如查询、增加、删除等操作。图书管理系统项目目录如图 7.3 所示。

图 7.3　图书管理系统项目目录

实验环境如表 7.11 所示。

表 7.11　实验环境

硬件	软件	资源
PC/笔记本电脑	Windows 10 PyCharm 2022.1.3（社区版） Python 3.7.3	无

7.8.3　任务实现

步骤一：创建 json_rw.py 文件并编写代码

（1）导入必要的库。

```
import json
```

（2）读取 JSON 文件中数据。

```
# 从参数的 JSON 文件中读取数据
def read_from_json(file='books.json'):
    '''
```

读取 JSON 文件并返回字典格式的数据

```
    '''
    with open(file, 'r') as f:
```

　　　　# *先读取 JSON 文件内容字符串（JSON 格式字符串），再使用 loads() 方法将 JSON 格式*
数据转换为 Python 对象

```
        return json.loads(f.read(), encoding='utf-8')
```

（3）写入 JSON 文件。

```
def write_to_json(books, file='books.json'):
    '''
    写入 JSON 文件
    '''
    with open(file, 'w') as f:
        # dump() 方法将字典格式转换为 JSON 格式字符串，并写到 JSON 文件中
        f.write(json.dumps(books, cls=json.JSONEncoder))
```

（4）读/写测试。

```
# 读取测试
books = read_from_json('books.json')
for book in books:
    print(book)


# 写入测试
books.append(dict(isbn='book-0004', title='ui', author='adobe', price=40.99,
pubdata='2019-4-1'))
write_to_json(books, "books.json")
```

步骤二：编写 manager.py 文件

（1）导入必要的库。

```
import json_rw
```

（2）完成图书查找功能。

```
# 保存图书信息的列表，为了方便访问，可以定义全局作用域
books = []


# 查找，根据 isbn 号码查询，如果有对应图书，则返回对应图书信息的 dict
def get_books():
    # 读取 books.json 文件，返回 Python 的列表对象类型，列表中每个元素都是字典格式，用
于记录每本书的信息
```

```
    global books
    books = json_rw.read_from_json('books.json')
    for book in books:
        print(book)
```

（3）完成图书添加功能。

```
# 增加一本书，并添加到 book.json 文件中
def add_book(isbn, title, author, price, pubdata):
    # 判断要添加的书是否存在
    global books
    for index in range(0, len(books)):
        if books[index]['isbn'] == isbn:
            print("该书已存在")
            break
    else:
        # 图书列表中增加一本新的图书信息（字典形式）
        books.append(dict(isbn=isbn,title=title,author=author,price=price,
pubdata=pubdata))
        # 将图书信息列表写入文件
        json_rw.write_to_json(books, "books.json")
        print("添加成功")
```

（4）完成图书删除功能。

```
# 删除
def delete_book(isbn):
    global books
    for index in range(0, len(books)):
        if books[index]['isbn'] == isbn:
            del books[index]
            # 重新将图书信息列表写入文件中
            json_rw.write_to_json(books, "books.json")
            print("删除成功")
            break
    else:
        print("该书不存在")
```

（5）完成函数运行操作。

```
# 运行
def run_test():
```

```python
    global books
    while True:
        print("<1>查询图书")
        print("<2>添加图书")
        print("<3>删除图书")
        print("<其他>退出系统")

        select = input("请选择: ")
        if select == "1":
            get_books()
        elif select == "2":
            # 添加测试
            add_book('book-0004', 'ui', 'adobe', 40.99, '2019-4-1')
        elif select == "3":
            # 删除测试
            delete_book('book-0004')
        else:
            break


if __name__ == '__main__':
    run_test()
```

（6）代码运行测试。

在终端执行以下命令。

```
python3 manager.py
```

显示如下简易的图书管理系统操作界面，如图 7.4 所示。

```
{'isbn': 'book-0001', 'title': 'python', 'author': 'gudio', 'price': 10.99, 'pubdate': '2019-01-01'}
{'isbn': 'book-0002', 'title': 'java', 'author': 'james', 'price': 20.99, 'pubdate': '2019-02-01'}
{'isbn': 'book-0003', 'title': 'web', 'author': 'w3c', 'price': 30.99, 'pubdate': '2019-03-01'}
{'isbn': 'book-0004', 'title': 'ui', 'author': 'adobe', 'price': 40.99, 'pubdata': '2019-4-1'}
{'isbn': 'book-0004', 'title': 'ui', 'author': 'adobe', 'price': 40.99, 'pubdata': '2019-4-1'}
{'isbn': 'book-0004', 'title': 'ui', 'author': 'adobe', 'price': 40.99, 'pubdata': '2019-4-1'}
{'isbn': 'book-0004', 'title': 'ui', 'author': 'adobe', 'price': 40.99, 'pubdata': '2019-4-1'}
<1>查询图书
<2>添加图书
<3>删除图书
<其它>退出系统
请选择:
```

图 7.4 图书管理系统操作界面

本章总结

1. 文件的读/写操作

（1）文件的读操作可使用 read()、readline()和 readlines()方法。

（2）文件的写操作可使用 write()和 writelines()方法。

（3）文件的定位读/写则需要使用 tell()和 seek()方法。

2. 读/写 CSV 文件的常用方法

（1）read()：使用文件的 read()方法可以读取 CSV 文件中的一行数据到列表中。

（2）write()：使用文件的 write()方法可以将一个带有逗号分隔的字符串以文本文件模式保存到 CSV 文件中。

（3）csv.reader()：读取 CSV 格式文件可以使用 csv.reader()方法。

（4）csv.writer()：写入 CSV 格式文件可以使用 csv.writer()方法。

3. JSON 库中的常用函数

（1）dumps(obj)：将 Python 字典类型转换为 JSON 字符串类型。

（2）loads(str)：将 JSON 字符串类型转换为 Python 字典类型。

（3）dump(obj,file)：将 Python 数据类型转换为 JSON 数据类型并储存到文件中。

（4）load(file)：将文件中的 JSON 数据类型转换为 Python 数据类型并读取出来。

作业与练习

PY-07-c-001

一、单选题

1．下列关于 Python 文件处理描述错误的是（　　　）。

    A．Python 能处理 Excel 文件

    B．Python 不可以处理 JPG 文件

    C．Python 能处理 JSON 文件

    D．Python 能处理 CSV 文件

2．下列关于 Python 文件打开模式描述错误的是（　　　）。

    A．覆盖写模式 w   B．追加写模式 a

    C．创建写模式 n   D．只读模式 r

3．file 是文本文件对象，下列选项中（　　　）用于读取文件的一行。

  A．file.read()   B．file.readline(80)

  C．file.readlines()   D．file.readline()

4．下列关于 CSV 文件描述错误的是（　　　）。

  A．CSV 文件的每一行都是一个一维数据，可以使用 Python 中的列表类型表示

  B．CSV 文件通过多种编码表示字符

  C．整个 CSV 文件是一个二维数据

  D．CSV 文件格式是一种通用的文件格式，应用于程序之间转移表格数据

5．下列选项中，不是 JSON 文件数据特征的是（　　　）。

  A．字符串需要用单引号或双引号括起来

  B．数字可以是整数或浮点数

  C．布尔值为 True 或 False

  D．数组需要用圆括号"()"括起来

二、填空题

1．在 Python 中可以用（　　　）函数打开文件。

2．在 Python 中，（　　　）方法用于关闭一个已打开的文件。

3．在 Python 中，（　　　）是一种以逗号分隔的文本格式文件。

4．os 模块中的 mkdir()方法用于创建（　　　）。

三、编程题

1．编写程序，读取一个文件，显示除了以"#"号开头的所有行。

2．已知文本文件中存放了若干数字，请编写程序读取所有的数字，排序以后进行输出。

3．编写程序，将一个文件中的所有英文字母转换为大写的英文字母，并复制到另一个文件中。

第 *8* 章

网络编程

本章目标

- 理解常见网络协议工作原理和用途。
- 了解 TCP/IP 协议的数据包格式与各字段含义。
- 掌握 Python 的 Socket 编程接口。
- 掌握 TCP 和 UDP 编程的基本思路。
- 熟悉线程的基本概念并掌握 Python 多线程的创建方法。

网络编程是不同主机之间数据交互的基础，该技术主要通过 Socket（套接字）实现。Socket 是网络编程中抽象的概念，Python 中通过 Socket 模块提供了完善的编程接口，可以方便地实现网络通信功能。

本章将重点介绍网络编程的相关知识，包括 TCP/IP 协议、IP 地址、端口等网络编程基础，以及基于 Socket 的 TCP 和 UDP 编程模型，并扩展介绍 Python 多线程编程，完成一个网络聊天室项目。

8.1 网络编程基础

网络编程涉及的知识内容较多，相关概念也很抽象，对初学者来说有较大难度。为了让读者更好地理解网络编程技术，我们首先要对网络编程中的一些基础知识有所了解，包括网络参考模型、TCP/IP 协议、IP 地址和端口、Socket 模块等内容。

8.1.1 网络参考模型

网络通信的过程十分复杂，为了简化这个过程，计算机厂商建立了分层模型，将整个通信过程分成多个层次。每一层只实现特定的一部分功能，上下层之间通过规范的接口来通信，下层为上层提供服务，这样一旦网络通信出现问题，就可以根据接口返回结果很容易地判断出是哪一层导致的。

早期由于不同计算机厂商采用的网络参考模型各有不同，不利于网络通信的普及和推广，为此国际标准化组织（ISO）于 1984 年颁布了 OSI（Open System Interconnection，开放系统互连）参考模型。OSI 参考模型是一个开放式体系结构，规定将网络分为七层，从下往上依次是物理层、数据链路层、网络层、传输层、会话层、表示层和应用层，如表 8.1 所示。

表 8.1　OSI 参考模型

名称	简介
应用层	用户的应用程序和网络之间的接口，负责处理业务逻辑
表示层	处理在两个通信系统中交换信息的方式
会话层	建立、管理终止会话
传输层	定义传输数据的协议端口号，以及流控和差错校验
网络层	进行逻辑地址寻址，实现到达不同网络的路径选择
数据链路层	建立逻辑连接，实现物理寻址，建立通信链路
物理层	建立、维护及断开物理连接

1. 物理层

物理层的主要功能是完成相邻节点之间原始比特流的传输。物理层协议关心的是使用什么样的物理信号来表示数据 1 和 0；数据传输是否可同时在两个方向上进行；连接如何建立，完成通信后连接如何终止；物理接口有多少针，以及各针的用处等。

2. 数据链路层

数据链路层负责将上层数据封装成固定格式的帧，在数据帧内封装发送和接收端的数据链路层地址（例如，在以太网中为 MAC 地址），并且为了防止在数据传输过程中产生误码，需要在帧的尾部加上校验信息。在发现数据错误时，可以重传数据帧。

3. 网络层

网络层的主要功能是实现数据从源端到目的端的传输。在网络层，使用逻辑地址来标识一个点，将上层数据封装成数据包，并在包的头部封装源端和目的端的逻辑地址。网络层根据数据包头部的逻辑地址选择最佳的路径，将数据送达目的端。

4. 传输层

传输层的主要功能是实现网络中不同主机上用户进程之间的数据通信。常用传输层协议包括 UDP 和 TCP。

5. 会话层

会话层允许不同机器上的用户之间建立会话关系。会话层提供的服务之一是管理对话控制。会话层允许信息同时双向传输，或者任意一个时刻只能单向传输。

6. 表示层

表示层用于完成某些特定功能，主要对数据进行编码、压缩和解压、加密和解密等，常见的数据格式有 JSON、JPEG、HTML 等。

7. 应用层

应用层包含人们普遍需要的协议，提供应用程序间通信，负责处理业务逻辑。例如，常用的 HTTP、FTP、SMTP 等协议都属于应用层。

8.1.2　TCP/IP 协议

TCP/IP（Transmission Control Protocol/Internet Protocol，传输控制协议/因特网互联协议）又被称为网络通信协议，是 Internet 最基本的协议，能够在多个不同网络间实现信息传输的协议簇。TCP/IP 协议不是专指某一个协议，而是指一个由 HTTP、FTP、TCP、UDP、IP 等协议构成的协议簇，因为在 TCP/IP 协议中 TCP 和 IP 最具代表性，所以被称为 TCP/IP 协议。

早期的 TCP/IP 模型是一个 4 层结构，从下往上依次是网络接口层、网络层、传输层和应用层。在后来的使用过程中，借鉴 OSI 参考模型，将网络接口层划分为物理层和数据链路层，形成一个新的 5 层结构，如图 8.1 所示。

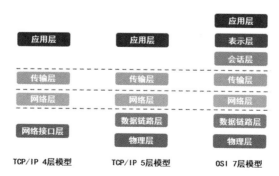

图 8.1　TCP/IP 协议簇的分层结构

目前在教学中 TCP/IP 5 层模型应用得更广泛，该模型的一些常见协议如图 8.2 所示。

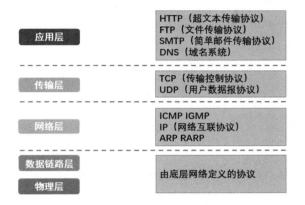

图 8.2　TCP/IP 5 层模型的常见协议

需要注意的是，在物理层和数据链路层，TCP/IP 协议并没有定义任何特定的协议。网络可以是局域网、城域网或广域网，而网络层的协议主要包含 ICMP（网际控制报文协议）、IGMP（网际组管理协议）、IP（网络互联协议）、ARP（地址解析协议）和 RARP（逆地址解析协议）。

8.1.3　IP 地址

1. IP 地址介绍

IP 地址是计算机在互联网中的标识，为互联网上的每台计算机规定了一个唯一的 IP 地址。通过 IP 地址保证了用户在连接互联网的计算机上操作时，能够从千千万万台计算机中选出自己希望通信的对象。

根据 IP 版本，可以将 IP 地址分为 IPv4 协议地址和 IPv6 协议地址，目前广泛使用的是 IPv4 地址，但因为 IPv4 地址只有 32 位，可分配资源有限，现在已经严重不足，所以范围更加广泛的 IPv6 地址（128 位）已经开始逐渐被采用。

2. IP 地址分类

IPv4 地址由 32 位二进制数组成，通常分成四段，每段八位，中间用圆点隔开。将每八位二进制数转换为十进制数，这种形式被称为点分十进制，如 "200.10.2.3"。

IP 地址包括网络和主机两部分。网络部分用于标识不同的网络，主机部分用于标识在一个网络中特定的主机。目前 IP 地址的网络部分由 IANA（Internet Assigned Numbers Authority，Internet 地址分配机构）统一分配。为了便于分配和管理，IANA 将 IP 地址分为 A、B、C、D、E 五类，如图 8.3 所示。

图 8.3　IP 地址分类

1）A 类地址

A 类地址＝网络部分＋主机部分＋主机部分＋主机部分。

A 类地址的第 1 个八位组的范围就是 00000000～01111111，换算成十进制数就是 0～127，其中 127 又是一个比较特殊的地址，用于本机测试的地址就是 127.0.0.1。

A 类地址的有效网络范围为 1～126，全世界只有 126 个 A 类网络。

2）B 类地址

B 类地址＝网络部分＋网络部分＋主机部分＋主机部分。

B 类地址的网络部分的范围是 10000000.00000000～10111111.11111111，其中将第 1 个八位组换算成十进制数就是 128～191。

3）C 类地址

C 类地址＝网络部分＋网络部分＋网络部分＋主机部分。

C 类地址的网络部分的范围是 11000000.00000000.00000000～11011111.11111111.11111111，其中将第 1 个八位组换算成十进制数就是 192～223。

4）D 类地址

D 类地址为组播地址，不区分网络地址和主机地址，它的第 1 个字节的前四位固定为 1110，这一类地址被用在多点广播中，不指向特定的计算机，而是可以寻址一组计算机。

5）E 类地址

E 地址为保留地址，不区分网络地址和主机地址，它的第 1 个字节的前五位固定为 11110。

3. 特殊的 IP 地址

在 IP 地址中，还有一些特殊的规定，如表 8.2 所示。

表 8.2　特殊的 IP 地址

网络部分	主机部分	地址类型	用途
Any	全 "0"	网络地址	代表一个网段
Any	全 "1"	广播地址	特定网段的所有节点
127	Any	环回地址	用于环回测试

续表

网络部分	主机部分	地址类型	用途
全 "0"	全 "0"	所有网络	用于指定默认路由
全 "1"	全 "1"	广播地址	本网段所有节点

8.1.4　端口号

1. 端口介绍

端口（Port）可以认为是设备与外界通信交流的出口。而外部计算机主机想要区分不同的网络程序，就要通过端口号来进行标识。端口可分为虚拟端口和物理端口，其中虚拟端口是指计算机内部或交换机路由器内的端口，不可见，如计算机中的 80 端口、21 端口、23 端口等；物理端口又被称为接口，是可见的。像集线器、交换机、路由器的端口指的就是连接其他网络设备的接口，如 RJ-45 端口、Serial 端口等。

2. 端口号

端口号是网络地址的一部分，主要作用是标识一台计算机中的特定进程所提供的服务。在网络通信中，通过 IP 地址区分不同的计算机，而一台计算机上可以同时提供多个服务，如数据库服务、FTP 服务、HTTP 服务等，这时需要通过端口号来标识同一计算机所提供的这些不同的服务。

端口号一般使用 2 字节的无符号整数表示，取值范围是 0～65535，通常 0～1023 主要对应系统服务，如端口号 21 对应 FTP 服务，端口号 23 对应 Telnet 服务，端口号 25 对应 SMTP 服务等。而在同一计算机中多个服务的端口不能重复，否则会产生端口绑定失败的异常，为避免和系统服务器端口冲突，选用的端口号范围一般为 1024～65535。

8.1.5　Socket 模块

Socket 又被称为套接字，应用程序通过 Socket 向网络发出请求或者应答网络请求，使多台计算机之间建立通信，Python 提供了 Socket 模块。它包含标准的 BSD Sockets API，可以间接地访问底层操作系统中的 Socket 全部接口，通过 "import socket" 语句导入后即可使用，常用的方法如下。

1. socket()方法

```
socket(family, type, proto)
```

（1）功能：创建网络通信的套接字。

（2）参数：family 表示协议簇，常用参数如表 8.3 所示；type 为套接字类型，常用参数如表 8.4 所示；proto 为可选参数，一般不用。

表 8.3　family 参数及描述

参数值	描述
socket.AF_UNIX	本地通信
socket.AF_INET	IPv4 协议
socket.AF_INET6	IPv6 协议

表 8.4　type 参数及描述

type 参数	描述
socket.SOCK_STREAM	流式套接字，对应 TCP
socket.SOCK_DGRAM	数据报式套接字，对应 UDP
socket.SOCK_RAW	原始套接字

2. bind()方法

```
bind(address)
```

（1）功能：绑定服务器地址到套接字。

（2）参数：address 为元组类型，表示要绑定的服务器 IP 地址和端口。

3. listen()方法

```
listen(backlog)
```

（1）功能：设置服务器开始监听。

（2）参数：backlog 指定在拒绝连接之前可以挂起的最大连接数量，该值至少为 1。

4. accept()方法

```
accept()
```

（1）功能：以阻塞方式等待客户端连接，返回元组数据（conn，address）。其中，conn 表示和客户端通信的套接字对象，address 为客户端地址。

（2）参数：无。

5. connect()方法

```
connect(address)
```

（1）功能：建立客户端和服务器端的连接。

（2）参数：address 为元组类型，表示要连接服务器的地址和端口。

6. connect_ex()方法

```
connect_ex(address)
```

（1）功能：connect()函数的扩展版本，出错时返回出错码，而不是抛出异常。

（2）参数：address 为元组（hostname，port），表示要连接服务器的地址和端口。

7. recv()方法

```
recv(bufsize)
```

（1）功能：从套接字接收数据，数据以 bytes 类型返回。

（2）参数：bufsize 指定要接收的最大数据量。

8. send()方法

```
send(data)
```

（1）功能：发送数据，返回发送的字节数量。

（2）参数：data 表示要发送的数据。

9. sendall()方法

```
sendall(data)
```

（1）功能：完整发送所有数据，成功返回 None，失败抛出异常。

（2）参数：data 表示要发送的数据。

10. recvfrom()方法

```
recvfrom(bufsize)
```

（1）功能：接收数据，和 recv()方法的功能类似，但返回数据是元组（data，address）。其中，data 为接收的数据，address 是对方的主机地址。

（2）参数：bufsize 指定要接收的数据字节数。

11. sendto()方法

```
sendto(data,address)
```

（1）功能：发送数据，和 send()方法的功能类似，但需要指定对方的主机地址。

（2）参数：data 为要发送的数据，address 用于指定对方主机地址。

12. close()方法

```
close()
```

（1）功能：关闭套接字。

（2）参数：无。

8.2 UDP 编程

PY-08-v-001

8.2.1 UDP 简介

　　UDP（User Datagram Protocol，用户数据报协议）是 OSI 参考模型中一种无连接的传输层协议，提供面向事务的简单不可靠信息传送服务。与 TCP 不同的是，UDP 是面向非连接的通信协议，只要知道对方的 IP 地址和端口号，就可以直接发数据包，但不保证数据能够到达。虽然用 UDP 传输数据不可靠，但是它的优点是速度快，对于不要求可靠到达的数据，就可以使用 UDP。

　　基于 UDP 的编程模型，如图 8.4 所示。

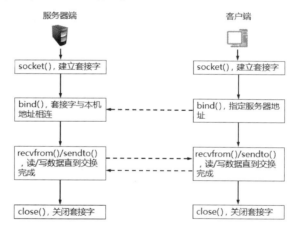

图 8.4　基于 UDP 的编程模型

8.2.2 UDP 通信

1. 发送数据

【例 8-1】模拟 UDP 客户端发送消息的过程。

（1）导入 Socket 模块。

```
import socket
```

（2）使用 socket()方法来建立一个 UDP 通信套接字。

```
udp_client = socket.socket(socket.AF_INET, socket.SOCK_DGRAM)
```

（3）若需要向地址为 192.168.3.23 的主机、端口号为 8080 的进程发送消息，则需要设置一个元组，用来存储接收端信息。

```
addr_dst=('192.168.3.23',8080)
```

（4）从键盘中获取数据。

```
msg=input('请输入')
```

（5）使用 UDP 对象的 sendto()方法来实现信息的发送，其中参数包含发送的消息，以及对方的 IP 地址和端口号。

```
udp_client.sendto(msg.encode('gbk'),addr_dst)
```

（6）消息发送完成后把创建的对象关闭。

```
udp_client.close()
```

2. 接收数据

【例 8-2】模拟 UDP 服务器端接收消息的过程。

（1）与【例 8-1】中发送消息相似，首先导入 Socket 模块，然后使用 socket()方法来建立一个 UDP 通信套接字。

```
import socket
udp_server = socket.socket(socket.AF_INET, socket.SOCK_DGRAM)
```

（2）绑定服务器地址到套接字。

```
udp_server.bind(('',6060))
print('等待接收消息...')
```

（3）使用 recvfrom（）方法接收消息，其中将参数设置为最大的信息字节数，此处设置为 1024 个字符，表示一次最大接收 1KB。该方法的第一个返回值 data 代表接收到的信息，第二个返回值 addr_src 是一个元组信息，包含了发送方的 IP 地址和端口号。

```
data,addr_src=udp_server.recvfrom(1024)
print('接收消息成功...')
```

（4）打印客户端的地址和接收的信息。

```
print('【Receive from %s : %s】: %s'%(addr_src[0],\
      addr_src[1],data.decode('gbk')))
```

（5）通信结束后关闭套接字。

```
udp_server.close()
```

8.3　TCP 编程

PY-08-v-002

8.3.1　TCP 简介

TCP（Transmission Control Protocol，传输控制协议）是基于 IP 上的面向连接的通信协议，即在和对方通信前必须建立可靠的连接，所以 TCP 相比于 UDP 的传输要更加可靠，两者的主要区别如表 8.5 所示。

表 8.5　TCP 和 UDP 的区别

比较项	TCP	UDP
是否连接	面向连接	无连接
可靠性	可靠	不可靠
流量控制	提供	不提供
工作方式	全双工	全双工
通信速度	较慢	较快

基于 TCP 的编程模型如图 8.5 所示。其中，主动发起连接的一端被称为客户端，被动响应连接的一端被称为服务器端。

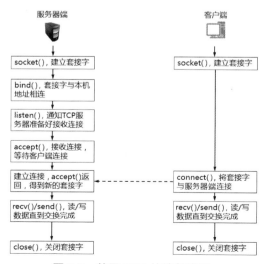

图 8.5　基于 TCP 的编程模型

8.3.2 TCP 通信

1. 发送消息

【例 8-3】模拟 TCP 客户端发送消息的过程。

（1）导入 Socket 模块，创建一个基于 TCP 的套接字对象。

```
import socket
tcp_client = socket.socket(socket.AF_INET,socket.SOCK_STREAM)
```

注意：SOCK_STREAM 指定使用面向流的 TCP，是默认值，可以省略。

（2）连接服务器，客户端要主动对服务器发起 TCP 连接，必须知道服务器的 IP 地址和端口号，示例中服务器的 IP 地址是 192.168.3.23，对应端口号为 8080。

```
addr_server=('192.168.3.23',8080)
tcp_client.connect(addr_server)
```

注意：TCP 连接成功后，双方都可以同时给对方发数据。但是谁先发，谁后发，怎么协调，要根据应用层的协议来决定。比如，HTTP 规定客户端必须先发请求给服务器，服务器收到后才发送数据给客户端。

（3）连接上服务器之后，利用 TCP 套接字的 send()方法向服务器发送信息。

```
tcp_client.send(input('请输入信息：').encode('gbk'))
```

（4）关闭客户端对象。

```
tcp_client.close()
print('即将结束...')
```

2. 接收消息

【例 8-4】模拟 TCP 服务器端，实现和客户端的通信过程。

（1）导入 Socket 模块，创建一个基于 TCP 的套接字对象。

```
import socket
tcp_server= socket.socket(socket.AF_INET,socket.SOCK_STREAM)
```

（2）绑定服务器地址到套接字对象，如果是本地地址，则 IP 地址可以省略。

```
tcp_server.bind(('',8080))
```

（3）调用 listen()方法进行监听。

```
tcp_server.listen()
```

（4）调用 accept()方法等待客户端的连接，此时服务器端程序会阻塞，直至有客户端连接成功后才会返回，返回结果会以元组的形式保存客户端通信的套接字对象和客户端的地址。

```
tcp_client,addr_client=tcp_server.accept()
```

（5）使用上一步的 tcp_client 套接字对象来调用 recv()方法，从连接中接收客户端发送的内容，参数 1024 表示要接收数据的大小（实际可以小于 1024）。

```
data=tcp_client.recv(1024)
print('%s...%s'%(str(addr_client),data.decode('gbk')))
```

（6）在接收到客户的请求信息内容之后，使用 tcp_client 套接字对象调用 send()方法向客户端回复一个信息。

```
tcp_client.send('在呢'.encode('gbk'))
```

（7）关闭与客户端的连接和 TCP 服务器端的套接字对象。

```
tcp_client.close()
tcp_server.close()
print('即将结束...')
```

8.3.3 三次握手和四次挥手

1. 用三次握手创建 TCP 连接

为了保证传送数据的可靠性，TCP 在发送新的数据之前，需要确认客户端和服务器端是否准备就绪，如果都准备就绪，便开始发送数据。这种两端消息"来往"的确认过程，就形成了"TCP 三次握手"。由此可见，TCP 三次握手主要体现在客户端与服务器端的连接过程。通俗来讲，第一次握手时，客户端发送"在吗？"；第二次握手时，服务器端接收到客户端发来的信息之后，回复一句"我在，你还在吗？"；第三次握手时，客户端在接收到服务器端的回复之后，再回一句"我还在呀"。这样通过"三次握手"双方建立了可靠的连接，从而可以进行接下来的数据传送工作。图 8.6 所示为用三次握手创建 TCP 连接的基本过程。

（1）第一次握手：建立连接时，客户端发送 SYN 报文（SYN=1,seq=x）到服务器端，并进入 SYN_SENT 状态，等待服务器确认；其中 SYN 表示同步序列编号（Synchronize Sequence Numbers）。

（2）第二次握手：服务器端收到 SYN 报文，必须确认客户端的 SYN 报文，同时自己也发送一个 SYN 报文，即 SYN+ACK 报文（SYN=1,seq=y,ACK=1,ack=x+1），此时服务器端进入 SYN_RCVD 状态。

（3）第三次握手：客户端收到服务器端的 SYN+ACK 报文，向服务器端发送确认的 ACK 报文（ACK=1,ack=y+1），此报文发送完成后，客户端和服务器端进入 ESTABLISHED（TCP 连接成功）状态，完成第三次握手。

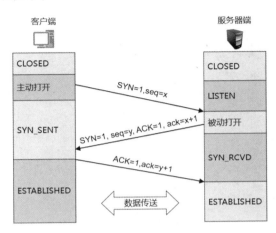

图 8.6　用三次握手创建 TCP 连接的基本过程

当服务器端和客户端创建连接之后，可以在二者之间进行信息传送，此时一旦客户端与服务器端之间的连接中断，服务器端就必须采用适当的方法进行判断，否则服务器端将出现信息阻塞的现象。

2. 用四次挥手断开 TCP 连接

四次挥手是指在断开一个 TCP 连接时，需要客户端和服务器端总共发送 4 次报文以确认连接的断开。通俗来讲，客户端发出信息"我准备离开"；服务器端接收到这个信息之后发出信息"好的"；此时服务器端还会继续发出一个信息"我也要离开"；之后客户端接收到信息后，再回复一个信息"收到"。整个"信息来往"的过程经历了四次挥手，才实现了连接的断开。在 Socket 模块编程中，这一过程由客户端或服务器端任一方执行 close() 方法来触发。图 8.7 所示为用四次挥手断开 TCP 连接的过程。

由于 TCP 连接是全双工的，因此每个方向都必须要单独进行关闭，这一原则如图 8.7 所示。当一方完成数据发送任务后，发送一个 FIN 来终止这一方向的连接，收到一个 FIN 仅仅意味着在这一方向上不会再收到数据了，但是在这个 TCP 连接上仍然能够发送数据，直到这一方向也发送了 FIN。首先进行关闭的一方将执行主动关闭，而另一方则执行被动关闭。

挥手请求可以是客户端发起的，也可以是服务器端发起的，这里假设是客户端发起的，具体过程如下。

（1）第一次挥手：客户端发起挥手请求，向服务器端发送的标志位是 FIN 报文，设置序列号 seq。此时，客户端进入 FIN_WAIT_1 状态，表示客户端没有数据要发送给服务器端。

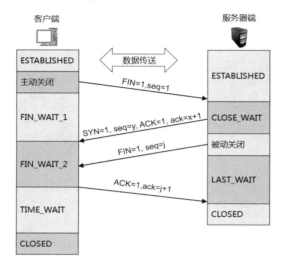

图 8.7 用四次挥手断开 TCP 连接的过程

（2）第二次挥手：若服务器端收到了客户端发送的 FIN 报文，则向客户端返回一个标志位是 ACK 的报文，并将 ack 设置为 x+1，进入客户端的 FIN_WAIT_2 状态。服务器端告诉客户端，我确认并同意你的关闭请求。

（3）第三次挥手：服务器端向客户端发送的标志位是 FIN 报文，请求关闭连接，之后服务器端进入 LAST_ACK 状态。

（4）第四次挥手：客户端收到服务器端发送的 FIN 报文，向服务器端发送的标志位是 ACK 的报文，同时客户端进入 TIME_WAIT 状态。在服务器端收到客户端的 ACK 报文以后，就关闭连接。此时，如果客户端等待 2MSL 的时间后依然没有收到回复，则说明服务器端已正常关闭，而客户端也关闭连接。

3. TCP 通信状态

基于 TCP 的通信过程包括建立连接（三次握手）、数据交互、断开连接（四次挥手），这个过程中 TCP 套接字状态会适时改变。常见的 TCP 套接字状态如表 8.6 所示。

表 8.6 常见的 TCP 套接字状态

状态名称	说明
CLOSED	初始状态，表示 TCP 连接是"关闭着的"或"未打开的"
LISTEN	表示服务器端的某个 Socket 处于监听状态，可以接收客户端的连接

续表

状态名称	说明
SYN_RCVD	表示服务器端接收到了来自客户端请求连接的 SYN 报文。在正常情况下，这个状态是服务器端的 Socket 在建立 TCP 连接时的三次握手会话过程中的一个中间状态，很短暂，基本上用 netstat 很难看到这种状态，除非故意写一个监测程序，将三次 TCP 握手过程中最后一个 ACK 报文不予发送。当 TCP 连接处于此状态时，再收到客户端的 ACK 报文，服务器端就会进入 ESTABLISHED 状态
SYN_SENT	此状态与 SYN_RCVD 状态相呼应。当客户端 Socket 执行 connect()方法进行连接时，它首先发送 SYN 报文，随即进入 SYN_SENT 状态，并等待服务器端的发送三次握手中的第 2 个报文。SYN_SENT 状态表示客户端已发送 SYN 报文
ESTABLISHED	表示 TCP 连接已经成功建立
FIN_WAIT_1	FIN_WAIT_1 和 FIN_WAIT_2 两种状态的真正含义都是表示等待对方的报文。而这两种状态的区别是：FIN_WAIT_1 状态实际上是当 Socket 在 ESTABLISHED 状态时，它想主动关闭连接，并向对方发送了 FIN 报文，此时该 Socket 进入 FIN_WAIT_1 状态；而当对方回应 ACK 报文后，则进入 FIN_WAIT_2 状态。当然在实际的正常情况下，无论对方处于任何一种情况，都应该马上回应 ACK 报文，所以 FIN_WAIT_1 状态一般是比较难见到的，而 FIN_WAIT_2 状态有时仍可以用 netstat 看到
FIN_WAIT_2	FIN_WAIT_2 状态下的 Socket 表示半连接，即有一方调用 close()方法主动要求关闭连接。FIN_WAIT_2 状态是没有时间限制的，即这种状态下如果对方不关闭，则 FIN_WAIT_2 状态将一直保持到系统重启
TIME_WAIT	表示收到了对方的 FIN 报文，并发送出了 ACK 报文。TIME_WAIT 状态下的 TCP 连接会等待 2MSL（Max Segment Lifetime，最大分段生存期，指一个 TCP 报文在 Internet 上的最长生存时间）。每个具体的 TCP 实现都必须选择一个确定的 MSL 值，从而可以回到 CLOSED 可用状态。如果在 FIN_WAIT_1 状态下，收到了对方同时带 FIN 标志和 ACK 标志的报文时，则可以直接进入 TIME_WAIT 状态，而无须经过 FIN_WAIT_2 状态
CLOSE_WAIT	表示正在等待关闭。当收到对方发送的 FIN 报文后（表示对方不再有数据需要发送），返回 ACK 报文，并进入 CLOSE_WAIT 状态。
LAST_ACK	当被动关闭的一方在发送 FIN 报文后，在等待对方的 ACK 报文时，就处于 LAST_ACK 状态。当收到对方的 ACK 报文后，即可进入 CLOSED 可用状态

8.4　多线程编程

8.4.1　进程和线程的概念

对操作系统来说，一个任务就是一个进程（Process），而进程是程序的一个执行实例。比如，打开一个浏览器就是启动一个浏览器进程，打开一个 Word 文档就是启动了一个 Word 进程。在每个运行的程序中，可以包含一个进程也可以同时包含多个进程，且每个进程都要提供执行程序所需的资源，包括虚拟地址空间、可执行代码、唯一的进程 ID、环境变量等。比如，在使用 Word 时，可以同时进行打字、拼音检查、打印等工作。这就相当于这个 Word 进程同时运行了多个"子任务"，这些"子任务"被称为线程（Thread）。

当进程启动时产生第一个线程为主线程，而主线程可以再创建其他的子线程。所以线程是进程中的一个实体，是进程被系统独立调度和分派的基本单位，且每个线程自己不会独立拥有系统资源，但它可与同属一个进程的其他线程共享该进程所拥有的资源。通常在单个应用程序中可以同时运行多个线程，分别完成各自的工作，这种编程手段被称为多线程编程。综上所述，进程和线程有以下几点明显的区别。

（1）同一个进程中的线程共享同一内存空间，但不同进程的内存空间是独立的。

（2）同一个进程中的所有线程数据是共享的，但不同进程的数据是独立的。

（3）对主线程的修改会影响其他线程的行为，但是父进程的修改（除删除以外）不会影响其他子进程。

（4）同一个进程的多个线程之间可以直接通信，但是进程之间的通信要借助中间代理来实现。

（5）创建新的线程很容易，但是创建新的进程需要对父进程做一次复制。

（6）线程启动速度快、资源消耗少；而进程启动速度慢、资源消耗多。

8.4.2 创建线程的两种方法

有两种方法支持在 Python3 中使用线程：_thread 模块和 threading 模块。其中_thread 模块提供了低级别的、原始的线程。它相比于 threading 模块的功能是比较有限的，在实际开发中更推荐使用 threading 模块。

1. 用_thread 模块创建线程

调用_thread 模块中的 start_new_thread()函数来产生新线程，并运行指定函数，当函数返回时，线程自动结束。其调用格式如下。

```
thread.start_new_thread(function, args[,kwargs])
```

其中，function 为线程运行函数；args 为传递给线程函数的参数，使用空的元组来调用函数表示不传递任何参数，必须是元组类型；kwargs 为可选参数。

【例 8-5】使用_thread 模块中的 start_new_thread()函数来创建线程。创建 3 个线程，每个线程运行 3 次。

```
import _thread                              # 导入 _thread 模块
import time                                 # 导入时间 time 模块
#为线程定义一个函数
def cnt_thread(id):
    cnt = 1                                 # 计算器赋值为 1
    print ("线程 %d 正在运行..." % id)       # 打印正在运行的线程号
    while cnt<3:                            # 每个线程都可以被运行两次
        print ("线程 %d 计数器的值为：%d" % (id, cnt))
        time.sleep(2)
        cnt += 1                            # 每次线程被调用后，计算器值增 1
# 创建 3 个线程，调用 cnt_thread() 函数运行线程，并将线程 ID 号作为传入参数
for i in range(3):
    _thread.start_new_thread(cnt_thread,(i,))
# 运行主线程
print ("主线程无限循环中...")
while True:
pass
```

程序运行结果如下。

```
主线程无限循环中...
线程  0 正在运行...
线程  1 正在运行...
线程  2 正在运行...
线程 1 计数器的值为：1
线程 2 计数器的值为：1
线程 0 计数器的值为：1
线程 1 计数器的值为：2
线程 0 计数器的值为：2
线程 2 计数器的值为：2
```

注意：在编写程序时，线程的创建是有顺序的，但是线程是并行的，所以在执行时，哪个线程被先执行，是无法确定的。

2. 用 threading 模块创建线程

threading 模块提供了 Thread 类来创建和处理线程，有两种使用方法：直接传入要运行的方法，以及从 Thread 类继承并重写_init_方法和 run()方法。

【例 8-6】直接使用 threading.Thread 类来创建线程。

```
import threading
```

```
import time
# 线程处理函数
def thread_func(threadName, delay):
    count = 0
    while count < 5:
        time.sleep(delay)
        count += 1
        print("%s: %s" % (threadName, time.ctime(time.time())))
    thread1 = threading.Thread(target=thread_func,args=("线程1", 1))
    thread1.start()
    thread2 = threading.Thread(target=thread_func,args=("线程2", 2))
    thread2.start()
    while True:
        pass
```

程序运行结果如下。

```
线程1: Wed Jul 13 15:35:35 2022
线程2: Wed Jul 13 15:35:36 2022
线程1: Wed Jul 13 15:35:36 2022
线程1: Wed Jul 13 15:35:37 2022
线程2: Wed Jul 13 15:35:38 2022
线程1: Wed Jul 13 15:35:38 2022
线程1: Wed Jul 13 15:35:39 2022
线程2: Wed Jul 13 15:35:40 2022
线程2: Wed Jul 13 15:35:42 2022
线程2: Wed Jul 13 15:35:44 2022
```

【例 8-7】编写自定义的线程类 myThread，用于创建两个线程对象，每个线程对象运行 5 次结束。

```
import threading                              # 导入 threading 模块
import time                                   # 导入 time 模块
# 自定义的线程类
class myThread (threading.Thread):            # 继承父类 threading.Thread
    def __init__(self,threadID,name,delaytime): # 重写__init__()方法
        threading.Thread.__init__(self)
        self.threadID=threadID                # 线程 ID 号
        self.name=name                        # 线程名
        self.delaytime=delaytime              # 延迟时间
    # 把要执行的代码写到 run()函数中，使线程在创建后会直接运行 run()函数
```

```
    def run(self):
        # print("Starting"+ self.name)
        print_time(self.name,self.delaytime,5)    # 打印线程开始运行时间
        # print("Exiting"+self.name)
# 打印线程运行的系统时间
def print_time(threadName,delay,counter):
    while counter:
        time.sleep(delay)                            # 延迟时间
        print("%s: %s" % (threadName,time.ctime())) # 打印系统时间
        counter -= 1
# 创建新线程
thread1=myThread(1,"线程1", 1)
thread2=myThread(2,"线程2", 2)
# 开启线程
thread1.start()
thread2.start()
```

程序运行结果如下。

```
线程1: Wed Jul 13 16:03:46 2022
线程2: Wed Jul 13 16:03:47 2022
线程1: Wed Jul 13 16:03:47 2022
线程1: Wed Jul 13 16:03:48 2022
线程2: Wed Jul 13 16:03:49 2022
线程1: Wed Jul 13 16:03:49 2022
线程1: Wed Jul 13 16:03:50 2022
线程2: Wed Jul 13 16:03:51 2022
线程2: Wed Jul 13 16:03:53 2022
线程2: Wed Jul 13 16:03:55 2022
```

8.5 同步、异步、阻塞和非阻塞

在进行网络编程时,我们常用到同步、异步、阻塞和非阻塞 4 种调用方式,本节将讲解在 Python 中对这 4 种调用方式的实现方法。

8.5.1 基本概念

同步、异步、阻塞和非阻塞这些方式并不好理解,下面简单解释一下这些术语的概念。

（1）同步：所谓同步，就是在发出一个功能调用时，在没有得到结果之前，该调用就不返回，因此绝大多数的函数都是同步调用的。

（2）异步：异步的概念和同步相对。当一个异步调用发出后，调用者不能立刻得到结果。实际处理这个调用的函数在完成后，通过状态、通知或回调来通知调用者。

（3）阻塞：阻塞是指调用结果返回之前，当前线程会被挂起，函数只有在得到结果之后才会返回。有人也许会把阻塞调用和同步调用等同起来，实际上它们是不同的。对于同步调用来说，很多时候当前线程还是激活的，只是从逻辑上当前函数没有返回而已。

（4）非阻塞：非阻塞和阻塞的概念相对，指在不能立刻得到结果之前，该函数不会阻塞当前线程，而会立刻返回。

8.5.2 同步阻塞

【例 8-8】实现同步阻塞的调用方式。实际上使用的 Socket 模块就是同步调用方式，而且它默认是阻塞的。

（1）服务器端的代码如下。

```python
import socket
def start():
    sock = socket.socket(socket.AF_INET, socket.SOCK_STREAM)
    sock.bind(('127.0.0.1', 8888))
    sock.listen(1)
    clientsock,clientaddr = sock.accept()
    print('Connected by', clientaddr)
    while True:
        data = clientsock.recv(1024)
        if not data:
            break
        clientsock.send(data)
        print('data=',data.decode('gbk'))
    clientsock.close()
    sock.close()
if __name__ == "__main__":
    start()
```

服务器端的代码的意思是监听本地的 8888 端口，使用 accept()函数等待客户端连接，在recv()函数收到客户端的数据后，send()函数把数据返回给客户端。

（2）客户端的代码如下。

```
import socket
def client():
    sock = socket.socket(socket.AF_INET, socket.SOCK_STREAM)
    sock.connect(('127.0.0.1', 8888))
    while(1):
        print('请输入要发送的字符串：')
        k = input()
        sock.send(k.encode('gbk'))
        data= sock.recv(1024)
        print('Received',data.decode('gbk'))
    sock.close()
if __name__ == "__main__":
    client()
```

客户端的代码的意思是连接本地的 8888 服务器端口，使用 input()函数接收通过键盘输入的字符串，使用 send()函数发送给服务器端，使用 recv()函数接收服务器端返回的字符串。

（3）运行测试。首先在 PyCharm 开发工具中运行服务器端代码，然后运行客户端代码，程序将输出如下的结果。

```
# 服务器端输出
Connected by ('127.0.0.1', 47839)
data= 你好
data= 数据

# 客户端输出
请输入要发送的字符串：
你好
Received 你好
请输入要发送的字符串：
数据
Received 数据
```

当在客户端输入的数据可以正常返回时，则说明代码是运行正常的。现在使用的就是同步阻塞方式，在执行 recv()函数和 send()函数时，如果暂时没有数据需要处理，则它们处于等待的状态，只有数据产生时，才会继续执行。

8.5.3　同步非阻塞

【例 8-9】实现同步非阻塞调用方式。使用 Socket 模块的 setblocking(0)方法，可以将 Socket

设置为非阻塞调用方式。

（1）服务器端代码如下。

```python
import socket
def start():
    sock = socket.socket(socket.AF_INET, socket.SOCK_STREAM)
    sock.bind(('127.0.0.1', 8888))
    sock.listen(1)
    clientsock,clientaddr = sock.accept()
    print('Connected by', clientaddr)
    while True:
        data = clientsock.recv(1024)
        if not data:
            break
        clientsock.send(data)
        print('data=',data.decode('gbk'))
    clientsock.close()
    sock.close()
if __name__ == "__main__":
    start()
```

（2）客户端代码如下。

```python
import socket
def client():
    sock = socket.socket(socket.AF_INET, socket.SOCK_STREAM)
    sock.connect(('127.0.0.1', 8888))
    sock.setblocking(0)  # 设置非阻塞调用方式
    while(1):
        print('请输入要发送的字符串: ')
        k = input()
        sock.send(k.encode('gbk'))
        data= sock.recv(1024)
        print('Received',data)
    sock.close()

if __name__ == "__main__":
    client()
```

（3）运行测试。先运行服务器端代码，再运行客户端代码。程序输出结果如下。

```
# 服务器端输出
Connected by ('127.0.0.1', 60412)
data= 你好
Traceback (most recent call last):
  File "server.py", line 18, in <module>
    start()
  File "server.py", line 9, in start
    data = clientsock.recv(1024)
ConnectionAbortedError: [WinError 10053]

# 客户端输出
请输入要发送的字符串:
你好
Traceback (most recent call last):
  File "client.py", line 15, in <module>
    client()
  File "client.py", line 10, in client
    data= sock.recv(1024)
BlockingIOError: [WinError 10035]
```

因为在服务器端接收数据后,等 2 秒才返回给客户端数据,此时客户端设置的是非阻塞方式,即客户端在执行 recv()函数时,需要等 2 秒才能得到服务器端的返回,因为非阻塞方式不允许有等待发生,所以会产生异常。

对比同步的阻塞和非阻塞方式,其中阻塞允许数据不立即返回,因此它会一直处于等待接收数据的状态,不能执行其他操作;而非阻塞不允许数据不立即返回,因为返回不及时会产生异常,所以可以捕获异常,再进行其他的程序操作。也就是说,程序不会一直是等待的状态,一旦出现异常,就可以去处理其他的程序操作。

8.5.4　异步非阻塞

异步非阻塞调用方式可以使用 Asyncore 模块实现异步调用,同时 Asyncore 模块也是用于网络处理的模块。前面提到异步阻塞是没有意义的,所以只有非阻塞的方式。Asyncore 模块常用的方法如表 8.7 所示。

表 8.7　Asyncore 模块常用的方法

方法	描述
handle_read()	当 Socket 模块有可读的数据时执行这个方法,可读数据的判定条件就是看 readable()方法返回的是 True 还是 False。即 readable()方法返回为 True 时执行该方法

续表

方法	描述
handle_write()	当 Socket 模块有可写的数据时执行这个方法。可写数据的判定条件就是看 writable()方法返回的是 True 还是 False，即 writable()方法返回为 True 时执行该方法
handle_expt()	当 Socket 模块通信过程中出现 OOB 异常时执行该方法
handle_connect()	当有客户端连接时，执行该方法进行处理
handle_close()	当连接关闭时执行该方法
handle_error()	当通信过程中出现异常且没有在其他的地方进行处理时执行该方法
handle_accept()	当作为服务器端 Socket 监听时，有客户端连接时，利用这个方法进行处理
readable()	缓冲区是否有可读数据
writable()	缓冲区是否有可写数据

【例 8-10】实现异步非阻塞。

（1）服务器端使用 Socket 模块编写，当收到客户端消息后，先返回一次消息，间隔 2 秒再发送一次消息，代码如下。

```python
import socket ,time
def start():
    sock = socket.socket(socket.AF_INET, socket.SOCK_STREAM)
    sock.bind(('127.0.0.1', 8888))
    sock.listen(1)
    clientsock,clientaddr = sock.accept()
    print('Connected by', clientaddr)
    while True:
        data = clientsock.recv(1024)
        if not data:
            break
        print('data=',data.decode('gbk'))
        clientsock.send('first:'.encode('gbk')+data)     # 第一次返回数据
        time.sleep(2)
        clientsock.send('second:'.encode('gbk')+data)    # 第二次返回数据
    clientsock.close()
    sock.close()
if __name__ == "__main__":
    start()
```

（2）客户端使用 Asyncore 模块编写，主要是继承 asyncore.dispatcher，覆盖它的几个方法，handle_read()方法是读取服务器传回数据的方法，handle_write()方法是传数据到服务器的方法，writable()方法用于判断是否需要执行 handle_write()方法。代码如下。

```
import asyncore, socket
class HTTPClient(asyncore.dispatcher):
    def __init__(self, host, port):
        asyncore.dispatcher.__init__(self)
        self.create_socket(socket.AF_INET, socket.SOCK_STREAM)
        self.connect( (host, port) )
        self.buffer = 'hello world'
    def handle_connect(self):
        pass
    def handle_close(self):
        self.close()
    def handle_read(self):
        strReceive = self.recv(1024)
        print('----------handle_read'+' Receive:'+strReceive.decode('gbk'))
    def writable(self):
        return (len(self.buffer) > 0)
    def handle_write(self):
        print('----------handle_write'+' :'+self.buffer)
        sent = self.send(self.buffer.encode('gbk'))
        self.buffer = self.buffer[sent:]

if __name__ == "__main__":
    client = HTTPClient('127.0.0.1', 8888)
    asyncore.loop()
```

（3）运行测试。先运行服务器端代码，再运行客户端代码。程序输出结果如下。

```
# 服务器端输出
Connected by ('127.0.0.1', 53156)
data= hello world

# 客户端输出
----------handle_write :hello world
----------handle_read Receive:first:hello world
----------handle_read Receive:second:hello world
```

客户端发送 1 次数据给服务器端后，服务器端返回了 2 次数据，客户端都可以正常地接收到。在这个过程中，客户端会轮询 readable()方法和 writable()方法，如果返回 True，就会执行对应的读/写方法。程序的执行顺序完全不需要关注，只需完全相互独立的读/写方法即可。

8.6 requests 模块

在前面示例中，我们多次使用 Socket 模块编写网络相关的示例程序，可以在此基础上扩展实现 Web 应用程序，但是直接使用 Socket 模块需要编写大量代码，才能实现 Web 应用中的复杂逻辑，特别是对应用层协议的封装和解析。为了简化这个过程，Python 提供了很多网络编程的第三方模块，其中"requests"就是常用的一个模块。

8.6.1 requests 模块的介绍

requests 模块是基于 urllib，采用 Apache2 Licensed 开源协议的 HTTP 库。它比 urllib 更加方便，不仅可以节约我们大量的工作，还可以完全满足基于 HTTP 协议的 Web 应用开发和测试需求。

8.6.2 requests 模块的使用

1. 安装

requests 模块不是 Python 的标准库，在使用之前需要安装，安装命令如下。

```
pip3 install requests
```

2. HTTP 请求

requests 模块可以支持 HTTP 通信协议中所有的请求方式，包括 GET、HEAD、POST、PUT、DELETE、CONNECT、OPTION 和 TRACE。

（1）GET：向指定 URL 发出请求，并返回响应数据，主要用于获取 Web 服务器的数据，如 HTML 页面。

（2）HEAD：和 GET 请求类似，但返回的响应数据中没有实体，只包含响应头中的元信息，主要用于获取报头。

（3）POST：向指定 URL 提交数据并进行处理，而数据会包含在请求消息体中，常用于提交表单数据或上传文件。POST 请求可能会创建新资源或对已有资源进行修改。

（4）PUT：请求修改指定 URL 的数据。

（5）DELETE：请求删除指定 URL 的数据。

（6）CONNECT：开启一个客户端与所请求资源之间的双向通道，能够将连接改为管道方式的代理服务器。

（7）OPTION：返回服务器指定的 URL 地址所支持的 HTTP 请求。

（8）TRACE：回显服务器收到的请求，主要用于测试或诊断。

3．requests.get()方法

requests 模块提供了和 HTTP 请求对应的方法。例如，requests.get()方法实现了 GET 请求方式，request.post()方法实现了 POST 请求方式，其他请求方式也是如此。

【例 8-11】使用 GET 请求获取页面数据。

```
import requests
res = requests.get('http://www.broadview.com.cn')
print(res.status_code)
print(res.headers['content-type'])
print(res.encoding)
print(res.text)
```

在【例 8-11】中首先导入了 requests 模块，然后使用 requests.get()方法向"博文视点网站首页"发送请求，响应数据结果会保存在 res 对象中，可以通过 res 对象对页面数据进行解析。其中，"status_code"是响应状态码，如果网络连接正常，则返回 200 状态码；"headers"是以字典对象存储的响应头的信息，可以通过字典的"键"获取响应头数据。例如，['content-type']是获取响应数据类型；"encoding"则是响应数据编码；最后的 text 是以字符串方式获取响应消息体。

程序运行结果如下。

```
200
text/html; charset=utf-8
utf-8

<!DOCTYPE html>
<html lang="zh-CN">
<head>
    <meta charset="utf-8">
    <title>首页 - 博文视点</title>
    <meta http-equiv="X-UA-Compatible" content="IE=edge,chrome=1">
......
```

4．requests.post()方法

在 HTTP 通信中，常用的请求方式就是 GET 和 POST，其中 GET 请求主要是获取服务器上的资源，而如果希望修改或上传新资源，则可以使用 POST 请求方式。requests.post()方法提供了对 POST 请求的支持，可以把数据或资源通过请求消息体传给服务器。

【例 8-12】向服务器使用上传图片。

```
import requests
url = 'http://127.0.0.1:5000/upload'
files = {'file': ('report.jpg', open('/home/tedu/test.jpg', 'rb'))}
res = requests.post(url, files=files)
```

在【例 8-12】中首先导入了 requests 模块，然后指定请求上传文件的 URL 地址，结果打开本地文件 "test.jpg"，并通过字典显式地指定上传的文件名为 "report.jpg"，最后通过 requests.post() 方法发送 POST 请求。

除了上传文件，requests.post() 方法还支持 JSON 格式的请求参数，最为常见的使用场景就是网站的登录表单，需要在发送请求的同时携带用户名和密码参数，这时可以使用 POST 请求将请求参数放入请求消息体中实现。

【例 8-13】向服务器发送登录请求。

```
import requests
url = "http://127.0.0.1:5000/login"
login_data = {
    "username": "admin",
    "password": "123456",
}
res = requests.post(url,data=login_data)
```

8.7　实训任务——网络聊天室

PY-08-v-003

8.7.1　任务描述

通过 C/S 架构实现基于 TCP 的网络聊天室程序。每当服务器收到客户端发来的消息时，服务器将消息转发给所有的客户端，这样每个客户端就可以间接收到其他客户端的聊天消息，实现聊天室的基本通信功能。

8.7.2　任务分析

使用 socketserver 模块创建基于 TCP 的聊天室服务器，负责响应客户端的连接请求。聊天室客户端使用 Socket 模块建立和聊天室服务器的连接，并通过 threading 模块创建子线程接收服务器聊天的消息，而主线则负责获取用户输入的聊天消息，并将其发送到服务器中。

　　为方便测试，服务器可以绑定本地环回 IP 地址（127.0.0.1）和端口（9999），使所有客户端可以通过该地址和服务器建立通信连接，如图 8.8 所示。

　　本实验通信的双方为服务器端和客户端，所以使用两个程序分别模拟服务器和客户端，对应程序文件如图 8.9 所示。

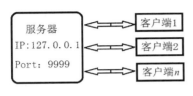

图 8.8　通信连接　　　　　　　　　　　　图 8.9　程序文件

实验环境如表 8.8 所示。

表 8.8　实验环境

硬件	软件	资源
PC/笔记本电脑	Windows 10 PyCharm 2022.1.3（社区版） Python 3.7.3	无

8.7.3　任务实现

步骤一：在 socket_server.py 文件中完成网络聊天室服务器代码的编写

（1）导入必要的库，代码如下。

```
import socketserver
```

（2）创建服务器类，用于接收来自客户端的信息。

```
# 用于记录所有的链接信息
conns = []
class MyServer(socketserver.BaseRequestHandler):

    def handle(self):
        conn = self.request
        conns.append(conn)
        conn.sendall('欢迎访问服务器！'.encode())
        while True:
```

```
        client_data = conn.recv(1024).decode()
        if client_data == "exit":
            print("断开与%s的连接！" % (self.client_address,))
            break
        print("来自%s 的客户端向你发来信息：%s" % (self.client_address,
client_data))
        for i in conns:
            i.sendall(('已收到%s的客户端发来信息：%s' % (self.client_address,
client_data)).encode())
```

（3）编写主函数的代码。

```
if __name__ == '__main__':
    server = socketserver.ThreadingTCPServer(('127.0.0.1', 9999), MyServer)
    print("启动服务器！")
    server.serve_forever()
```

步骤二：在 socket_client.py 文件中完成网络聊天室客户端代码的编写

（1）导入必要的库，代码如下。

```
import socket
import threading
```

（2）编写接收服务器信息的代码。

```
# 接收服务器消息的子线程
def communication_thread():
    # 循环和服务器通信
    while True:
        try:
            # 接收服务器转发的聊天消息
            server_reply = s.recv(1024).decode()
            if len(server_reply) <= 0:
                print("退出线程！")
                break
            # 打印收到的聊天消息
            print("\r"+server_reply+"\n\r请输入要发送的信息：", end="")
        except Exception as exp:
            print("接收消息异常：",exp)
            break
```

（3）编写主函数的代码。

```python
if __name__ == "__main__":
    s = socket.socket()                                  # 创建套接字
    ip_port = ('127.0.0.1', 9999)                        # 服务器地址
    s.connect(ip_port)                                   # 连接服务器
    t = threading.Thread(target=communication_thread)
    t.start()

    # 通过一个死循环不断接收用户输入的聊天消息，并发送给服务器
    while True:
        inp = input("\r请输入要发送的信息：").strip()
        # 防止因输入空信息而导致的异常退出
        if not inp:
            continue
        # 发送聊天消息给服务器
        s.sendall(inp.encode())
        # 如果发送消息为exit，则表示客户端退出，并断开和服务器的连接
        if inp == "exit":
            print("结束通信！")
            s.close()                                    # 关闭套接字
            exit()                                       # 退出客户端
```

步骤三：网络聊天室的启动和运行

（1）首先开启服务器端程序。为确保服务器可以正常响应客户端的连接请求，执行以下命令。

```
python3 socket_server.py
```

（2）在不同的命令窗口中运行两次客户端程序，模拟聊天室的两个不同的客户端，执行以下命令。

```
python3 socket_client.py
```

（3）当一方发送聊天消息后，所有客户端都可以看到消息，实现群聊的效果，结果如图 8.10 和图 8.11 所示。

```
欢迎访问服务器！
请输入要发送的信息： 你好，客户端2号
已收到('127.0.0.1', 51732)的客户端发来信息：你好，客户端2号
已收到('127.0.0.1', 51737)的客户端发来信息：您好，客户端1号
请输入要发送的信息：exit
结束通信！
```

图 8.10　客户端 1 显示的内容

欢迎访问服务器！
已收到('127.0.0.1', 51732)的客户端发来信息：你好，客户端2号
请输入要发送的信息：您好，客户端1号
已收到('127.0.0.1', 51737)的客户端发来信息：您好，客户端1号
请输入要发送的信息： exit
结束通信！

图 8.11 客户端 2 显示的内容

本章总结

本章主要围绕 Python 网络编程，介绍了相关概念和编程技术，具体如下。

1. 网络编程基础

（1）OSI 参考模型：物理层、数据链路层、网络层、传输层、会话层、表示层和应用层。

（2）TCP/IP 协议：由 HTTP、FTP、TCP、UDP、IP 等协议构成的协议簇。

（3）IP 地址：计算机在互联网中的唯一标识，IPv4 由 32 位二进制数组成。

（4）端口号：网络地址的一部分，在同一主机中通过端口区分不同的服务。

（5）Socket 模块：Python 中使用 Socket 模块提供网络编程的 API。

2. UDP 和 TCP 编程

（1）UDP：用户数据报协议，无连接通信、传输数据不可靠、传输速度快。

（2）TCP：传输控制协议，面向连接的通信、传输数据可靠、传输速度相对较慢。

3. 多线程编程

（1）熟悉进程和线程的概念和区别。

（2）在 Python3 中创建线程的两种方法：通过_thread 模块创建线程和通过 threading 模块创建线程。

4. 同步、异步、阻塞和非阻塞

（1）熟悉同步、异步、阻塞和非阻塞的相关概念。

（2）掌握基于 Socket 模块的同步和异步编程方法。

5. requests 模块

（1）了解 requests 模块功能，熟悉 HTTP 中的请求方式。

（2）掌握使用 requests 模块实现 GET、POST 请求方式的编程。

作业与练习

PY-08-c-001

一、填写题

UDP 类型的 Socket，不需要连接，只需要知道对方的（　　　）和（　　　）就可以进行通信。

二、单选题

1．关于多线程的优点，下列描述错误的是（　　　）。

    A．使用多线程可以把占用时间过长的程序任务放到后台去处理

    B．提高程序的响应速度

    C．提高用户使用程序的舒适度

    D．对线程进行管理，要求额外的 CPU 开销

2．IPv4 中规定 IP 地址的长度为（　　　）位。

    A．8   B．16   C．32   D．64

3．关于进程和线程的区别，下列描述错误的是（　　　）。

    A．一个进程只能属于一个线程，而一个线程可以有多个进程

    B．资源分配给进程，同一进程的所有线程共享该进程的所有资源

    C．处理机分给线程，即真正在处理机上运行的是线程

    D．线程在执行过程中，需要协作同步。不同进程的线程间要利用消息通信的办法实现同步

三、判断题

1．在使用 TCP 进行通信时，必须首先建立连接，然后进行数据传输，最后关闭连接。

                                            （　　　）

2．TCP 是可以提供良好服务质量的传输层协议，所以在任何场合都应该优先考虑使用。

                                            （　　　）

第*9*章

网络爬虫

本章目标

- 了解网络爬虫的基本概念。
- 掌握 BeautifulSoup 的使用方法。
- 掌握使用 Python 实现网络爬虫的编程思路。

Python 作为目前流行的编程语言，可以用于收集企业所需要的数据，以便完成数据分析，帮助企业做出正确的运营决策。使用 Python 进行数据的收集是 Python 在网络爬虫的具体应用体现。

本章将讲述网络爬虫的知识，帮助读者进入网络爬虫的领域，使读者能够使用 Python 完成网络爬虫的编程实践，从网络中提取所需数据。具体内容包括网络爬虫的概念、分类、安全性与合规性，以及网络爬虫的工具包 BeautifulSoup 的使用方法，并在此基础上完成网络爬虫综合案例。

9.1 网络爬虫概述

9.1.1 网络爬虫的概念

网络爬虫简称爬虫，又被称为网页蜘蛛、网络机器人，是按照设置的爬取规则，抓取互联网信息的程序或脚本。简而言之，网络爬虫即爬取目标网站的链接，获取所需的数据。如果把互联网比作蜘蛛网的话，那么网络爬虫就如同蜘蛛网上的蜘蛛，信息数据位于蜘蛛网上的各个节点，蜘蛛通过搜索节点获取数据，如图 9.1 所示。

图 9.1　网络爬虫

但是，并不是所有数据都可以使用网络爬虫爬取。能用网络爬虫爬取的数据一般都是公开的数据。例如，新闻类网站，网站上能看到的所有东西都是可采集的；再如论坛类网站上能采集的数据包括发帖人、发帖时间、发帖数、发帖人关注数、发帖内容、回复内容等；招聘类网站上采集的数据包括公司名、招聘岗位、网页链接、职位分类、工作地点、工作要求等；企业信息类网站上采集的数据包括公开出来的统一信用代码、纳税人识别号、注册号、组织机构代码、企业类型、所属行业、经营范围、法人公司分布等。其他的如电商类网站、搜索引擎类、海量网站配置等也可以根据需要采集所需信息。

在日常生活中，时常遇到通过网络爬虫技术采集数据来为人类服务的案例。例如，搜索引擎。在搜索引擎中，网络爬虫把能爬取的网站信息爬取下来，保存在服务器本地，形成内容快照，当客户需要搜索相应数据时，即可从所保存的内容快照中搜索数据以返回给客户。从这个角度上讲，网络爬虫是搜索引擎的第一关，没有网络爬虫，搜索引擎便不会有如此丰富的内容。

9.1.2　网络爬虫的分类

我们可以根据不同分类标准对网络爬虫进行分类，这些分类标准包括使用场景、爬取形式、爬取的页面类型等。

根据使用场景来分，可以将网络爬虫分为通用爬虫和聚焦爬虫。通用爬虫又被称为全网爬虫，首先爬取种子 URL 的页面数据，然后从这些页面数据中提取其他 URL，并进行爬取，一步步扩大爬取的范围，最后爬取整个互联网的数据，即将爬取对象从一些种子 URL 扩充到整个互联网上的网站，主要用途是为门户站点、搜索引擎和大型 Web 服务提供商采集数据。

聚焦爬虫又被称为主题网络爬虫。在爬取之前，首先要明确所要爬取数据的性质，然后根据性质设置爬取的规则，依据规则有选择性地爬取所需的页面数据。例如，要爬取网站上的红色花图片的网络爬虫即为聚焦爬虫，因为该爬虫的目标是爬取"红色花图片"，所以其他颜色的花及其他图片均不是该爬虫的目标，其目标十分明确。

根据爬取数据形式的不同，可以将网络爬虫分为累积式爬虫和增量式爬虫。前者从某一个时间点开始，通过遍历的方式抓取系统所能允许存储和处理的所有网页，不断地爬取，将数据进行积累保存。当然，在爬取的过程中，会进行去重操作，将那些重复的数据去除，从而保证数据的唯一性。后者是在已经爬取一定量规模的网络页面数据集合的基础上，采用更新数据的方式，针对已有集合中过期的网页数据进行抓取，将过期的数据替换为新的页面数据，从而保证所抓取到的数据与真实网络数据尽可能接近，保证数据的时效性。

根据爬取的网页类型来分，网络爬虫可以分为深层爬虫与浅层爬虫。爬取深层网页数据的爬虫就被称为深层爬虫，而深层网页是指内容不能通过静态链接获取的、隐藏在搜索表单后的、只有用户提交关键词才能获得的页面。爬取表层网页数据的网络爬虫被称为浅层爬虫，而表层网页是指传统搜索引擎可以搜索到的页面，这些页面通过超链接便可以获取，一般以静态网页为主。

9.1.3 网络爬虫的安全性与合规性

随着法律法规的健全，目前已经有相关法律条文对网络爬虫进行了规范。一般而言，只要是公开的数据便可以爬取。值得注意的是，本书所指的公开是对所有人公开、对大众公开，并不是只对特定群体公开，如果只对特定群体公开，则可能不允许网络爬虫爬取数据。对于非商业网站，如果爬取的数据为大众可以公开查询的数据，则是被允许的；对于商业网站，如果网站没有配置反爬声明，也没有采取反爬措施，在理论上是可以爬取的。但应该注意的是，即使如此也并不代表着所有数据均可以无所顾忌地通过网络爬虫获取。

在使用网络爬虫获取数据时，以下行为是需要注意的。

（1）所要爬取的网站设置了反爬声明。如果目标网站已经声明 robots 协议，则在爬取时应该避免涉及其中已经声明禁止爬取的数据。如果不顾及 robots 协议，没有按照其中规定爬取数据，则可能面临侵权纠纷，甚至可能需要进行商业赔偿。

（2）所要爬取的网站实施了反爬技术措施。当网站已经实施了反爬技术措施，不管该技术措施是否能真正进行反爬，只要是违反了目标网站的意愿，即使能通过技术手段破解该网站反爬措施，也是非法获取数据的行为。

（3）如果爬取了网站未公开的信息数据，也是违法的。例如，通过一些技术手段，爬取到了目标网站的内网或后台未公开的数据。

（4）目标网站受法律保护的信息数据。例如，目标网站通过合法途径所收集到的个人敏感信息、受到法律保护的特定类型的信息数据等都是不允许爬取的。

除以上行为涉嫌违法之外，以下这些行为也不应该在爬取数据时发生。

（1）网络爬虫干扰了被访问网站或系统正常运营。

（2）网络爬虫爬取的数据被运用到公司提供的产品或服务中，对被爬取公司的产品或服务起到了替代作用。

9.2　使用 Python 获取网页数据

PY-09-v-001

能够通过编程实现网络爬虫的编程语言，均要求具备访问网络的标准库，即只要一门语言配有丰富的网络标准库，就可以用来爬取数据。从该角度上讲，无论是 Java、PHP 还是其他更低级的语言，都可以实现网络爬虫的编程。

但是 Python 具有用来实现网络爬虫的先天优势，因为 Python 具有非常丰富的类库，当然也包括访问网络的标准库。另外，Python 通过近几十年的发展，与网络爬虫相关的编程框架相当成熟，因此使用 Python 来实现网络爬虫的编程是相当便捷的。

下面使用 Python 来获取指定网站的页面。

在 PyCharm 中新建工程目录，并创建程序文件 spider_test.py，在该文件中编写以下代码。

```
# 从 urllib.request 库中导入 urlopen
from urllib.request import urlopen
# 使用 urlopen()函数打开指定网站
html = urlopen("http://www.broadview.com.cn/")
# 读取打开的网页内容
print(html.read())
```

运行以上代码，结果如图 9.2 所示。由图可知，程序已经获取到指定网站的内容。但是，由于该网站内容较多，因此此处只显示一部分信息。

```
b'\r\n<!DOCTYPE html>\r\n<html lang="zh-CN">\r\n<head>\r\n    <meta charset="utf-8">\r\n

进程已结束，退出代码 0
```

图 9.2　指定网站的页面内容

但是，获取到指定网站的网页内容并不是网络爬虫的最终目标。网络爬虫的最终目标是要通过获取指定网站的内容来分析并提取出想要的信息。这便需要学习一些网页分析库或工具包的使用技巧。

9.3 使用 BeautifulSoup

9.3.1 BeautifulSoup 的介绍与安装

BeautifulSoup 原意为"美味的汤",是一个 Python 库,可以从 HTML 或 XML 文件中根据设定的规则提取数据信息,并通过转换器可以实现文档导航,以及查找、修改文档的显示方式等操作。熟悉使用该库,在提取数据时可以节省数小时甚至数天的工作时间。

使用 BeautifulSoup 进行网页解析,最大的一个优点是简单,不需要编写多少行代码,即可完成一个完整的应用程序的编写;同时可以自动将输入文档转换为 Unicode 编码,输出文档转换为 UTF-8 编码,无须过多考虑编码方式,使得技术人员可以专注地考虑实现网络爬虫的逻辑。

另外,BeautifulSoup 还可以为用户提供不同的解析策略,以便完成针对不同网页文档数据的分析与提取,并且与其他网页解析库相比,程序的运行具有更强劲的速度。

如果没有安装 BeautifulSoup 库,则需要事先进行安装。对于 Windows 系列的系统,我们可以在命令提示符界面中使用以下命令完成安装。

```
pip install beautifulsoup4
```

使用 PyCharm IDE 时,可以打开 PyCharm 左下角的"Terminal",在出现的界面中输入以下命令。

```
pip install beautifulsoup4
```

安装完成之后可以新建程序文件 bs4_test.py,并输入以下代码进行测试,如果出现"BeautifulSoup"字样,则说明已经成功安装。

```
from bs4 import BeautifulSoup
print(BeautifulSoup.__name__)
```

9.3.2 使用 BeautifulSoup 对网页进行解析

一个网页的导航树代表了网页的层次结构,如图 9.3 所示。在<html>标签下有<head>子标签,在<head>子标签下还存在<title>子标签,因此可以通过层次化获取标签的内容。例如,网页解析对象.标签.子标签.子标签的子标签。

PY-09-v-002

使用 BeautifulSoup 可以非常方便地进行标签内容的选取。新建程序文件 bs4_web.py,在该文件中输入以下程序。

```
from urllib.request import urlopen
```

```
# 导入 BeautifulSoup 工具包
from bs4 import BeautifulSoup

html = urlopen("http://www.broadview.com.cn/")
# 对打开的网页进行解析，解析策略为 "lxml"
bsobj = BeautifulSoup(html.read(), "lxml")
# 打印出解析结果对象的 title 标签的值
print(bsobj.html.title)
```

运行以上程序，如果出现以下结果，则说明程序运行成功。

```
<title>首页 - 博文视点</title>
```

```
<!DOCTYPE html>
<html lang="zh-CN">
<head>
    <meta charset="utf-8">
    <title>图书 - 博文视点</title>
    <meta http-equiv="X-UA-Compatible" content="IE=edge,chrome=1">
    <meta name="viewport" content="width=device-width,initial-scale=1.0, minimum-scale=1.0, maximum-scale=1.0, user-scalable=no" />
    <meta name="apple-mobile-web-app-capable" content="yes" />
    <meta name="format-detection" content="telephone=no" />
    <link rel="shortcut icon" href="/staticbv/images/favicon.png">

    <link href="/kendo/css?v=W-IyudFsjvr8DmczNaEtVDAWVVWkoAYhOkQl_7kkbqc1" rel="stylesheet"/>

    <link href="/broadview/css?v=o1hqIQuq3l2LdwGPKMlVVKeKWwznnUMLC7JR8F1NRvk1" rel="stylesheet"/>

    <script src="/broadview/js?v=sbZRgTG7mx7ItKBp80IBUUtUvLxHU5Yks-PKkSJhpg01"></script>

    <!--[if lt IE 9]>
    <script src="~/static/js/html5shiv.js"></script>
    <script src="~/static/js/respond.js"></script>
    <![endif]-->

    <script src="/bundles/kendo?v=Ep7XxB9YaQz_sUggoppplnXkei68VOq0u3sLcOISbsE1"></script>

    <script>
        var _hmt = _hmt || [];
        (function () {
            var hm = document.createElement("script");
            hm.src = "//hm.baidu.com/hm.js?49947a1d063f6bf11c7fc356ad0ae63e";
            var s = document.getElementsByTagName("script")[0];
            s.parentNode.insertBefore(hm, s);
        })();
    </script>
</head>
<body class="book-back">

    <div id="page" state="hidden">
```

图 9.3　网页的层次结构

　　一般来说，每个网站都会有 CSS（Cascading Style Sheet，层叠样式表），通过 CSS 可以让网页元素呈现出不同的样式，使具有相同或相似修饰的元素呈现出不同的显示效果。在使用网络爬虫爬取数据时，可以通过 class 属性的值分出各种不同的标签。例如：

```
<div class="drop-down-list">
<div class="row drop-down-item">
```

以上两个标签的名称均为<div>，但是 class 属性值是不同的，因此可以通过 class 属性的值来区别两者。

除以上提到的<div>标签之外，本章还用到了以下几个标签。

（1）<span></span>标签。该标签用来将行内元素组合成为一个整体，以便通过样式来格式化或改变显示的样式，具有 id 属性或 class 属性，其中 class 属性用于区分元素组，id 属性用于标识单独的唯一元素。

（2）<ul></ul>标签。该标签用于创建无序列表，而无序列表中的每个项目使用<li></li>标签进行说明，两者的关系如图 9.4 所示。

```
<ul>
        <li><a href="/book?category=88">人工智能与机器学习</a></li>
        <li><a href="/book?category=1">数据处理与大数据</a></li>
        <li><a href="/book?category=9">Web技术</a></li>
        <li><a href="/book?category=18">移动开发</a></li>
        <li><a href="/book?category=23">游戏与VR/AR</a></li>
</ul>
```

图 9.4　<ul>标签与<li>标签的关系

（3）<p></p>标签。该标签会自动在其前后创建一些空白，用于在网页中显示文本段，如图 9.5 所示。

```
<p class="intro">
        作者凭借多年一线游戏叙事开发经验，以及多年在GDC（Game Developers Conference，游戏开发者大会）上召开专题研讨会的经验，总结了一套完整...
</p>
```

图 9.5　<p></p>标签的显示效果

9.3.3　使用 BeautifulSoup 解析指定标签数据

使用 BeautifulSoup 工具包对网页进行解析之后的对象有两个方法非常重要，一个是 find()方法，另一个是 findAll()方法，两者均可以通过标签的不同属性来获取网页标签。不同的是，前者只能获取到一个标签，而后者可以获取到满足条件的所有标签。find()方法与 findAll()方法的函数原型如下。

```
find(tag, attributes, recursive, text, keywords)
findAll(tag, attributes, recursive, text, limit, keywords)
```

两者的使用方法基本相同，其中 tag、attributes 是最重要的两个参数，说明如下。

（1）tag 参数可以传递一个标签的名称或多个标签名称组成的列表。

（2）attributes 参数是用 Python 字典封装一个标签的若干属性和对应的属性值。

下面分别使用 find()方法与 findAll()方法来获取指定的标签。

新建程序文件 find_test.py，输入以下代码。

```
from urllib.request import urlopen
from bs4 import BeautifulSoup

html = urlopen("http://www.broadview.com.cn/")
bsobj = BeautifulSoup(html, "lxml")

divlist = bsobj.find("div", {"class":"menu-drop-down"})
print(divlist)
```

运行程序，结果如下。

```
<div class="menu-drop-down">
<p><a href="/book?category=88">人工智能与机器学习</a></p>
<p><a href="/book?category=1">数据处理与大数据</a></p>
<p><a href="/book?category=9">Web 技术</a></p>
<p><a href="/book?category=18">移动开发</a></p>
<p><a href="/book?category=23">游戏与 VR/AR</a></p>
<p><a href="/book?category=27">程序设计与软件工程</a></p>
<p><a href="/book?category=55">前端技术</a></p>
<p><a href="/book?category=38">产品与设计</a></p>
<p><a href="/book?category=96">云计算</a></p>
<p><a href="/book?category=47">办公软件</a></p>
<p><a href="/book?category=70">IT 与互联网</a></p>
<p><a href="/book?category=99">金融科技</a></p>
</div>
```

由以上结果可知，使用 find()方法已经成功将具有属性值为“menu-drop-down”的<div>标签提取出来。但是，即使有多个属性值相同的<div>标签，find()方法也只会提取到第一个，如果想要提取所有符合条件的标签，则需要使用 findAll()方法。

新建程序文件 findall_test.py，并输入以下代码。

```
from bs4 import BeautifulSoup

html = urlopen("http://www.broadview.com.cn/")
bsobj = BeautifulSoup(html, "lxml")

divlists = bsobj.findAll("div", {"class":"menu-drop-down"})
for div in divlists:
print(div)
print()
```

运行程序，结果如下。

```html
<div class="menu-drop-down">
<p><a href="/book?category=88">人工智能与机器学习</a></p>
<p><a href="/book?category=1">数据处理与大数据</a></p>
……
<p><a href="/book?category=70">IT 与互联网</a></p>
<p><a href="/book?category=99">金融科技</a></p>
</div>

<div class="menu-drop-down">
<p><a href="/tech/3">大数据</a></p>
<p><a href="/tech/14">数据库</a></p>
……
<p><a href="/tech/26">《Keras 快速上手》专区</a></p>
<p><a href="/tech/27">嘉宾访谈室</a></p>
</div>

<div class="menu-drop-down">
<p><a href="/support/1">关于我们</a></p>
……
<p><a href="/support/5">关于积分</a></p>
</div>
```

findAll()方法会把所有属性值为 "menu-drop-down" 的\<div\>标签都找出来，此处共找到 3 个\<div\>标签，并将其构成一个列表，因此可以使用 for 循环进行遍历。

基于 find()方法或 findAll()方法，可以解析一个标签的子标签，也可以解析一个标签的同级标签，还可以解析一个标签的父标签。

在 BeautifulSoup 库中，子标签是指一个标签的下一级标签，如图 9.6 所示。图中的\<li\>标签为\<ul\>的子标签，即\<ul\>为\<li\>标签的父标签。与此相关的一个概念是后代标签，后代标签是指一个标签下所有级别的标签，所有子标签都是后代标签，但并不是所有后代标签都是子标签。这与人类的父、子、孙关系有些相似。一个人的孩子是他的后代，孙子也是这个人的后代，但是这个人的孙子并不是这个人的孩子，而是他孩子的孩子。而 BeautifulSoup 在处理子标签与后代标签时，总是要处理当前标签的所有后代标签。

要提取一个标签的子标签，可以使用 children 属性。新建程序文件 tag_children.py，在该文件中输入以下代码。

```python
from urllib.request import urlopen
```

```
from bs4 import BeautifulSoup

html = urlopen("http://www.broadview.com.cn")
bsobj = BeautifulSoup(html, "lxml")

# 查看<div>标签的子标签，<div>标签的id属性值为menu-side
children = bsobj.find("div", {"id": "menu-side"}).children
for child in children:
    print(child)
```

```
<ul>
    <li >
        <a href="/book?tab=book">所有图书</a>
    </li>
    <li   class="active"     >
        <a href="/book?tab=ebook">电子书</a>
    </li>
    <li >
        <a href="/book?tab=fav">已收藏</a>
    </li>
    <li >
        <a href="/book?tab=buy">已购买</a>
    </li>
</ul>
```

图 9.6　子标签示意图

程序的运行结果如下。由结果可知，id 属性值为 "menu-side" 的<div>标签的子标签有<div class="menu-login-reg">、<div class="menu-item-text has-drop-down" state="folded">等，此处只显示前两个子标签。

```
<div class="menu-login-reg">
<div class="respoLogin">
<a href="http://member.broadview.com.cn/register?returnUrl=http%3a%2f%2f
www.broadview.com.cn%2f" id="registerLink">注册</a>
</div>
<div class="respoReg">
<a href="http://member.broadview.com.cn/log-in?returnUrl=http%3a%2f%2fwww.
broadview.com.cn%2f" id="loginLink">登录</a>
</div>
</div>


<div class="menu-item-text has-drop-down" state="folded">
<span class="menu-text">图书</span>
</div>
......
```

在 BeautifulSoup 中，同级标签又被称为兄弟标签，在图 9.6 中，所有<li>标签即为同级标签。要提取同级标签，可以使用一个标签的 next_siblings 属性。新建程序文件 tag_next_sibling.py，在该程序文件中输入以下代码。

```
from urllib.request import urlopen
from bs4 import BeautifulSoup

html = urlopen("http://www.broadview.com.cn")
bsobj = BeautifulSoup(html, "lxml")
# 提取 class 属性的值为 "clearfix" 的<ul>标签的<li>子标签的同级标签
siblings = bsobj.find("ul", {"class": "clearfix"}).li.next_siblings
for sibling in siblings:
    print(sibling)
```

运行程序，结果如下。由结果可知，已经将<li>标签的同级标签都提取出来，并进行了打印。

```
<li class="no-drop-down"><a href="/book?tab=ebook">电子书</a></li>
<li class="no-drop-down"><a href="https://appqtulvsie4217.pc.xiaoe-
tech.com/index">课程</a></li>
<li><a href="/tech">专题</a></li>
<li><a href="/support">帮助</a></li>
<li class="cart-item no-drop-down"><a href="/user/cart"><i class="fa fa-
shopping-cart"></i></a></li>
<li class="cart-item no-drop-down"><a href="/user/shelf"><i class="fa fa-
book"></i></a></li>
<li class="search-item"><a href="javascript:"><i class="fa fa-
search"></i></a></li>
```

另外，还可以使用 BeautifulSoup 来处理一个标签的上级标签，即一个标签的父标签。要提取一个标签的父标签，可以使用该标签的 parent 属性。新建程序文件 tag_parent.py，在该程序文件中实现程序功能，代码如下。

```
from urllib.request import urlopen
from bs4 import BeautifulSoup

html = urlopen("http://www.broadview.com.cn")
bsobj = BeautifulSoup(html, "lxml")
# 提取出 class 属性的值为 "no-drop-down" 的<li>标签的父标签
list1 = bsobj.find("li", {"class":"no-drop-down"}).parent
print(list1)
```

运行程序，结果如下。从结果中可以看出，class 属性的值为 "no-drop-down" 的<li>标签的父标签已经找出，并且将该标签的相关内容进行了显示。

```
<ul class="clearfix">
<li><a href="/book">图书</a></li>
<li class="no-drop-down"><a href="/book?tab=ebook">电子书</a></li>
<li    class="no-drop-down"><a    href="https://appqtulvsie4217.pc.xiaoe-
tech.com/index">课程</a></li>
<li><a href="/tech">专题</a></li>
<li><a href="/support">帮助</a></li>
<li class="cart-item no-drop-down"><a href="/user/cart"><i class="fa fa-
shopping-cart"></i></a></li>
<li class="cart-item no-drop-down"><a href="/user/shelf"><i class="fa fa-
book"></i></a></li>
<li    class="search-item"><a    href="javascript:"><i    class="fa    fa-
search"></i></a></li>
</ul>
```

另外，在提取出指定标签之后，如果要获取标签的文本，则可以使用标签的 get_text()方法。新建程序文件 tag_get_text.py，在该程序文件中编写以下代码，从而获取到满足条件的<li>标签的文本值。

```python
from urllib.request import urlopen
from bs4 import BeautifulSoup

html = urlopen("http://www.broadview.com.cn")
bsobj = BeautifulSoup(html, "lxml")

list1 = bsobj.find("li", {"class":"no-drop-down"})
# 使用 get_text()方法获取标签的文本值
print(list1.get_text())
```

运行程序，结果如下。由结果可知，已经将 class 属性的值为"no-drop-down"的<li>标签的文本值提取出来了，为"电子书"3 个字。

电子书

9.4　数据持久化与请求头

PY-09-v-003

在提取到所需的数据之后，一般都要进行数据的持久化处理，即将数据进行保存处理。为方便日后对提取到的数据进行分析处理，可以将数据保存到数据库中，如 MySQL 数据库、Oracle 数据库等。更为方便的方式是把数据保存到本地硬盘空间中，此时可以选择将数据保存为 CSV 文件或电子表格的格式。本章将提取到的数据保存为 CSV 文件。CSV（Comma-Separated Values，逗号分隔值）是存储表格数据的常用文件格式，该文件中的每一行均使用一个换行符分隔，列与列之间默认使用逗号分隔。CSV 文件结构简单，与文本文件的差别不大，可以与 Excel 进行转换，从而可以很容易地选择文件内容的查看方式，但其存储容量比 Excel 要小，无论是本地的存储还是网络传输，都具有较小的容量。

新建程序文件 tag_save_csv.py，在该程序文件中通过编写代码实现数据的保存，代码如下。

```python
import csv

csvfile = open("test.csv", 'w+')
try:
    writer = csv.writer(csvfile)
    writer.writerow(('数字', '数字加上 2', '数字乘以 2'))
    for i in range(5):
        writer.writerow((i, i+2, i*2))
finally:
    csvfile.close()
```

运行程序，生成 test.csv 文件，该文件的内容如下。

```
数字,数字加上 2,数字乘以 2

0,2,0

1,3,2

2,4,4

3,5,6

4,6,8
```

有些网站不允许使用 Python 编写网络爬虫来获取数据，即使本次可以爬取到数据，但爬取次数过多，就有可能不成功。但是人可以无数次地通过浏览器来访问网站的内容，因此可以对网络爬虫进行改进，以模仿浏览器访问行为，只需在爬取网站数据时，为网络爬虫程序添加请求头即可。

首先安装 requests 模块，可在命令提示符界面中执行以下命令进行安装。

```
pip install requests
```

然后编写程序文件 spider_with_headers.py，在该文件中编写如下代码。

```
# 导入指定模块
import requests
from bs4 import BeautifulSoup

# 设置请求头
ua_headers = {"User-Agent":"Mozilla/5.0 (Windows NT 6.1; WOW64)
AppleWebKit/537.1 \
(KHTML, like Gecko) Chrome/22.0.1207.1 Safari/537.1"}

# 获取指定网页内容
html = requests.get("http://www.broadview.com.cn/", headers=ua_headers)
# 打印请求头信息
print("headers:")
print(html.request.headers)
bsobj = BeautifulSoup(html.text, "lxml")

divlist = bsobj.find("div", {"class":"menu-drop-down"})

print("获取到的内容为：")
print(divlist))
```

运行程序，结果如下。由结果可知，请求头已经设置为指定的形式，并成功获取到相应标签的内容。当然，在实际运行过程中，选择可用的请求头，并不一定与本书一致。

```
headers:
{'User-Agent': 'Mozilla/5.0 (Windows NT 6.1; WOW64) AppleWebKit/537.1
(KHTML, like Gecko) Chrome/22.0.1207.1 Safari/537.1', 'Accept-Encoding':
'gzip, deflate', 'Accept': '*/*', 'Connection': 'keep-alive'}
获取到的内容为：
<div class="menu-drop-down">
<p><a href="/book?category=88">人工智能与机器学习</a></p>
<p><a href="/book?category=1">数据处理与大数据</a></p>
<p><a href="/book?category=9">Web 技术</a></p>
<p><a href="/book?category=18">移动开发</a></p>
<p><a href="/book?category=23">游戏与 VR/AR</a></p>
<p><a href="/book?category=27">程序设计与软件工程</a></p>
```

```
<p><a href="/book?category=55">前端技术</a></p>
<p><a href="/book?category=38">产品与设计</a></p>
<p><a href="/book?category=96">云计算</a></p>
<p><a href="/book?category=47">办公软件</a></p>
<p><a href="/book?category=70">IT 与互联网</a></p>
<p><a href="/book?category=99">金融科技</a></p>
</div>
```

9.5 实训任务——图书信息的收集与保存

PY-09-v-004

9.5.1 任务描述

本实训任务通过编写网络爬虫程序来获取指定网站的内容，在此基础上提取每本书的信息，并将提取的信息进行保存。所要获取信息的网站为博文视点的官网，在该网站中保存了相当多的图书信息。如图 9.7 所示，每本书的信息都保存在\<div class="block-item">…\<div>标签对下，其中\<h4 class="name">…\</h4>标签对保存的是书的名称，\<div class="author">…\</div>标签对保存的是书的作者，\<p class="intro">…\</p>标签对保存了书的简介，\<span class="price">…\</span>标签对保存的是书的价格。

```
<div class="block-item">
        <div class="book-img">
    <a href="/book/6813">
        <img alt="SequoiaDB分布式数据库权威指南" src="http://download.broadview.com.cn/SmallCover/2112de5c05bb947abc0a" />
    </a>
</div>
<div class="book-info">
    <h4 class="name">
        <a href="/book/6813">SequoiaDB分布式数据库权威指南</a>
    </h4>
    <div class="author">
            <span>
<a href="/space/index/346754">曹达玮</a>                    </span>
            (作者)
    </div>
    <p class="intro">
        本书旨在介绍 SequoiaDB 巨杉数据库的基本概念、应用场景、企业级应用案例、数据库实例创建与管理方式、数据库集群管理的基本策略、以及性能调优和问题诊断。
    <div class="paperback">
            <span class="price">
                ￥99.00
            </span>
    </div>
</div>
</div>
        </div>
```

图 9.7　图书标签信息

9.5.2 任务分析

本案例使用网络爬虫爬取指定网络的图书信息，并基于 BeautifulSoup 工具包进行数据解析和提取，将提取的数据进行保存，具体目标如下。

（1）掌握使用网络爬虫获取指定网站内容的方法。

（2）掌握为网络爬虫设置请求头的方法。

（3）掌握实现数据持久化技术的方法。

实验环境如表 9.1 所示。

表 9.1 实验环境

硬件	软件	资源
PC/笔记本电脑	Windows 10 PyCharm 2022.1.3（社区版） Python 3.7.3 requests 模块 BeautifulSoup4	无

9.5.3 任务实现

本实训任务的程序文件名为 book_project.py，主要包含以下步骤。

步骤一：设置编码与导入模块

```
from urllib.request import urlopen
import requests
from bs4 import BeautifulSoup
import csv
```

步骤二：创建 CSV 文件，并写入表头

```
csvfile = open("book_information.csv", 'w+')
writer = csv.writer(csvfile)
writer.writerow(('书名', '作者', '简介', '价格'))
```

步骤三：配置请求头并配置网站前缀

```
ua_headers = {"User-Agent":"Mozilla/5.0 (Windows NT 6.1; WOW64) \
AppleWebKit/537.1 (KHTML, like Gecko) Chrome/22.0.1207.1 Safari/537.1"}

# 设置所要爬取的网站地址前缀
url = http://www.broadview.com.cn/book?tab=book&sort=new&page={}
```

步骤四：设置翻页，获取每个页面的内容并提取出每本书的信息

```
for i in range(69):
```

```python
    print("正在爬取第{}页，请稍等...".format(i + 1))
    # 可以使用urlopen(url)获取到网页内容，但是无法指定请求头
    # html = urlopen(url.format(i))
    # bsobj = BeautifulSoup(html, "lxml")

    # 为了指定请求头，可以使用requests.get()获取网页内容
    html = requests.get(url.format(i), headers=ua_headers)
    bsobj = BeautifulSoup(html.text, "lxml")

    # 获取每本书的信息标签
    allbooks = bsobj.findAll("div", {"class": "block-item"})
```

步骤五：提取每本书的信息并进行保存

```python
    # 遍历每本书的整体信息，提取书的名称、作者、简介、价格等信息，并将这 4 项信息保存到
CSV 文件中
    for book in allbooks[1:]:
        book_name = book.find("h4", {"class": "name"}).get_text().strip()
        book_author = " ".join(book.find("div", {"class": "author"})\
                            .get_text().split("(作者)")[0].strip().split())
        book_intro = "'" + book.find("p", {"class": "intro"})\
            .get_text().strip() + "'"
        book_price = book.find("span", {"class": "price"}).get_text().
strip()
        book_information = book_name + "," + book_author + ","\
                        + book_intro + "," + book_price
        # 在保存过程中，如果发生错误，则可以跳过，继续执行
        try:
            writer.writerow((book_name, book_author, book_intro, book_price))
        except UnicodeEncodeError:
            pass

    # 信息保存完成，将文件关闭
    csvfile.close()
```

步骤六：运行代码

运行代码，结果如下。由结果可知，已经将 69 个页面的所有图书信息爬取下来。

```
正在爬取第 1 页，请稍等...
正在爬取第 2 页，请稍等...
正在爬取第 3 页，请稍等...
......
```

正在爬取第 67 页，请稍等...
正在爬取第 68 页，请稍等...
正在爬取第 69 页，请稍等...

打开 book_information.csv 文件，部分内容如图 9.8 所示。

书名,作者,简介,价格

Knative最佳实践,Jacques Chester,'本书主要围绕 Knative 进行展开，主要作者是 Knative 专家（社区作者）Jacques Chester，先后从 Knative 构建、扩缩容、事件...',￥118.00

看漫画学 Python 2: 有趣、有料、好玩、好用（全彩进阶版）,关东升，赵大羽,'本书是《看漫画学Python》的进阶版本，继续秉承有趣、有料、好玩、好用的理念，并继续采用《看漫画学Python》一书中3个不同的漫画人物角色，通过这3个角色之...',

架构演变实战：从单体到微服务再到中台,潘志伟,'本书从搭建单体架构遇到的瓶颈开始，通过真实案例介绍从单体架构转型为微服务架构及中台架构过程中遇到的困难、问题与具体解决方法。全书共计9章，前3章以案例和原理为基...',

Offer来了：Java面试核心知识点精讲（第2版）,王磊,'本书讲解Java面试中常被问及的核心知识点，涉及Java基础、Java并发编程、JVM、Java高并发网络编程、Spring基础、Netflix的原理及应用、S...',

图 9.8　book_information.csv 文件部分内容

本章总结

1.　网络爬虫的概述

（1）网络爬虫是按照设置的爬取规则，自动地抓取互联网信息的程序或脚本。

（2）能使用网络爬虫爬取的数据是公开的数据。

（3）根据不同的分类标准，网络爬虫可以分为通用爬虫和聚焦爬虫，也可以分为累积式爬虫和增量式爬虫，还可以分为深层爬虫和浅层爬虫。

（4）在使用网络爬虫爬取数据的过程中，要注意安全性与合规性。

2.　使用 Python 获取网页数据

（1）一门编程语言只要具有访问外部网络的工具库，就可以用来编写网络爬虫程序。

（2）Python 具有非常丰富的类库，因此十分合适编写网络爬虫程序。

3.　使用 BeautifulSoup 进行网页解析

（1）在使用 BeautifulSoup 进行网页解析之前要先对其进行安装。

（2）使用 BeautifulSoup 解析指定标签数据。

（3）find()方法与 findAll()方法均可以提取指定标签，前者只提取一次，后者可以提取标签集。

（4）使用 BeautifulSoup 可以提取当前标签的子标签，以及当前标签的父标签与同级标签。

4.　数据的持久化与请求头

（1）在使用网络爬虫爬取数据之后，要及时进行保存。

（2）为了使网络爬虫不被屏蔽，可以给网络爬虫程序设置请求头。

作业与练习

PY-09-c-001

一、单选题

1．网络爬虫能爬取的数据为（　　　）。

　　A．任意数据　　　　　B．公开数据　　　　C．商业数据　　　　D．政府数据

2．关于网站的 robots 协议，下列说法正确的是（　　　）。

　　A．机器人协议　　　　　　　　　　　　　B．规定了内容的合法性

　　C．规定了网站的合法性　　　　　　　　　D．规定了网站哪些内容不可爬取

3．之所以要添加请求头，是因为（　　　）。

　　A．目标网站有可能会屏蔽网络爬虫程序

　　B．增加网络爬虫的稳定性

　　C．增加网络爬虫的运行速度

　　D．提升网络爬虫的效率

二、多选题

1．BeautifulSoup 的特点有（　　　）。

　　A．简单　　　　　　　　　　　　　　　　B．可以自动实现编码转换

　　C．提供不同的解析策略　　　　　　　　　D．运行速度快

2．关于 find()方法或 findAll()方法的参数，下列说法正确的是（　　　）。

　　A．tag 参数可以传递一个标签的名称或多个标签名称组成的列表

　　B．tag 参数只可以传递一个标签的名称

　　C．attributes 参数是用 Python 字典封装一个标签的若干属性和对应的属性值

　　D．attributes 参数是用 Python 列表封装一个标签的若干属性和对应的属性值

第 *10* 章

数据库编程

本章目标

- 了解数据库的基本概念。
- 掌握常用的 SQL 语句。
- 掌握使用 Python 连接数据库。
- 掌握使用 Python 操作 MySQL 数据库。

如何实现精细、强大的数据仓库？答案是用数据库系统。本章将认识数据库，了解数据库的基本概念、常用 SQL 语句和使用 Python 访问数据库的具体方法。本章的实训任务是在第 9 章的基础上，将提取的图书信息保存在 MySQL 数据库中。

10.1 数据库简介

使用数据库可以高效且条理分明地存储数据，使人们能够更加迅速、方便地管理数据。

数据库（Database，DB）是按照一定的数据结构，存储管理数据的仓库。在通常情况下，数据库不仅可以简单地存储数据，还可以表示它们之间的关系。由于这种关系需要用数据库来表示，因此关系的描述是数据库的一部分。

简单地说，数据库就是"表"（Table）的集合，如图 10.1 所示。

关系数据库的表由"记录"（Record）组成，一条记录就是一行数据，由不同的字段组成，而每条记录中的每一个输入项被称为"列"，如图 10.2 所示。其中，编号、姓名、手机号都是列名。

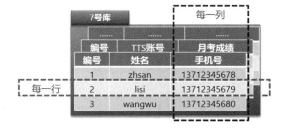

图 10.1 数据库与表　　　　　　　　　图 10.2 数据库的行与列

目前有多个主流的数据库系统。例如，甲骨文公司的 Oracle、MySQL，社区开源版的 MariaDB，微软公司的 SQL Server，以及 IBM 公司的 DB2 等。

除关系数据库之外，非关系数据库（Not Only SQL，简称 NoSQL）不需要固定的表格式。例如，Memcached、Redis、MongoDB 等，在日益快速发展的网站时代，凭借其高效率与高性能的特性发挥着极其重要的作用。

10.2　安装 MySQL 数据库

PY-10-v-001

在 Web 应用方面，MySQL 是非常好的 RDBMS（Relational Database Management System，关系数据库管理系统）应用软件之一，由瑞典的 MySQL AB 公司开发，目前属于 Oracle 公司。安装 MySQL 数据库的步骤如下。

（1）进入 MySQL 官网，下载并安装程序，如图 10.3、图 10.4、图 10.5 和图 10.6 所示。

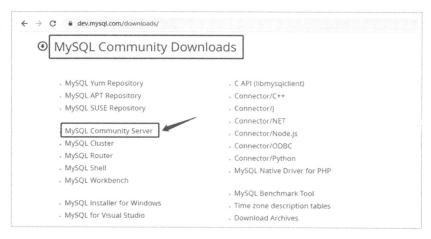

图 10.3　下载界面 1

图 10.4　下载界面 2

图 10.5　下载界面 3

图 10.6　下载界面 4

（2）解压下载的 zip 文件。将解压后的文件夹放到任意目录下（本章是 D:\Mysql），这个目录就是 MySQL 的安装目录。如果数据库安装的根目录下没有 my.ini 这个文件，则创建 my.ini 文件，其内容如图 10.7 所示。

注意：配置文件中，注释可以出现中文，但配置不可以出现中文。

（3）设置环境变量。在系统变量 PATH 后面添加 MySQL 安装目录中 bin 文件夹的路径，如图 10.8 所示。

图 10.7　my.ini 文件的内容

图 10.8　编辑环境变量

（4）安装 MySQL 服务。以管理员身份打开命令提示符界面后，将目录切换到解压文件的 bin 目录，输入 mysqld -install 命令，按 Enter 键运行。

（5）启动 MySQL 服务。以管理员身份在命令提示符界面中输入 net start mysql 命令，如果出现 Service successfully installed 则说明启动成功。服务启动成功后，输入 mysql -u root -p 命令登录。

10.3　操作 MySQL 数据库

MySQL 是非常流行的关系型数据库之一，因此 Python 提供了专门的第三方库 PyMySQL，可以轻松地建立与 MySQL 数据库的连接，并对数据进行操作。

10.3.1　常用的 SQL 语句

1. 创建数据库

创建数据库的 SQL 语句格式如下。

```
create database 库名;
```

【例 10-1】创建一个人口数量的数据库 population.db。

具体语句如下。

```
create database population;
```

2. 创建数据表

创建数据表的 SQL 语句格式如下。

```
create table 表名(字段名 1 字段类型,字段名 2 字段类型);
```

【例 10-2】创建一个数据表 popbyregion，包括两个字段，一个是地区，使用 region 表示，数据类型为文本；另一个是人口数量，使用 population 表示，数据类型为数值。

具体语句如下。

```
create table popbyregion(region TEXT,population INTEGER);
```

3. 插入数据

向数据表插入数据的 SQL 语句格式如下。

```
insert into 表名(字段名 1,字段名 2,...) values(值 1,值 2,...);
```

向 popbyregion 数据表插入具体数据，如图 10.9 所示。

区域	人口/千人
中非	330993
南非	743112
北非	1037463
亚洲南部	2051941
亚洲太平洋地区	785468
中东地区	687630
东亚	1362955
南美	593121
东欧	223427
北美	661157
西欧	387933
日本	100562

图 10.9　插入的具体数据

具体语句如下。

```
insert into popbyregion values("中非",330993),("南非",743112),("北非",1037463),("亚洲南部",2051941),("亚洲太平洋地区",785468),("中东地区",687630),("东亚",1362955),("南美",593121),("东欧",223427),("北美",661157),("西欧",387933),("日本",100562),
```

4. 数据更新

数据更新的 SQL 语句格式如下。

```
update 表名 set 字段名1=值 where 条件;
```

【例 10-3】将 popbyregion 数据表中区域为亚洲南部的人口数量改为 2000000。
具体语句如下。

```
update popbyregion set population=2000000 where region="亚洲南部";
```

5. 数据删除

数据删除的 SQL 语句格式如下。

```
delete from 表名 where 条件;
```

【例 10-4】删除 popbyregion 数据表中人口数量小于 1000000 的区域。
具体语句如下。

```
delete from popbyregion where population<1000000;
```

6. 数据查询

数据查询的 SQL 语句格式如下。

```
select 字段名1,字段名2 from 表名 where 条件;
```

【例 10-5】查询 popbyregion 数据表中人口数量大于 1000000 的区域。
具体语句如下。

```
select from popbyregion where population>1000000;
```

10.3.2 使用 Python 访问 MySQL

在使用 Python 进行 MySQL 数据库操作之前，需要安装 pymysql 模块。用
户可以通过 pip install PyMySQL 命令完成安装，如图 10.10 所示。

PY-10-v-002

使用 pymysql 模块进行数据库的操作一般分为以下几个步骤。

（1）导入 pymysql 模块。使用 import pymysql 语句即可导入，与其他模块的导入方法一致。
另外，用户也可以根据需要使用"from pymysql import 函数或类"的方式导入指定功能的模块。

（2）建立数据库连接。使用 pymysql 模块提供的 connect()函数可以完成指定数据库的连接，
其语法格式如下。

```
conn = pymysql.connect(host, user, passwd, db)
```

图 10.10 安装 pymysql 模块

各参数说明如下。

- conn：用于保存 connect()函数执行后返回的对象（连接对象）。该对象提供了一些常用的方法，以便后续对数据库进行操作。
- host：用于指定连接的主机。此处为 MySQL 数据库所在的主机，可以是 IP 地址，也可以是域名（如果使用域名，则要求能解析到对应的 IP 地址）。
- user：用于指定在连接 MySQL 数据库时所使用的账号。
- passwd：用于指定在连接 MySQL 数据库时所使用的密码，要求与 user 参数指定的账号对应。
- db：用于指定所要连接的数据库名称。

（3）创建游标对象。使用连接对象提供的 cursor()方法可以建立游标对象，其语法格式如下。其中，cursor 参数用于保存所创建的游标对象。

```
cursor = conn.cursor()
```

（4）通过游标对象执行 SQL 语句并完成提交操作。使用游标对象的 execute()方法可以执行 SQL 语句，执行完成之后可以使用连接对象的 commit()方法进行提交。其语法格式如下。

```
cursor.execute("SQL 语句")
conn.commit()
```

（5）关闭游标对象。当完成数据库的操作后，最好要关闭所创建的游标，以便释放所占用的计算资源。其语法格式如下。

```
cursor.close()
```

（6）关闭数据库连接。最后是关闭数据库连接，释放所占用的连接链路，其语法格式如下。

```
conn.close()
```

下面基于以上几个步骤进行 MySQL 数据库操作，包括数据库的创建、表的创建、数据的插入、数据的查询、数据的更新，以及数据的删除。

新建程序文件 pymysql_database.py，并在该文件中编写以下程序，以便实现 pymysql_test 数据库的创建。

```python
# 导入 pymysql 模块
import pymysql
# 建立数据库连接，返回的对象保存在 conn 中
conn = pymysql.connect(host="localhost", user="root", passwd="123456")
# 创建游标对象
cursor = conn.cursor()
# 执行 SQL 语句，创建 pymysql_test 数据库
cursor.execute("create database if not exists pymysql_test")
conn.commit()
# 关闭游标对象
cursor.close()
# 关闭连接对象
conn.close()
```

运行程序，可以在数据库中查询到创建的 pymysql_test 数据库，结果如下。

```
mysql> show databases;
+--------------------+
| Database           |
+--------------------+
| information_schema |
| book_information   |
| mysql              |
| performance_schema |
| pymysql_test       |
| sys                |
+--------------------+
7 rows in set (0.00 sec)
```

新建程序文件 pymysql_table.py，并在该文件中编写创建 pymysql_table 数据表的程序。

```python
# 导入 pymysql 模块
import pymysql
# 建立数据库连接，返回的对象保存在 conn 中
conn = pymysql.connect(host="localhost", user="root", passwd="123456",
db="pymysql_test")
# 创建游标对象
cursor = conn.cursor()
```

```
# 创建 pymysql_table 数据表，该表有两个字段，一个是 name，另一个是 sno
cursor.execute("create    table    if    not    exists    pymysql_table    (name
varchar(20), sno int)")
conn.commit()
# 关闭游标对象
cursor.close()
# 关闭连接对象
conn.close()
```

运行程序，在数据库中可以查询到创建的 pymysql_table 数据表，结果如下。

```
mysql> use pymysql_test;
Database changed
mysql> show tables;
+----------------------+
| Tables_in_pymysql_test |
+----------------------+
| pymysql_table        |
+----------------------+
1 row in set (0.00 sec)
```

新建程序文件 pymysql_insert.py，并在该文件中编写程序，用于向创建的 pymysql_table 数据表中插入两行数据。

```
# 导入 pymysql 模块
import pymysql
# 建立数据库连接，返回的对象保存在 conn 中
conn = pymysql.connect(host="localhost", user="root", passwd="123456",
db="pymysql_test")
# 创建游标对象
cursor = conn.cursor()
# 执行 SQL 语句，向 pymysql_table 数据表中插入两行数据
cursor.execute("insert into pymysql_table values ('李四', '001'), ('张三',
'002')")
conn.commit()
# 关闭游标对象
cursor.close()
# 关闭连接对象
conn.close()
```

运行程序，在数据库中查询 pymysql_table 数据表中的数据，结果如下。

```
mysql> select * from pymysql_table;
```

```
+--------+------+
| name   | sno  |
+--------+------+
| 李四   |   1  |
| 张三   |   2  |
+--------+------+
2 rows in set (0.00 sec)
```

新建程序文件 pymysql_select.py，在该文件中编写程序，用于查询 pymysql_table 数据表中的所有数据。

```python
# 导入 pymysql 模块
import pymysql
# 建立数据库连接，返回的对象保存在 conn 中
conn = pymysql.connect(host="localhost", user="root", passwd="123456",
db="pymysql_test")
# 创建游标对象
cursor = conn.cursor()
# 执行 SQL 语句，查询 pymysql_table 数据表中的所有数据
cursor.execute("select * from pymysql_table")
# fetchall() 方法用于获取 SQL 语句执行后的所有结果，并将结果保存在 data_all 中
data_all = cursor.fetchall()
conn.commit()
# 逐行打印所获取到的数据
for data in data_all:
    print(data)
# 关闭游标对象
cursor.close()
# 关闭连接对象
conn.close()
```

运行程序，可以打印所获取到的数据，结果如下。

```
('李四', 1)
('张三', 2)
```

新建程序文件 pymysql_update.py，在该文件中实现数据更新功能，当 sno 为 001 时，将 name 字段的值修改为"王五"。

```python
# 导入 pymysql 模块
import pymysql
# 建立数据库连接，返回的对象保存在 conn 中
```

```
conn = pymysql.connect(host="localhost", user="root", passwd="123456",
db="pymysql_test")
# 创建游标对象
cursor = conn.cursor()
# 执行 SQL 语句，当 sno 的值为 001 时，将 name 修改为 "王五"
cursor.execute("update pymysql_table set name = '王五' where sno = 001 ")
# 执行 SQL 语句，查询 pymysql_table 数据表中的所有数据
cursor.execute("select * from pymysql_table")
# 使用 fetchall() 方法获取数据
data_all = cursor.fetchall()
conn.commit()
# 逐行打印所获取到的数据
for data in data_all:
    print(data)
# 关闭游标对象
cursor.close()
# 关闭连接对象
conn.close()
```

运行程序，结果如下。由结果可知，sno 为 001 的记录已完成修改，name 的值已被修改为 "王五"。

```
('王五', 1)
('张三', 2)
```

新建程序文件 pymysql_delete.py，并在该文件中实现数据的删除功能，将 sno 为 001 的记录删除。

```
# 导入 pymysql 模块
import pymysql
# 建立数据库连接，返回的对象保存在 conn 中
conn = pymysql.connect(host="localhost", user="root", passwd="123456",
db="pymysql_test")
# 创建游标对象
cursor = conn.cursor()
# 执行 SQL 语句，当 sno 的值为 001 时，将该记录删除
cursor.execute("delete from pymysql_table where sno = 001 ")
# 执行 SQL 语句，查询 pymysql_table 数据表中的所有数据
cursor.execute("select * from pymysql_table")
# 使用 fetchall() 方法获取数据
data_all = cursor.fetchall()
```

```
conn.commit()
# 逐行打印所获取到的数据
for data in data_all:
    print(data)
# 关闭游标对象
cursor.close()
# 关闭连接对象
conn.close()
```

运行程序，结果如下。从结果中可知，sno 为 001 的记录已经被删除。

```
('张三', 2)
```

10.4　实训任务——将图书信息保存到 MySQL 中

PY-10-v-003

10.4.1　任务描述

本任务的主要内容是将提取的图书信息保存在 MySQL 数据库中，通过使用 pymysql 模块创建用于保存图书信息的数据库及表，并编写 Python 代码将提取到的图书信息数据进行保存。

10.4.2　任务分析

本任务使用网络爬虫爬取图书信息并保存至 MySQL 数据库中，实现的具体功能如下。

（1）使用 Python 连接数据库，创建相应的数据库与表。

（2）将数据信息保存到 MySQL 数据库中。

实验环境如表 10.1 所示。

表 10.1　实验环境

硬件	软件	资源
PC/笔记本电脑	Windows 10 PyCharm Community 2021.2 Python 3.7.3 requests 模块 BeautifulSoup4 MySQL 5.7.28	无

10.4.3　任务实现

步骤一：数据库的操作

新建程序文件 database_create.py，并编写以下程序，以便创建所需要的数据库和数据表，代码如下。

```python
# 导入 pymysql 模块
import pymysql
# 建立数据库连接，返回的对象保存在 conn 中
conn = pymysql.connect(host="localhost", user="root", passwd="123456")
# 创建游标对象
cursor = conn.cursor()
# 执行 SQL 语句，创建 book_information 数据库，并在该库中创建 book_infor 数据表
cursor.execute("create database if not exists book_information")
cursor.execute("create    table    book_information.book_infor(book_name varchar(100), \
    book_author varchar(50), book_intro varchar(200), book_price varchar(20)) charset=utf8")
conn.commit()
# 关闭游标对象
cursor.close()
# 关闭连接对象
conn.close()
```

步骤二：图书信息的保存

新建程序文件 book_mysql.py，在该文件中实现以下功能，用于保存图书信息。

（1）配置编码并导入相关包。

```python
from urllib.request import urlopen
import requests
from bs4 import BeautifulSoup
import pymysql
```

（2）配置请求头并设置网站前缀。

```python
ua_headers = {"User-Agent":"Mozilla/5.0 (Windows NT 6.1; WOW64) \
AppleWebKit/537.1 (KHTML, like Gecko) Chrome/22.0.1207.1 Safari/537.1"}
# 设置所要爬取的网站地址前缀
url = http://www.broadview.com.cn/book?tab=book&sort=new&page={}
```

（3）设置翻页，获取每个页面的内容并提取出每本书的信息。

```
for i in range(69):
    print("正在爬取第{}页，请稍等...".format(i + 1))
    # 虽然可以使用 urlopen(url) 获取到网页内容，但是无法指定请求头
    # html = urlopen(url.format(i))
    # bsObj = BeautifulSoup(html, "lxml")

    # 为了指定请求头，可以使用 requests.get() 获取网页内容
    html = requests.get(url.format(i), headers=ua_headers)
    bsObj = BeautifulSoup(html.text, "lxml")

# 获取每本书的信息标签
allbooks = bsObj.findAll("div", {"class": "block-item"})
```

（4）提取每本书的信息并保存在变量中。

```
    # 遍历每本书的整体信息，提取书的名称、作者、简介、价格等信息
    for book in allbooks[1:]:
        book_name = book.find("h4", {"class": "name"}).get_text().strip()
        book_author = " ".join(book.find("div", {"class": "author"})\
                        .get_text().split("(作者)")[0].strip().split())
        book_intro = "'" + book.find("p", {"class": "intro"})\
            .get_text().strip() + "'"
        book_price  =  book.find("span",  {"class":  "price"}).get_text().
strip()
        book_information = book_name + "," + book_author + ","\
                        + book_intro + "," + book_price 代码
```

（5）将提取的信息保存到数据库中。

```
        conn  =  pymysql.connect(host='localhost',  user='root',  passwd=
'123456', db='book_information', charset='utf8')
        cursor = conn.cursor()

        insert_sql = 'insert into book_infor values(%s, %s, %s, %s)'
        cursor.execute(insert_sql, [book_name, book_author, book_intro,
book_price])
        conn.commit()
    print("已经成功爬取并保存第{}页的图书信息...".format(i + 1))
```

（6）关闭数据库游标与连接。

```
cursor.close()
```

```
conn.close()
print("所有图书信息已经保存完毕。")
```

步骤三：运行测试

运行代码，结果如下。由结果可知，已经将所有页面的图书信息爬取下来并保存到数据库中。

```
正在爬取第 1 页，请稍等...
已经成功爬取并保存第 1 页的图书信息...
正在爬取第 2 页，请稍等...
已经成功爬取并保存第 2 页的图书信息...
正在爬取第 3 页，请稍等...
已经成功爬取并保存第 3 页的图书信息...
......
正在爬取第 67 页，请稍等...
已经成功爬取并保存第 67 页的图书信息...
正在爬取第 68 页，请稍等...
已经成功爬取并保存第 68 页的图书信息...
正在爬取第 69 页，请稍等...
已经成功爬取并保存第 69 页的图书信息...
所有图书信息已经保存完毕。
```

使用"select * from book_infor;"命令查询所保存的数据信息，运行结果的部分内容如图 10.11 所示。

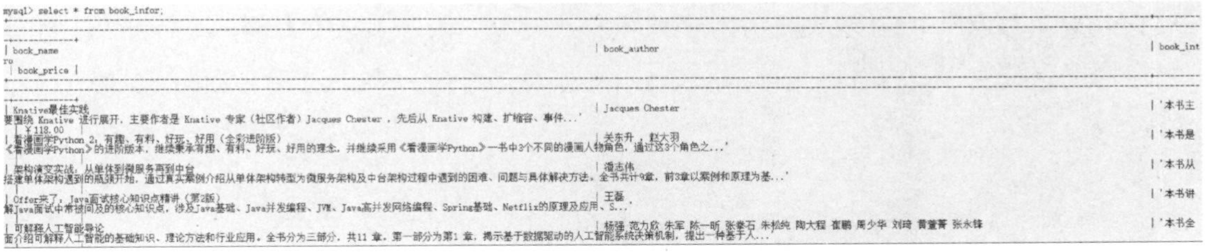

图 10.11　运行结果的部分内容

本章总结

1. 数据库的相关概念

（1）数据库是指按照一定的数据结构，存储管理数据的仓库。

（2）目前主流的数据库系统，如甲骨文公司的 Oracle、MySQL，社区开源版的 MariaDB，微软公司的 SQL Server，以及 IBM 公司的 DB2。

2. 使用 Python 访问 MySQL 数据库

（1）导入 pymysql 模块。
（2）建立数据库连接。
（3）创建游标对象。
（4）通过游标对象执行 SQL 语句并完成提交操作。
（5）关闭游标对象。
（6）关闭数据库连接。

作业与练习

PY-10-c-001

编程题

创建 Business.db 数据库文件，其中包含 Info 数据表和 Custom 数据表。Info 数据表为商品信息表，表结构包括商品编号（TEXT 型）、商品名称（TEXT 型）、单价（INTEGER 型）。Custom 数据表为顾客信息表，表结构包括顾客编号（TEXT 型）、姓名（TEXT 型）、商品编号（TEXT 型）。
（1）为两个数据表添加一些数据。
（2）输出数据库中 Info 数据表的所有内容。

第 *11* 章

数据分析

本章目标

- 掌握 NumPy、pandas 和 SciPy 数据库的安装方法。
- 熟练掌握 NumPy 对象的创建方法及常用操作。
- 熟练掌握 pandas 对象的创建方法及常用操作。
- 了解 SciPy 库的使用方法。

当前，无论是互联网企业还是传统型企业，都需要用到数据分析。数据分析可以通过计算机工具和数学知识，并结合一定的专业背景，对相关的专业数据进行数据的处理与分析，进而从中发现规律性信息，做出具有针对性的决策。本章首先介绍数据分析的定义和分类，然后重点讲解常用的 Python 数据处理与分析工具的相关内容（例如，NumPy、pandas 和 SciPy 数据库的安装方法及功能），并通过同步示例加强各数据库函数的使用。

11.1 数据分析基础

11.1.1 数据分析概述

数据分析是指用适当的统计分析方法对收集来的大量原始数据进行分析，以提取有用信息和形成结论为目的来对数据加以研究和概括，以便最大化地开发数据的功能，发挥数据的作用。数据分析的数学基础在 20 世纪早期就已确立，但直到计算机的出现才使得实际操作成为可能，并使得数据分析得以推广。可以说，数据分析是数学与计算机科学相结合的产物。在实际应用中，数据分析能够帮助管理者进行判断和决策，进而采取相应的对策及行动。例如，产品定价的合理性需要依赖于数据试验和分析，主要研究客户对产品定价的敏感度，将客户按照敏感度进行分类，测量不同价格敏感度的客户群对产品价格变化的直接反应和容忍度，并通过这些数据试验，为产品定价提供决策参考。随着信息化社会发展日益加速，无论是工业生产还是日常生活，每天都会产生海量数据。如何高效处理这些海量数据并从中提取有用信息，业务链的各个环节都显示了数据分析的必要性，并且随着大数据应用的进一步深化，数据分析的应用场景也得到了扩展。比如，营销、医疗、网络安全及交通物流等方面。

数据分析最初用于数据保护，现已发展为数据建模的方法论。所谓模型，是指将研究的系统转换为数学形式，一旦数学模型确定，就可以根据不同的系统输入预测相应的系统输出。由此可见，数据分析具有一定的预测能力。当然一个模型的预测能力不仅取决于建模的精度，还对数据集的质量有一定的要求，所以说原始数据的采集、预处理等工作也属于数据分析的范畴。

11.1.2 数据分析类别

按照数据类型和处理方法，可以将数据分析划分为描述性数据分析、探索性数据分析、验证性数据分析 3 类，如图 11.1 所示。

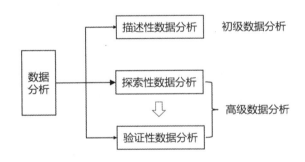

图 11.1 数据分析类别

描述性数据分析属于初级数据分析，是通过图表或数学方法，对数据资料进行整理、分析，并对数据的分布状态、数字特征和随机变量之间的关系进行估计和描述的方法。该方法基于数据库中的标准聚合函数（这些函数只需要基本的数学知识即可）。常见的分析方法包括对比分析法、平均分析法、交叉分析法等。描述性数据分析要对调查总体变量的有关数据做统计性描述，主要包括数据的集中趋势分析、数据的离散趋势分析等。在日常业务流程中，描述性数据分析的结果往往不足以做出决策，属于分析的基本阶段，允许系统化报告使用其他方法做进一步的调查。

传统的统计分析方法经常先假设数据分布符合某种统计模型，然后借助数据样本来估计模型参数及统计量，从而得到数据的内在规律，但实际上大多数数据并不符合这一理想假设。为了形成有价值的假设而进行的数据分析，20 世纪 70 年代美国统计学家 Tukey 提出了探索性数据分析。该分析方法是对传统统计学假设检验手段的有效补充，常利用数据变换、数据可视化等方法揭示数据的主要特征。该分析方法主要包括数据的关联分析、因子分析和方差分析等。与传统的统计方法不同，它是在尽量少的先验假设下，从数据本身出发，通过作图、制表、方程拟合、计算特征量等手段，探索已有数据在结构和规律方面的可能性，从而形成分析假设，指导分析人员发现数据中包含的模式或模型，揭示数据中蕴含的内在规律。

如果说探索性数据分析致力于找出事物内在的本质结构，那么验证性数据分析用来检验已知的特定结构是否按照预期的方式产生作用，即验证性数据分析属于探索性数据分析的下一步，侧重于评估所发现的模式或模型，因此该方法通常和探索性数据分析联合使用，二者均属于高级数据分析。

11.2　NumPy 基础

PY-11-v-001

NumPy 是 Python 数据分析任务中一个常用的第三方库，用于科学计算，支持高维数组与矩阵运算。同时，NumPy 可以为用户提供多维数组对象、各种派生对象（如掩码数组和矩阵），以及用于数组快速操作的各种 API，包括数学、逻辑、形状操作、排序、选择、输入/输出、离散傅里叶变换、基本线性代数、基本统计运算和随机模拟等。另外，NumPy 不仅是一个常用的、可独立调用的科学计算库，还是许多其他第三方库（如 SciPy 和 pandas）的基础库。

本节将简单介绍 Python 中 NumPy 的基本使用，主要是数组的创建与使用、数组运算及 NumPy func 常用函数。

11.2.1　NumPy 安装与测试

NumPy 是 Python 环境中的一个独立模块，在 Python 的默认安装环境下是未安装的。

1.　测试 Python 环境中是否安装 NumPy

Python 安装完成之后，在 Windows 操作系统下，按 Windows+R 快捷键，在"运行"对话框中输入"cmd"命令，在命令提示符界面中输入"python"命令，按 Enter 键，进入 Python 命令窗口。

在窗口中输入"import numpy"命令，导入 NumPy 模块，若在命令窗口中显示"Module Not

Found Error：No module named'numpy'"的错误提示，则表示系统中未安装 NumPy 软件包，否则表示已经安装。

2. 在 Windows 操作系统下安装 NumPy 软件包的方法

（1）首先根据已安装的 Python 版本和操作系统位数，在 Python Extension Packages for Windows 网站选择下载相应版本的 NumPy 软件包。例如，在 64 位的 Windows 操作系统下安装了 Python 3.7 版本，则选择下载的 NumPy 软件包为 numpy-1.21.6+mkl-cp37-cp37m-win_amd64.whl。

（2）将下载的软件包（.whl 文件）复制在 Python 安装目录的 Scripts 文件夹下。

（3）按 Windows+R 快捷键，输入"cmd"命令。若 Python 3.7 安装目录为 D:\Python，则在命令提示符界面中输入"pip install D:\Python\Scripts\ numpy-1.21.6+mkl-cp37-cp37m-win_amd64.whl"命令，按 Enter 键，开始安装 NumPy 模块。

（4）若界面提示"Successfully install numpy-1.21.6+mkl"，则表示安装成功，其中版本号根据实际选择为主。

3. 在 PyCharm 中安装 NumPy 软件包

（1）在操作系统下成功安装 NumPy 软件包后，打开 PyCharm，选择"File"→"Settings"命令，在"Settings"对话框中选择"Project：当前项目名称"选项，单击"Project Interpreter"下拉列表右侧的"设置"按钮，在弹出的下拉菜单中选择"Add Local"命令，弹出"创建虚拟环境"对话框。

（2）在该对话框中选择"Existing Environment"选项，在"Interpreter"下拉列表中，选择Python 的安装路径，单击"OK"按钮，加入安装好的 NumPy 软件包，依次单击"Apply"和"OK"按钮，完成安装。

安装完 NumPy 软件包之后，可以安装 NumPy 的扩展库 SciPy 和用于数据分析的开源库 pandas，二者的安装流程与 NumPy 软件包完全一致，同样遵循上述步骤。这里 SciPy 和 pandas 软件包的版本依然根据操作系统位数和 Python 版本号进行选择。例如，"scipy-1.7.3-cp37-cp37m-win_amd64"和"pandas-1.3.5-cp37-cp37m-win_amd64.whl"，其安装过程在 11.3 和 11.4 节，这里不再赘述。

11.2.2　NumPy 数据类型

Python 可以支持多种数据类型，有整型、浮点型和复数型等，但这些类型不足以满足科学计算的需求，因此 NumPy 添加了很多其他的数据类型。另外在实际应用中，为了提高计算结果的准确度，需要使用不同精度的数据类型，而不同的数据类型所占用的内存空间也是不同的。如表 11.1 所示，在 NumPy 中，大部分数据类型名称是以数字结尾的，这个数字表示其在内存中所占用的位数。

表 11.1　NumPy 的基本数据类型及描述

数据类型	描述
bool	用于存储的布尔类型（True 或 False）
inti	由所在平台决定其精度的整数（一般为 int32 或 int64）
int8	整数，范围为-128 ~ 127
Int16	整数，范围为-32768 ~ 32767
int32	整数（-2147483648 ~ 2147483647）
int64	整数，范围为-9223372036854775808 ~ 9223372036854775807
uint8	无符号整数（0 ~ 255）
uint16	无符号整数（0 ~ 65535）
uint32	无符号整数（0 ~ 4294967295）
uint64	无符号整数（0 ~ 18446744073709551615）
float16	半精度浮点数，包括 1 个符号位，5 个指数位，10 个尾数位
float32	单精度浮点数，包括 1 个符号位，8 个指数位，23 个尾数位
float64	双精度浮点数，包括 1 个符号位，11 个指数位，52 个尾数位
complex64	复数，表示双 32 位浮点数（实数部分和虚数部分）
complex128	复数，表示双 64 位浮点数（实数部分和虚数部分）

在 NumPy 中，使用 numpy.dtype() 方法来创建自定义数据类型。数据类型对象（numpy.dtype 类的实例）用来描述与数组对应的内存区域是如何使用的，描述了数据的以下几个属性。

（1）数据的类型（整数、浮点数或 Python 对象）。

（2）数据的大小（例如，整数使用多少字节存储）。

（3）数据的字节顺序（小端法或大端法）。

（4）在结构化类型的情况下，字段的名称、每个字段的数据类型和每个字段所取的内存块的部分。

（5）如果数据类型是子数组，则用于描述它的形状和数据类型。

numpy.dtype() 方法的调用格式如下。

```
numpy.dtype(object, align, copy)
```

其中，object 被转换为数据类型的对象；align 如果为 True，则向字段添加间隔，使其类似 C 的结构体；copy 表示是否生成 dtype 对象的新副本，如果为 False，则其结果是内建数据类型对象的引用。

numpy.dtype() 方法的使用示例如下。

```
import numpy as np
dt = np.dtype([('age',np.int8)])
print(dt)
```

程序运行结果如下。

```
[('age', 'i1')]
```

在了解了 NumPy 的数据类型后，接下来介绍 NumPy 库的核心对象，即 N 维数组对象 ndarray。它是一系列同类型数据的集合，集合中元素的索引从 0 下标开始。ndarray 对象是用于存放同类型元素的多维数组，而且 ndarray 对象中的每个元素在内存中都有相同存储大小的区域。ndarray 对象内部由以下内容组成。

（1）一个指向数据（内存或内存映射文件中的一块数据）的指针。

（2）数据类型（dtype），指定数组中元素的数据类型。

（3）一个表示多维数组形状（shape）的元组，指定数组中元素的个数。

（4）一个跨度元组（stride），其中的整数指的是为了前进到当前维度的下一个元素需要"跨过"的字节数。跨度可以是负数，这样表示数组在内存中后向移动。

创建一个 ndarray 对象只需调用 numpy.array()函数即可，其调用格式如下。

```
numpy.array(object, dtype=None, copy=True, order=None, subok=False, ndmin=0)
```

其中，object 表示数组或嵌套的数列；dtype 表示数组元素的数据类型，可选；copy 表示对象是否需要复制，可选；order 表示创建数组的样式，其中 "C" 为行方向，"F" 为列方向，"A" 为任意方向（默认选项）；subok 默认返回一个与基类类型一致的数组；ndmin 表示数组的维数。

【例 11-1】定义一个结构化数据类型 student，包含整数字段 "学号"（Student number）、字符串字段 "姓名"（Name）及浮点字段 "成绩"（Result），并将这个 dtype 应用到 ndarray 对象。

```
import numpy as np
student = np.dtype([('Student number', 'i1'),('Name','S20'), ('Result', 'f2')])
print(student)
a = np.array([(1, 'Sam', 90.5),(2, 'Lisa', 95)], dtype = student)
print(a)
```

程序运行结果如下。

```
[('Student number', 'i1'), ('Name', 'S20'), ('Result', '<f2')]
[(1, b'Sam', 90.5) (2, b'Lisa', 95. )]
```

11.2.3 NumPy 数组

1. 创建数组

创建 Numpy 数组的方法有很多种，除了可以使用底层 ndarray 构造器来创建，还可以通过以下几种方式来创建。比如，从已有的数组创建，也可以从数值范围创建，还可以通过函数创建。

1）从已有的数组创建

（1）numpy.asarray()：类似 numpy.array()函数，但 numpy.asarray()函数参数只有 3 个，比 numpy.array()函数少两个。其调用格式如下。

```
numpy.asarray(a, dtype = None, order = None)
```

其中，a 表示任意形式的输入参数，可以是列表、列表的元组、元组、元组的元组、元组的列表、多维数组；dtype 表示数据类型，可选；order 是可选项，有 "C" 和 "F" 两个选项，分别代表行优先和列优先，即在计算机内存中的存储元素的顺序。

numpy.asarray()函数的使用示例如下。

```
import numpy as np
x = [1, 2, 3]
a = np.asarray(x)
print(a)
```

程序运行结果如下。

```
[1 2 3]
```

（2）numpy.frombuffer()：用于实现动态数组。numpy.frombuffer()函数接收 buffer 输入参数，以流的形式读入并转化成 ndarray 对象。其调用格式如下。

```
numpy.frombuffer(buffer, dtype = float, count = -1, offset = 0)
```

其中，buffer 可以是任意对象，会以流的形式读入；dtype 表示数据类型，可选；count 指读取的数据数量，默认为-1，表示读取所有数据；offset 指读取的起始位置，默认为 0。

numpy.frombuffer()函数的使用示例如下。

```
import numpy as np
s = b'Hello World'
a = np.frombuffer(s, dtype = 'S1')
print (a)
```

程序运行结果如下。

```
[b'H' b'e' b'l' b'l' b'o' b' ' b'W' b'o' b'r' b'l' b'd']
```

注意：在调用 numpy.frombuffer()函数时，若 buffer 表示字符串，则 Python3 默认的 str 是 Unicode 类型，所以要转成 bytestring 需要在原 str 前加上 b。

（3）numpy.fromiter()：从可迭代对象中创建 ndarray 对象，返回一维数组。其调用格式如下。

```
numpy.fromiter(iterable, dtype, count=-1)
```

其中，iterable 表示可迭代对象；dtype 表示数据类型，可选；count 指读取的数据数量，默认为-1，表示读取所有数据。

numpy.fromiter()函数的使用示例如下。

```
import numpy as np
# 使用 range()函数创建列表对象
list=range(5)
it=iter(list)
# 使用迭代器创建 ndarray 对象
x=np.fromiter(it, dtype=float)
print(x)
```

程序运行结果如下。

```
[0. 1. 2. 3. 4.]
```

2）从数值范围创建

（1）numpy.arange()：使用 arange()函数创建数值范围并返回 ndarray 对象。其语法格式如下。

```
numpy.arange(start, stop, step, dtype)
```

其中，start 为起始值，默认为 0；stop 为终止值；step 为步长，默认为 1；dtype 表示 ndarray 对象的数据类型，如果没有提供，则会使用输入数据的类型。

numpy.arange()函数的使用示例如下。

```
import numpy as np
# 设置了数据类型 dtype
x = np.arange(5,15,5, dtype=float)
print(x)
```

程序运行结果如下。

```
[ 5. 10.]
```

（2）numpy.linspace()：用于创建一个一维数组，且该数组由一个等差数列构成。其调用格式如下。

```
np.linspace(start, stop, num=50, endpoint=True, retstep=False, dtype=None)
```

其中，start 为序列的起始值；stop 为序列的终止值；num 指要生成的等步长的样本数量，默认为 50；如果 endpoint 为 True，则该值包含于数列中；如果 retstep 为 True，则生成的数组会显示间距，否则不显示；dtype 表示 ndarray 对象的数据类型，如果没有提供，则会使用输入数据的类型。

numpy.linspace()函数使用示例如下。

```
import numpy as np
a = np.linspace(1,10,10)
print(a)
```

程序运行结果如下。

```
[ 1.  2.  3.  4.  5.  6.  7.  8.  9. 10.]
```

（3）numpy.logspace()：用于创建一个于等比数列。其调用格式如下。

```
np.logspace(start, stop, num=50, endpoint=True, base=10.0, dtype=None)
```

其中，start 为序列的起始值；stop 为序列的终止值；num 指要生成的等步长的样本数量，默认为 50；如果 endpoint 为 True，则该值包含于数列中；base 为对数 log 的底数；dtype 表示 ndarray 对象的数据类型，如果没有提供，则会使用输入数据的类型。

3）通过函数创建

NumPy 包含多个可以用来直接创建数组的函数。例如：

（1）numpy.zeros()：用于创建一个由数值 0 组成的数组。其调用格式如下。

```
numpy.zeros(shape, dtype = float, order = 'C')
```

其中，shape 为数组形状；dtype 为数据类型；order 是可选项，有 "C" 和 "F" 两个选项，分别代表行优先和列优先。

（2）numpy.ones()：用于创建一个由数值 1 组成的数组。其调用格式如下。

```
numpy.ones(shape, dtype = None, order = 'C')
```

（3）numpy.empty()：用于创建一个数组元素为随机值（未初始化）的数组。其初始内容是随机的，取决于内存的状态。其调用格式如下。

```
numpy.empty(shape, dtype = float, order = 'C')
```

numpy.zeros()函数的使用示例如下。

```
import numpy as np
array1=np.zeros((5,4))
print(array1)
```

程序运行结果如下。

```
[[0. 0. 0. 0.]
 [0. 0. 0. 0.]
 [0. 0. 0. 0.]
 [0. 0. 0. 0.]
 [0. 0. 0. 0.]]
```

numpy.ones()函数的使用示例如下。

```
array2=np.ones((3,2,4))
print(array2)
```

程序运行结果如下。

```
[[[1. 1. 1. 1.]
  [1. 1. 1. 1.]]
 [[1. 1. 1. 1.]
  [1. 1. 1. 1.]]
 [[1. 1. 1. 1.]
  [1. 1. 1. 1.]]]
```

numpy.empty()函数的使用示例如下。

```
array3=np.empty((2,3))
print(array3)
```

程序运行结果如下。

```
[[0. 0. 0.]
 [0. 0. 0.]]
```

2. NumPy 切片和索引

ndarray 对象的内容可以通过索引或切片来访问和修改，类似于列表。数组通过索引访问数组中的元素，而数组的切片也可以通过索引对数组中的元素进行提取。其中，索引访问提取返回的是数组中的一个对应元素，而数组切片返回的是数组中某一子区域所对应的元素。具体做法：ndarray 数组可以基于 $0 \sim n$ 的下标进行索引，而切片对象可以通过内置的 slice()函数，并设置 start、stop 及 step 参数，以便从原数组中分割出一个新数组。slice()函数的使用示例如下。

```
import numpy as np
a = np.arange(10)
s = slice(2, 7, 2)   # 从索引 2 开始到索引 7 停止，间隔为 2
```

```
print(a[s])
```

程序运行结果如下。

```
[2 4 6]
```

上例也可以通过冒号分隔切片参数（start:stop:step），从而实现切片操作，具体如下。

```
import numpy as np
a = np.arange(10)
b = a[2:7:2]    # 从索引 2 开始到索引 7 停止，间隔为 2
print(b)
```

程序运行结果如下。

```
[2 4 6]
```

另外，关于通过冒号分隔切片参数来实现切片操作，需要补充 3 点说明，如下。

- 如果只放置一个参数，如[2]，则返回与该索引相对应的单个元素。
- 如果为[2:]，则表示从该索引开始以后的所有项都将被提取。
- 如果使用了两个参数，如[2:7]，则提取两个索引（不包括停止索引）之间的所有项。

NumPy 比一般的 Python 序列提供更多的索引方式。除了上述用整数和切片的索引，数组还可以由整数数组索引、布尔索引及花式索引。

1）整数数组索引

整数数组索引是使用数组的方式进行索引，将该索引数组的值作为目标数组的某个轴的下标来取值。使用示例如下。

```
import numpy as np
x = np.array([[0, 1, 2], [3, 4, 5], [6, 7, 8]])
print('数组为: ')
print(x)
rows = np.array([[0, 0], [2, 2]])
cols = np.array([[0, 2], [0, 2]])
y = x[rows, cols]
print('这个数组的边角元素为: ')
print(y)
```

程序运行结果如下。

```
数组为:
[[0 1 2]
 [3 4 5]
```

```
  [6 7 8]]
这个数组的边角元素为：
[[0 2]
 [6 8]]
```

2）布尔索引

布尔索引是通过布尔运算来获取符合指定条件的数组，即通过一个布尔数组来索引目标数组，从而找出与布尔数组中值为 True 对应的目标数组中的数据。当使用布尔数组进行索引时，其长度必须与目标数组对应的轴（行或列）的长度一致。使用示例如下。

```python
import numpy as np
x = np.array([[2, 3, 4], [5, 6, 7]])
print('数组为： ')
print(x)
# 打印出大于 5 的元素
print('大于 4 的元素是： ')
print(x[x > 4])
```

程序运行结果如下。

```
数组为：
[[2 3 4]
 [5 6 7]]
大于 4 的元素是：
[5 6 7]
```

3）花式索引

花式索引的索引值是一个数组，这种索引方式将索引数组的值作为目标数组的某个轴的下标来取值，并将索引数据复制到新的数组中。对于使用一维整型数组为索引，如果目标是一维数组，则索引的结果为对应下标的行；如果目标是二维数组，则为对应位置的元素。与切片不同，花式索引总是将数据复制到新数组中。使用示例如下。

```python
import numpy as np
x=np.arange(32).reshape((8,4))
print (x[[-4,-2,-1,-7]])
```

程序运行结果如下。

```
[[16 17 18 19]
 [24 25 26 27]
 [28 29 30 31]
```

```
 [ 4  5  6  7]]
```

上例中，索引数组为[-4,-2,-1,-7]，对二维数组 x 而言，表示的是数组 x 的第-4、-2、-1、-7 行。

3. NumPy 数组操作

NumPy 中包含了一些函数用于处理数组，大概可以分为修改数组形状、迭代数组、翻转数组、连接数组、分割数组、添加与删除数组元素等。

1）修改数组形状

（1）numpy.reshape()函数可以在不改变数据的条件下修改形状，其调用格式如下。

```
numpy.reshape(arr, newshape, order='C')
```

其中，arr 为需要修改形状的数组；newshape 是整数或整数数组，新的数组形状需要兼容原数组形状；order 表示顺序，有 4 种取值，分别为'C'按行，'F'按列，'A'原顺序，'K'按数组元素在内存中的出现顺序。

输出原始数组的代码示例如下。

```
import numpy as np
a = np.arange(8)
print ('原始数组：')
print (a)
```

程序运行结果如下。

```
原始数组：
[0 1 2 3 4 5 6 7]
```

修改数组的代码示例如下。

```
b = a.reshape(4,2)
print ('修改后的数组：')
print (b)
```

程序运行结果如下。

```
修改后的数组：
[[0 1]
 [2 3]
 [4 5]
 [6 7]]
```

（2）numpy.resize()函数可以返回指定大小的新数组。如果新数组的大小大于原数组的大小，则包含原始数组中元素的重复副本，其调用格式如下。

```
numpy.resize(x0,x1,x2,…xn)
```

其中，x0,x1,x2,…xn 表示数组中每个维度上的大小。

2）迭代数组

迭代意味着逐一遍历数组元素。在 NumPy 中处理多维数组时，可以使用 Python 的基本 for 循环来完成此操作。如果对一维数组进行迭代，则逐一遍历每个元素。若为二维数组，则遍历所有行；若为 N 维数组，则逐一遍历 N-1 维。

（1）numpy.ndarray.flat 是一个数组元素迭代器，完成对数组中所有元素的访问，使用示例如下。

```
import numpy as np
a = np.arange(9).reshape(3, 3)
# 对数组中的每个元素都进行处理，可以使用 flat 属性，因为该属性是一个数组元素迭代器
print('迭代后的数组：')
for element in a.flat:
    print(element)
```

程序运行结果如下。

```
迭代后的数组：
0
1
2
3
4
5
6
7
8
```

（2）ndarray.flatten 返回一份复制数组，对复制所做的修改不会影响原始数组，其调用格式如下。

```
ndarray.flatten(order='C')
```

其中，order 表示顺序，有 4 种取值，分别为'C'按行，'F'按列，'A'原顺序，'K'按数组元素在内存中的出现顺序。

该函数使用示例如下。

```
import numpy as np
```

```
a = np.arange(8).reshape(2, 4)
print('原数组：')
print(a)
# 默认按行
print('展开的数组：')
print(a.flatten())
print('以 F 风格顺序展开的数组：')
print(a.flatten(order='F'))
```

程序运行结果如下。

```
原数组：
[[0 1 2 3]
 [4 5 6 7]]
展开的数组：
[0 1 2 3 4 5 6 7]
以 F 风格顺序展开的数组：
[0 4 1 5 2 6 3 7]
```

3）翻转数组

（1）numpy.transpose()函数用于对换数组的维度。其调用格式如下。

```
numpy.transpose(arr, axes)
```

其中，arr 为要操作的数组；axes 为整数列表，对应维度，通常所有维度都会对换。

（2）numpy.swapaxes()函数用于交换数组的两个轴。其调用格式如下。

```
numpy.swapaxes(arr, axis1, axis2)
```

其中，arr 为输入数组；axis1 和 axis2 分别代表第一个轴和第二个轴对应的整数。

（3）numpy.rollaxis()函数用于向后滚动特定的轴，直到一个特定位置。其调用格式如下。

```
numpy.rollaxis(arr, axis, start)
```

其中，arr 为输入数组；axis 指要向后滚动的轴，其他轴的相对位置不会改变；start 指会滚动到特定位置，默认为 0，表示完整的滚动。

上述函数使用示例如下。

```
import numpy as np
# 创建一个三维的 ndarray 对象
a = np.arange(12).reshape(2,3,2)
print('原数组：')
print(a)
```

```
# 用 transpose() 函数转置
print('调用 numpy.transpose() 函数：')
print(np.transpose(a))
# 现在交换轴 0（深度方向）到轴 2（宽度方向）
print('调用 numpy.swapaxes() 函数：')
print(np.swapaxes(a,2,0))
# 将轴 0 滚动到轴 1（宽度到高度）
print('调用 numpy.rollaxis() 函数：')
print(np.rollaxis(a,2,1))
```

程序运行结果如下。

```
原数组：
[[[ 0  1]
  [ 2  3]
  [ 4  5]]
 [[ 6  7]
  [ 8  9]
  [10 11]]]
调用 numpy.transpose() 函数：
[[[ 0  6]
  [ 2  8]
  [ 4 10]]
 [[ 1  7]
  [ 3  9]
  [ 5 11]]]
调用 numpy.swapaxes() 函数：
[[[ 0  6]
  [ 2  8]
  [ 4 10]]
 [[ 1  7]
  [ 3  9]
  [ 5 11]]]
调用 numpy.rollaxis() 函数：
[[[ 0  2  4]
  [ 1  3  5]]
 [[ 6  8 10]
  [ 7  9 11]]]
```

4）连接数组

（1）numpy.concatenate()函数用于沿指定轴连接相同形状的两个或多个数组，其调用格式如下。

```
numpy.concatenate((a1, a2, …), axis)
```

其中，a1,a2，…表示相同类型的数组；axis 表示沿着连接数组的轴，默认为 0。

（2）numpy.stack()函数用于沿新轴连接数组序列，其调用格式如下。

```
numpy.stack(arrays, axis)
```

其中，arrays 表示相同形状的数组序列；axis 表示沿着堆叠数组的轴。

（3）numpy.hstack()函数和 numpy.vstack()函数均是 numpy.stack()函数的变体，分别通过水平和竖直堆叠来生成数组。

上述函数的使用示例如下。

```
import numpy as np
a = np.array([[1, 2], [3, 4]])
print('第一个数组: ')
print(a)
b = np.array([[5, 6], [7, 8]])
print('第二个数组: ')
print(b)
# 两个数组连接
print('沿轴 1 连接两个数组: ')
print(np.concatenate((a, b), axis=1))
# 两个数组堆叠
print ('沿轴 0 堆叠两个数组: ')
print (np.stack((a,b),0))
# 两个数组沿水平方向堆叠
print ('水平堆叠: ')
h = np.hstack((a,b))
print (h)
# 两个数组沿竖直方向堆叠
print ('竖直堆叠: ')
v = np.vstack((a,b))
print (v)
```

程序运行结果如下。

```
第一个数组:
[[1 2]
```

```
 [3 4]]
第二个数组:
[[5 6]
 [7 8]]
沿轴 1 连接两个数组:
[[1 2 5 6]
 [3 4 7 8]]
沿轴 0 堆叠两个数组:
[[[1 2]
  [3 4]]

 [[5 6]
  [7 8]]]
水平堆叠:
[[1 2 5 6]
 [3 4 7 8]]
竖直堆叠:
[[1 2]
 [3 4]
 [5 6]
 [7 8]]
```

5）分割数组

在 NumPy 中，利用 numpy.split()、numpy.hsplit() 和 numpy.vsplit() 等函数可实现数组的分割操作。

（1）numpy.split() 函数沿特定的轴将数组分割为子数组，其调用格式如下。

```
numpy.split(arr, indices_or_sections, axis)
```

其中，arr 表示被分割的数组。indices_or_sections 表示从 arr 数组创建的大小相同的子数组的数量，可以为整数。如果该参数为一维数组，则该参数表示在 arr 数组中的分割点，arr 数组将按照分割点来分割数组。axis 代表返回数组中的轴，默认值为 0，表示横向切分；值为 1 表示纵向切分。

（2）numpy.hsplit() 函数和 numpy.vsplit() 函数均是 numpy.split() 函数的特例，分别用于水平和竖直分割数组，并通过指定要返回的相同形状的数组数量来拆分原数组。其调用格式均与 numpy.split() 函数类似。

上述函数的使用示例如下。

```
import numpy as np
a = np.arange(9)
print('第一个数组: ')
```

```
print(a)
print('将数组分为三个大小相等的子数组：')
b = np.split(a, 3)
print(b)
print('将数组在一维数组中表明的位置分割：')
c = np.split(a, [4, 7])
print(c)
```

程序运行结果如下。

第一个数组：
```
[0 1 2 3 4 5 6 7 8]
```
将数组分为三个大小相等的子数组：
```
[array([0, 1, 2]), array([3, 4, 5]), array([6, 7, 8])]
```
将数组在一维数组中表明的位置分割：
```
[array([0, 1, 2, 3]), array([4, 5, 6]), array([7, 8])]
```

6）添加与删除数组元素

NumPy 可以用来对数组进行元素的添加与删除。比如，可以将新的元素值添加到数组的末尾，或者沿着指定的轴将元素值插入数组，或者删除数组沿某个轴的子数组等。在 NumPy 中，利用 numpy.append()、numpy.insert()、numpy.delete() 和 numpy.unique() 等函数可以实现数组元素的添加与删除操作。

（1）numpy.append() 函数表示在数组的末尾添加值，并把原来的数组复制到新数组中。其调用格式如下。

```
numpy.append(arr, values, axis = None)
```

其中，arr 为输入数组；values 为要向 arr 添加的值，需要和 arr 形状相同（除了要添加的轴）；axis 默认为 None，表示返回一维数组。当 axis 值为 0 时，列数相同，当 axis 值为 1 时，数组加在右边，因此添加的值行数要与输入数组相同。

（2）numpy.insert() 函数表示在给定索引之前，沿给定轴在输入数组中插入值。其调用格式如下。

```
numpy.insert(arr, obj, values, axis)
```

其中，arr 为输入数组；obj 为在其之前插入的索引；values 为要插入的值，如果所插入值的类型与 arr 的类型不同，则可以将值转换为 arr 的类型；axis 表示沿着插入的轴，如果 axis 参数未被提供，则输入的数组会被展开。

（3）numpy.delete() 函数表示返回从输入数组中删除指定子数组的新数组。与 numpy.insert() 函数的情况一样，如果未提供轴参数，则输入的数组将展开。其调用格式如下。

```
numpy.delete(arr, obj, axis)
```

其中，arr 为输入数组；obj 可以为切片、整数或整数数组，表示要从输入数组删除的子数组；axis 表示沿着它删除给定子数组的轴，如果参数未提供，则输入的数组会被展开。

numpy.delete()函数使用示例如下。

```
import numpy as np
a = np.array([[1, 2, 3], [4, 5, 6]])
print('沿轴 0 添加元素：')
print(np.append(a, [[7, 8, 9]], axis=0))
print ('未传递 axis 参数。 在删除之前输入数组会被展开。')
print (np.insert(a,3,[11,12]))
print('删除第二列：')
print(np.delete(a, 1, axis=1))
```

程序运行结果如下。

```
沿轴 0 添加元素：
[[1 2 3]
 [4 5 6]
 [7 8 9]]
未传递 axis 参数。 在删除之前输入数组会被展开。
[ 1  2  3 11 12  4  5  6]
删除第二列：
[[1 3]
 [4 6]]
```

（4）numpy.unique()函数用于删除数组中的重复元素。其调用格式如下。

```
numpy.unique(arr, return_index, return_inverse, return_counts)
```

其中，arr 为输入的数组，如果不是一维数组，则会被展开；return_index 的值如果为 True，则返回新列表元素在旧列表中的位置（下标），并以列表形式进行存储；return_inverse 的值如果为 True，则返回旧列表元素在新列表中的位置（下标），并以列表形式进行存储；return_counts 的值如果为 True，则返回去重数组中的元素在原数组中的出现次数。

numpy.unique()函数使用示例如下。

```
import numpy as np
a = np.array([5, 2, 6, 2, 7, 5, 6, 8, 2, 9])
print('第一个数组的去重值：')
u = np.unique(a)
print(u)
```

```
print('去重数组的索引数组：')
u, indices = np.unique(a, return_index=True)
print(indices)
print('我们可以看到每个和原数组下标对应的数值：')
print(a)
print('去重数组的下标：')
u, indices = np.unique(a, return_inverse=True)
print(u)
print('下标为：')
print(indices)
print('使用下标重构原数组：')
print(u[indices])
print('返回去重元素的重复数量：')
u, indices = np.unique(a, return_counts=True)
print(u)
print(indices)
```

程序运行结果如下。

```
第一个数组的去重值：
[2 5 6 7 8 9]
去重数组的索引数组：
[1 0 2 4 7 9]
我们可以看到每个和原数组下标对应的数值：
[5 2 6 2 7 5 6 8 2 9]
去重数组的下标：
[2 5 6 7 8 9]
下标为：
[1 0 2 0 3 1 2 4 0 5]
使用下标重构原数组：
[5 2 6 2 7 5 6 8 2 9]
返回去重元素的重复数量：
[2 5 6 7 8 9]
[3 2 2 1 1 1]
```

4. NumPy 数组运算

在 NumPy 中，数组不需要复杂的循环操作来对数据进行批量运算，被称为矢量运算；对于不同形状的数组之间的运算，被称为广播。同时，在 NumPy 中还包含有 ufunc 对象，该对象具有对数组数据进行快速运算的通用函数。由于标量只有大小，没有方向，因此数组与标量之间的算术运算是将该标量值直接作用到数组中的每一个元素，运算规则较简单。本节着重介绍数组之间的运算，分为相同形状的数组运算和不同形状的数组运算。

1）相同形状的数组运算

对于形状相同的两个数组，它们之间的运算是将这两个数组中索引相同的元素进行运算。如果是一个数组的运算，则是将数组中的所有元素都进行相同运算。比如，计算数组的平方，即将数组中的每个元素都进行平方运算。

2）不同形状的数组运算

数组在进行矢量化运算时，要求数组的形状是相等的。当形状不相等的数组执行算术运算时，就会出现广播机制。该机制会对数组进行扩展，使数组的 shape 属性值相同，这样便可以进行矢量化运算了。为了确保广播机制顺利进行，需要遵循以下四点原则。

（1）使参与运算的所有数组长度统一为最长的数组长度，不足部分通过前面加 1 补齐。

（2）输出数组的形状是输入数组形状的各个轴上的最大值。

（3）如果输入数组的某个轴和输出数组的对应轴的长度相同或者其长度为 1，则这个数组能够用来计算，否则会报错。

（4）当输入数组的某个轴的长度为 1 时，在沿着此轴计算时使用此轴上的第一组值。

11.2.4　NumPy 中 ufunc 通用函数

NumPy 提供了两种基本对象，即 ndarray 对象和 ufunc 对象。11.2.1 节已经介绍了 ndarray 对象，本节将介绍 ufunc（universal function）通用函数。它是针对 ndarray 数组对象执行元素级运算的函数，即通用函数会对数组中的每一个元素值作用后产生新的元素值，并返回新的元素值组成的数组，因此 ufunc 都是以 NumPy 数组作为输出的。NumPy 提供了大量的 ufunc 通用函数，这些函数在对 ndarray 进行运算时的速度比使用循环或列表推导式要快很多，但是在对单个数值进行运算时，Python 提供的运算相对要比 NumPy 效率更高一些。

按照 ufunc 所接收的数组参数个数来划分，接收一个数组参数的被称为一元通用函数，而接收两个数组参数的被称为二元通用函数；按照运算功能划分，分为四则运算、比较运算和逻辑运算等。虽然 ufunc 的操作对象是数组，但是使用方法与数值运算完全相同。表 11.2 和表 11.3 所示为常用的一元通用函数和二元通用函数。

表 11.2　常用的一元通用函数

函数名	描述
abs()、fabs()	逐个元素地计算整数、浮点数或复数的绝对值
sqrt()	计算每个元素的平方根（与 arr ** 0.5 相等）
square()	计算每个元素的平方（与 arr ** 2 相等）

续表

函数名	描述
exp()	计算每个元素的自然指数值 e^x 次方
log()、log10()、log2()、log1p()	分别对应自然指数（e 为底）、对数 10 为底、对数 2 为底、log(1+x)
sign()	计算每个元素的符号值：1（正数）、0（0）、-1（负数）
ceil()	计算每个元素的最高整数值（大于或等于给定数值的最小整数）
floor()	计算每个元素的最小整数值（小于或等于给定整数的最大整数）
rint()	将各元素的值四舍五入到最接近的整数，并保持 dtype
modf()	分别将数组的小数部分与整数部分按数组形式返回
isnan()	返回数组元素是否是一个 NaN（非数值），形式为布尔值数组
isfinite()、isinf()	分别返回数组中的元素是否有限（非 inf、非 NaN）、是否无限，形式为布尔值数组
cos()、cish()、sin()、sinh()、tan()、tanh()	常规三角函数及双曲三角函数
arccos()、arccosh()、arcsin()、arcsinh()、arctan()、arctanh(())	反三角函数
logical_not()	对数组元素按位取反

表 11.3　常用的二元通用函数

函数名	等价运算符	说明
add()	+	将数组中对应元素相加
substract()	-	从第一数组中减去第二数组中的元素
multiply()	*	将数组中对应元素相乘（数量积）
dot()		数组中对应元素相乘的累加和（矢量积）
divide()、floor_divide()	/、//	将数组中对应元素相除或向下整除
mod()、remainder()、fmod()	%	元素级的求模计算（除法的余数）；mod()与 remainder()的功能完全一致；fmod()处理负数的方式与 remainder()、mod()和%不同，所得余数的正负由被除数决定，与除数的正负无关
maximum()、fmax()		元素级的最大值计算，fmax()将忽略 NaN
minimum()、fmin()		元素级的最小值计算，fmin()将忽略 NaN
power()	**	对第一个数组中的元素 A，根据第二个数组中的相应元素 B，计算 A^B
copysign()		将第二个数组中值的符号复制给第一个数组中的值
equal()\not_equal()、greater()、greater_equal()、less()、less_equal()	==、！、=、>、>=、<、<=	执行元素级的比较运算，最终产生布尔型数组
logical_and()、logical_or()、logicalxor()	&、|、^	执行元素级的真值逻辑运算，返回布尔型值

【例 11-2】定义 arr 为 0～3 的一维数组，运用通用函数完成下列计算：对 arr 数组中的元素逐一计算平方根，并将原数组与标量 2 相加；将 arr 数组的平方根乘以 3 之后的结果（浮点型数据）分解成整数和小数部分；定义一个 2 行 4 列的二维数组，计算该数组与 arr 数组的矢量积和数量积。

代码示例如下。

```
import numpy as np
arr=np.arange(4)
arr_1=np.sqrt(arr)
print('求平方根: ',arr_1)
print('数组与标量相加: ',np.add(arr,3))
print('将浮点数分成整数与小数: ',np.modf(arr_1*3))
# 计算数组矢量积和数量积
arr_2=np.arange(8).reshape(2,4)
print('计算数组矢量积: ',np.dot(arr_2,arr))
print('计算数组数量积: ',arr_2*arr)
```

程序运行结果如下。

```
求平方根: [0.         1.         1.41421356 1.73205081]
数组与标量相加: [3 4 5 6]
将浮点数分成整数与小数: (array([0.         , 0.         , 0.24264069,
0.19615242]), array([0., 3., 4., 5.]))
计算数组矢量积: [14 38]
计算数组数量积: [[ 0  1  4  9]
 [ 0  5 12 21]]
```

11.3　pandas 基础

PY-11-v-002

pandas 是 Python 数据分析的核心库，是基于 NumPy 构建的含有复杂数据结构和工具的数据分析包。pandas 纳入了大量库和一些标准的数据模型，提供了高效地操作大型数据集所需的工具，也提供了大量快速、便捷地处理数据的函数和方法，这也是使 Python 成为强大而高效的数据分析环境的重要因素之一。

11.3.1　pandas 数据类型

pandas 的主要数据结构是 Series（一维数据）与 DataFrame（二维数据），这两种数据结构足以处理金融、统计、社会科学、工程等领域中的大多数典型用例。

1. Series 类型

pandas 类型（Series）类似表格中的一个列（Column），也类似一维数组，由一组数据（任何 Python 支持的数据类型）和一组与之相关的数据标签（索引）组成，且序列要求数据类型是相同的。Series 的内部结构如图 11.2 所示。

Series	
index	value
0	………
1	………
2	………

图 11.2　Series 的内部结构

从图 11.2 中可以看出，对序列而言，一维结构只有行索引（Row Index），没有列名称（Column Name）。因为 Series 是一个可以自定义行索引的一维数据，所以 Series 的属性大部分都是 ndarray 的属性，并在 ndarray 属性的基础上有了新的扩展，其中比较重要的是 name、index 和 values 等属性，具体总结如表 11.4 所示。

表 11.4　Series 常用属性列表

属性	说明
Series.index	系列的索引（轴标签）
Series.array	系列或索引的数据
Series.array	系列的数据，返回 ndarray
Series.dtype	返回基础数据的数据类型
Series.shape	返回基础数据形状的元组
Series.nbytes	返回基础数据占的字节数
Series.ndim	返回底层数据的维数，默认为 1
Series.size	返回基础数据中元素的个数
Series.name	返回系列的名称
Series.empty	指定 Series 是否为空
Series.dtypes	返回基础数据的数据类型

创建 Series 对象的 Series() 构造函数，其调用格式如下。

```
pandas.Series( data, index, dtype, name, copy)
```

其中，data 为输入给 Series 构造器的数据，可以是 NumPy 中任意类型的数据；index 为数据索引标签，默认从 0 开始；dtype 为数据类型，若未设置，则由 pandas 推断数据类型；name 为设置的名称；copy 为复制数据，默认为 False。

创建 Series 类型数据有 3 种方法：从列表中创建，从加入标签的索引中创建和从字典中创建。使用方法：

（1）从列表中创建的代码示例如下。

```python
import pandas as pd
a = [1, 2, 3, 4]
b = pd.Series(a)
print("从列表中创建: ")
print(b)
```

程序运行结果如下。

```
从列表中创建:
0    1
1    2
2    3
3    4
dtype: int64
```

（2）从加入标签的索引中创建的代码示例如下。

```python
import pandas as pd
a = ["Math", "Physics", "Chemistry"]
b = pd.Series(a, index = ["x", "y", "z"])
print("从加入标签的索引中创建: ")
print(b)
```

程序运行结果如下。

```
从加入标签的索引中创建:
x         Math
y      Physics
z    Chemistry
dtype: object
```

（3）从字典中创建的代码示例如下。

```python
import pandas as pd
a = {1: "Math", 2: "Physics", 3: "Chemistry"}
b = pd.Series(a)
print("从字典中创建: ")
print(b)
```

程序运行结果如下。

```
从字典中创建：
1        Math
2        Physics
3        Chemistry
dtype: object
```

上例中，若只需字典中的一部分数据，则指定数据索引即可。

```
b = pd.Series(a, index = [1, 2])
print(b)
```

程序运行结果如下。

```
1        Math
2        Physics
dtype: object
```

2．DataFrame 类型

DataFrame 是一个表格型的数据结构，如图 11.3 所示。它含有一组有序的列（Column_1,Column_2,…,Column_k），每列可以是不同的值类型（数值、字符串、布尔型值等）。DataFrame 既有行索引也有列索引，可以被看作共用一个 index 索引的由 Series 组成的字典，并且可以通过标签来定位数据，这是 NumPy 数据不具备的特点。

行索引	列索引			
Index	Column_1	Column_2	………	Column_k
0			………	
1			………	
2			………	

图 11.3　DataFrame 的数据结构示意图

DataFrame 常用的属性包括 index 和 column。比如，调用 column 属性可以获取 DataFrame 对象所有列的名称，而调用 index 属性则用来获取 DataFrame 的索引列表。DataFrame 的其他常用属性如表 11.5 所示。

表 11.5　DataFrame 的其他常用属性

属性	说明
DataFrame.T	转置行和列
DataFrame.axes	返回一个列，行轴标签和列轴标签作为唯一的成员
DataFrame.dtypes	返回此对象中的数据类型（dtypes）
DataFrame.empty	指定 DataFrame 内容是否为空，是则返回 True

续表

属性	说明
DataFrame.ndim	返回轴/数组维度大小
DataFrame.shape	返回表示 DataFrame 维度的元组
DataFrame.size	返回 DataFrame 中元素的个数

使用 DataFrame()构造函数可以创建 DataFrame 对象，DataFrame()构造函数的调用格式如下。

```
pandas.DataFrame( data, index, columns, dtype, copy)
```

其中，data 为一组数据，数据类型可以为 ndarray、Series、map、lists、dict 等；index 为索引值，也被称为行标签；columns 为列标签，默认为 RangeIndex (0,1,2, …, n)；dtype 为数据类型；copy 为复制数据，默认为 False。

DataFrame 数据的创建方法主要有 3 种：通过列表创建、使用 ndarrays 创建、使用字典创建。需要注意的是，在使用字典来创建 DataFrame 数据时，字典中的 value 值只能是一维数组或单一的数据类型。3 种创建方法的使用示例及运行结果如下。

（1）通过列表创建的使用示例如下。

```
import pandas as pd
data = [['Math',95],['Physics',90],['Chemistry',100]]
df = pd.DataFrame(data,columns=['Subject','Result'],dtype=float)
print("成绩列表如下：")
print(df)
```

程序运行结果如下。

```
成绩列表如下：
     Subject  Result
0       Math   95.0
1    Physics   90.0
2  Chemistry  100.0
```

（2）使用 ndarrays 创建的使用示例如下。

注意：在使用 ndarrays 创建 DataFrame 数据时，ndarrays 的长度必须相同，如果传递了 index，则索引的长度应等于数组的长度；如果没有传递索引，则在默认情况下，索引将是 range(n)，其中 n 是数组长度。

```
import pandas as pd
data = {'Subject':['Math', 'Physics', 'Chemistry'], 'Result':[95, 90, 100]}
df = pd.DataFrame(data)
print("成绩列表如下：")
```

```
print(df)
```

程序运行结果如下。

成绩列表如下：
```
    Subject  Result
0      Math      95
1   Physics      90
2 Chemistry     100
```

（3）使用字典创建的使用示例如下。

```
import pandas as pd
data = [{'Math': 90, 'Physics': 95},{'Math': 85, 'Physics': 90,
'Chemistry': 95}]
df = pd.DataFrame(data)
print (df)
```

程序运行结果如下。

```
   Math  Physics  Chemistry
0    90       95        NaN
1    85       90       95.0
```

11.3.2　pandas 数据表操作

DataFrame 类型是 pandas 数据库中重要的数据类型，本节主要介绍关于 DataFrame 数据的基本操作，包括数据查看、数据清洗、索引、排序等操作。

1. 数据查看

通常用户获得数组后，需要对数组内容进行查看，以便做进一步处理。pandas 提供了一系列用于数据查看的方法或属性，如表 11.6 所示。

表 11.6　DataFrame 数据查看的方法或属性

方法或属性	参数说明
DataFrame.head()	查看 DataFrame 的前 n 行，默认返回前 5 行
DataFrame.tail()	查看 DataFrame 的后 n 行，默认返回后 5 行
DataFrame.shape()	查看二维数组的维度
DataFrame.columns()	查看二维数组的列名称
DataFrame.values()	查看二维数组的值
DataFrame.describe()	查看数字类型的汇总统计数据

上述部分方法或属性的使用示例及运行结果如下。

```
import pandas as pd
data = {'Name':['Sam','Lisa','John'],
        'Math':[90,90,95],'Physics':[87,95,90],
        'Chemistry':[92,80,85]}
labels=['01','02','03']
df = pd.DataFrame(data,index=labels)
print('DataFrame:')
print (df)
DataFrame:
    Name  Math  Physics  Chemistry
01  Sam    90     87        92
02  Lisa   90     95        80
03  John   95     90        85
print("查看二维数组的前 1 行: ")
print(df.head(1))
查看二维数组的前 1 行:
    Name  Math  Physics  Chemistry
01  Sam    90     87        92
print("查看二维数组的后 2 行: ")
print(df.tail(2))
查看二维数组的后 2 行:
    Name  Math  Physics  Chemistry
02  Lisa   90     95        80
03  John   95     90        85
print("查看二维数组的形状")
print(df.shape)
查看二维数组的形状
(3, 4)
print("查看二维数组的列标题: ")
print(df.columns)
查看二维数组的列标题:
index(['Name', 'Math', 'Physics', 'Chemistry'], dtype='object')
print("查看二维数组的第 2 行的数据")
print(df.iloc[1:2])
查看二维数组的第 2 行的数据
    Name  Math  Physics  Chemistry
02  Lisa   90     95        80
```

2. 数据清洗

在解决实际问题时，DataFrame 数据的构建往往来自真实数据，而很多数据集存在数据缺失、数据格式错误、数据错误或数据重复的情况，为了使数据分析更加准确，需要对这些冗余的数据进行预先处理，从而得到更高质量的输入。数据预处理包括数据清洗、数据集成、数据变换、数据归约等，本小节主要介绍数据清洗。数据清洗用于发现并修正数据文件中可识别的错误，包括移除重复数据、处理空白值、滤除异常值等操作。

1）使用 pandas 清洗空值

若要删除包含空字段的行，则可以使用 dropna()方法，其调用格式如下。

```
DataFrame.dropna(axis=0,how='any',thresh=None,subset=None,inplace=False)
```

其中，axis 默认为 0，表示逢空值删除该值所在的整行，如果设置参数 axis＝1，则表示逢空值去掉该值所在的整列；how 默认为'any'，表示若一行（或一列）中任何一个数据有出现 NA 就去掉整行，若设置参数 how='all'，则一行（或一列）都是 NA 才去掉这整行；thresh 表示一行或一列中至少出现了 thresh 个 NA 才删除；subset 用于设置想要检查的列，在某些列的子集中将出现了缺失值的列删除，而不在子集中的含有缺失值的列或行不会被删除；inplace 值若设置为 True，将计算得到的值直接覆盖之前的值并返回 None，修改的是源数据。

2）使用 pandas 清洗格式错误数据

数据格式错误的单元格会增加数据分析的工作量，降低准确性。通常将包含空单元格的行，或者将列中的所有单元格转换为相同格式的数据。其使用示例及运行结果如下。

```
import pandas as pd
# 第三个日期格式错误
data = {
  "Date": ['2020/12/01', '2020/12/02' , '20201226'],
  "duration": [50, 40, 45]
}
df = pd.DataFrame(data, index = ["day1", "day2", "day3"])
df['Date'] = pd.to_datetime(df['Date'])
print(df.to_string())
         Date  duration
day1 2022-07-01       50
day2 2022-07-02       40
day3 2022-07-03       45
```

3）使用 pandas 清洗错误数据

数据错误也是很常见的情况，可以对错误的数据进行替换或移除。其使用示例及运行结果如下。

```
import pandas as pd
person = {
  "name": ['Sam', 'Lisa', 'John'],
  "age": [18, 19, 123]    # 123 的年龄数据是错误的
}
df = pd.DataFrame(person)
df.loc[2, 'age'] = 20 # 将错误数据替换为 20
print(df.to_string())
   name  age
0  Sam   18
1  Lisa  19
2  John  20
```

上例中利用 DataFrame.loc[]方法进行数据选取，该方法方括号内必须有两个参数，第一个参数是对行的筛选条件，第二个参数是对列的筛选条件，两个参数用逗号隔开。上例也可以通过判断语句将错误数据所在的行移除：

```
person = {
  "name": ['Sam', 'Lisa' , 'John'],
  "age": [18, 19, 123]    # 123 的年龄数据是错误的
}
df = pd.DataFrame(person)
for x in df.index:
  if df.loc[x, "age"] > 120:
    df.drop(x, inplace = True)
print(df.to_string())
   name  age
0  Sam   18
1  Lisa  19
```

4）使用 pandas 清洗重复数据

pandas 提供了 duplicated()方法和 drop_duplicates()方法，用于标记和删除重复数据。

（1）duplicated()方法用于标记 DataFrame 中的记录行是否重复，若重复，则设置为 True，否则设置为 False。其调用格式如下。

```
DataFrame.duplicated(subset=None, keep='first')
```

其中，subset 用于识别重复的列标签或列标签序列，默认为列标签，默认值为 None；keep 为{'first', 'last', 'False'}，默认值为'first'，表示除了第一次出现，其余相同的重复项标记为 True，

而 last 表示除了最后一次出现，其余相同的重复项标记为 True。

（2）drop_duplicates()方法用于删除 DataFrame 中重复的记录，并返回删除后的结果。其调用格式如下。

```
DataFrame.drop_duplicates(subset=None, keep='first', inplace=False)
```

其中，subset 用于标识重复项的某些列，在默认情况下使用所有列，默认值为 None。keep 为 {'first', 'last', 'False'}，默认值为'first'，表示删除重复项并保留第一次出现的项；last 表示除了最后一项，删除重复项。inplace 为布尔值参数，默认为 False，表示删除重复项后返回一个副本；若为 True，则表示直接在原数据上删除重复项。

该方法使用示例及运行结果如下。

```
import pandas as pd
person = {
  "name": ['Sam', 'Lisa', 'Lisa', 'Amy'],
  "age": [19, 20, 20, 18]
}
df = pd.DataFrame(person)
print(df.duplicated(keep='first'))
0    False
1    False
2     True
3    False
dtype: bool
print(df.drop_duplicates())
   name  age
0   Sam   19
1  Lisa   20
3   Amy   18
```

3. 索引

在 pandas 中，有多个方法可以选取和重组数据，对于 DataFrame，通常使用 loc[]方法和 iloc[]方法进行数据索引。DataFrame 数据选取方法如表 11.7 所示。

表 11.7 DataFrame 数据选取方法

数据类型	选取方法	说明
基于索引名选取	df[col]	从 DataFrame 中选取单列
	df[colList]	从 DataFrame 中选取一组列

续表

数据类型	选取方法	说明
基于索引名选取	df.loc[index,col]	通过标签，选取某行某列
	df.loc[indexList,colList]	通过标签，选取多行多列
基于位置序号选取	df.iloc[iloc,cloc]	选取某行某列
	df.iloc[ilocList,clocList]	选取多行多列
	df.iloc[a:b,c:d]	选取 a~b-1 行，c~d-1 列
条件筛选	df.loc[condition,colList]	使用索引构造条件表达式
	df.iloc[condition,colList]	使用位置序号构造条件表达式

从上表中可以发现，loc[]方法是根据 index 来索引的。比如，DataFrame 定义了一个 index，那么 loc[]方法就根据这个 index 来索引对应的行。而 iloc[]方法则不同，它并不是根据 index 来索引的，而是根据行号来索引的，行号从 0 开始，逐次加 1。两种方法的使用示例及运行结果如下。

```
dates=pd.date_range('20220701',periods=4)
df=pd.DataFrame(np.random.randn(4,3),index=dates,columns=list('abc'))
print(df)
                   a          b          c
2022-07-01 -0.435993  0.271532 -1.336683
2022-07-02  1.178653  0.712890 -0.165128
2022-07-03  1.818012  0.728236  0.386925
2022-07-04 -0.628120 -1.060889  1.926085
print(df['2022-07-01':'2022-07-03'])
                   a          b          c
2022-07-01 -0.042728 -0.033139  0.071939
2022-07-02 -0.648091 -0.012211 -0.474789
2022-07-03  0.297568  1.965297  0.602782
print(df.loc['2022-07-03'])
a    1.199918
b   -0.106485
c   -0.150269
Name: 2022-07-03 00:00:00, dtype: float64
print(df.loc['2022-07-02','a'])
-2.173527194208693
print("索引第二行的数据: ",df.iloc[1])
print("索引第二行第一列的数据：",df.iloc[1,0])
print("索引第一列的数据：",df.iloc[:,0])
索引第二行的数据: a   -2.173527
b   -0.610875
```

```
c   -0.542043
Name: 2022-07-02 00:00:00, dtype: float64
索引第二行第一列的数据：-2.173527194208693
索引第一列的数据：2022-07-01    0.099977
2022-07-02   -2.173527
2022-07-03    1.199918
2022-07-04   -1.668804
Freq: D, Name: a, dtype: float64
```

4. 排序

pandas 可以对 DataFrame 数据表进行排序操作，分别为使用 sort_index() 方法按照索引进行排序和使用 sort_values() 方法按照内容进行排序两种方式。

1）按照索引排序

对行的索引和对列的索引进行升序或降序排序，其调用格式如下。

```
DataFrame.sort_index(axis= , ascending= , inplace=)
```

其中，axis 表示对行的索引进行排序，或者对列的索引进行排序；ascending 表示升序或降序操作。

该方法使用示例及运行结果如下。

```
import pandas as pd
Subject = ['Math', 'Physics', 'Chemistry']
# Subject = pd.to_datetime(Subject)
df = pd.DataFrame([(95,90,85,80),(90,85,80,75),(90,80,90,85)],
                  index=Subject, columns=['Sam','Lisa','John','Amy'])
# 默认按照行的索引进行升序排序
print(df.sort_index())
            Sam  Lisa  John  Amy
Chemistry    90    80    90   85
Math         95    90    85   80
Physics      90    85    80   75
# 按照列的索引进行降序排序
print(df.sort_index(axis=1,ascending=False))
            Sam  Lisa  John  Amy
Math         95    90    85   80
Physics      90    85    80   75
Chemistry    90    80    90   85
```

2）按照内容排序

按内容排序既可以根据列数据，也可以根据行数据进行排序，其调用格式如下。

```
DataFrame.sort_values(by, axis=0,ascending=True, inplace=False, na_position=)
```

其中，by 表示排序关键字；axis=0 表示按照行进行排序，axis=1 表示按照列进行排序，默认为 0；ascending=True 表示升序，ascending=False 表示降序，默认为 True；na_position 参数用于设定缺失值的显示位置，first 表示缺失值显示在最前面，last 表示缺失值显示在最后面。

该方法使用示例及运行结果如下。

```
import pandas as pd
Subject = ['Math', 'Physics', 'Chemistry']
df = pd.DataFrame([(95,90,85,80),(90,85,80,75),(90,80,90,85)],
                  index=Subject, columns=['Sam','Lisa','John','Amy'])
print('原数据表: ')
print(df)
# 默认按照行的索引进行升序排序
print('按照 Chemistry 行降序排序:')
df.sort_values(by='Chemistry',axis=1,ascending=False,inplace=True)
print(df)
原数据表:
            Sam   Lisa   John   Amy
Math         95    90     85    80
Physics      90    85     80    75
Chemistry    90    80     90    85
按照 Chemistry 行降序排序:
            Sam   John   Amy   Lisa
Math         95    85     80    90
Physics      90    80     75    85
Chemistry    90    90     85    80
```

如果需要按照 col1 列进行升序排列，并在此基础上按照 col2 列进行降序排列数据，则其调用格式如下。

```
DataFrame.sort_values([col1,col2],ascending=[True,False])
```

该方法使用示例及运行结果如下。

```
# 默认按照行的索引进行升序、降序排序
print('先按照 Chemistry 行升序排序，再按照 Math 行降序排序: ')
df.sort_values(by=['Chemistry',
'Math'],axis=1,ascending=[True,False],inplace=True)
```

```
print(df)
```

先按照 Chemistry 行升序排序，再按照 Math 行降序排序：

```
             Lisa  Amy  Sam  John
Math          90   80   95    85
Physics       85   75   90    80
Chemistry     80   85   90    90
```

在指定多行（多列）排序时，先按照排在前面的行（列）进行排序，如果内容包含相同数据，则对相同数据内容用下一个行（列）排列原则（如上例），以此类推。如果内部无重复数据，则后面的排序不执行。

11.3.3 pandas 数据统计

基本统计分析也被称为描述性统计分析，对调查总体所有变量的有关数据做统计性描述，主要包括数据的频数分析、数据的集中趋势分析、数据离散程度分析、数据分布及一些基本的统计图形，涉及的常用统计指标有计数、求和、求均值、方差、标准差等。

在 pandas 中，DataFrame.describe()方法用于查看一些基本的统计详细信息，如数据帧的百分位数、均值、标准差等一系列基本统计量。当此方法应用于一系列字符串时，将返回不同的输出，其调用格式如下。

```
DataFrame.describe (percentiles=None, include=None, exclude=None)
```

其中，percentiles 会返回这组数据的 count、mean、std、min、max，还有百分位数（取值范围为 0~1）；include 表示在描述 DataFrame 数据表时要包括的数据类型列表，默认为 None；exclude 表示在描述 DataFrame 数据表时要排除的数据类型列表，默认为 None。

下面通过一例实例来说明 DataFrame.describe()方法在应用于数字数据类型时的返回值情况。

【例 11-3】grade1.xls 文件中包含学号（Number）、姓名（Name）、平时成绩（Normal_grade）和期末成绩（Exam_grade）4 列数据，具体内容如图 11.4 所示。现要求对该文件中的期末考试成绩列进行描述性统计分析，并进行计数、最大值和平均值的计算。

	A	B	C	D
1	Number	Name	Normal_grade	Exam_grade
2	1	Sam	35	92
3	2	Lisa	30	90
4	3	John	37	95
5	4	Amy	33	90
6	5	Lily	30	86
7	6	Bob	28	80
8	7	David	25	75

图 11.4 grade1.xls 文件中的数据内容

代码示例如下。

```
import pandas as pd
data = pd.read_excel('D:\python_test\grade1.xls')
print(data)
# percentile list
perc = [.25, .50, .75]
# list of dtypes to include
include = ['object', 'float', 'int']
# calling describe method
desc = data.Exam_grade.describe(percentiles=perc, include=include)
print('Exam_grade 列描述性统计分析: ',desc)
```

程序运行结果如下。

```
    Number   Name  Normal_grade  Exam_grade
0      1     Sam            35          92
1      2    Lisa            30          90
2      3    John            37          95
3      4     Amy            33          90
4      5    Lily            30          86
5      6     Bob            28          80
6      7   David            25          75
Exam_grade 列描述性统计分析:
count     7.000000
mean     86.857143
std       7.081162
min      75.000000
25%      83.000000
50%      90.000000
75%      91.000000
max      95.000000
Name: Exam_grade, dtype: float64
```

1. pandas 分组分析

分组分析是指根据分组字段，将分析对象划分成不同的部分，以对比分析各组之间的差异。用于分组分析的方法调用格式如下。

```
groupby(by=[分组列 1,分组列 2,…])
[统计列 1,统计列 2,…]
```

```
.agg({统计列别名 1：统计函数 1,统计列别名 2：统计函数 2,…})
```

其中，**by** 表示用于分组的列；方括号表示用于统计的列；agg 统计别名显示统计值的名称。统计函数用于统计数据，常用的统计函数有计数（size）、求和（sum）和平均值（mean）。

【例 11-4】grade2.xls 文件中包含学号（Number）、姓名（Name）、性别（Sex）、数学（Math）、物理（Physics）和化学（Chemistry）6 列数据，具体内容如图 11.5 所示。现要求对该文件中的 6 列数据进行统计，要求按照性别统计人数，并统计数学成绩的平均分、最高分和最低分。

	A	B	C	D	E	F
1	Number	Name	Sex	Math	Physics	Chemistry
2	1	Sam	male	85	90	92
3	2	Lisa	female	82	85	88
4	3	John	male	80	78	85
5	4	Amy	female	78	80	82
6	5	Lily	female	95	90	92
7	6	Bob	male	90	85	87
8	7	David	male	92	88	85

图 11.5 grade2.xls 文件中的数据内容

代码示例如下。

```
import pandas as pd
import numpy as np
data = pd.read_excel('D:\python_test\grade2.xls')
print(data)
# 分组分析
class_result = data.groupby(
    by=['Sex'])['Math'].agg([
    ('人数',np.size),
    ('平均分', np.mean),
    ('最高分', np.max),
    ('最低分', np.min)
])
print('分组分析 Math 成绩：')
print(class_result)
```

程序运行结果如下。

```
   Number   Name     Sex   Math  Physics  Chemistry
0       1    Sam    male     85       90         92
1       2   Lisa  female     82       85         88
2       3   John    male     80       78         85
3       4    Amy  female     78       80         82
```

```
4      5   Lily   female      95        90        92
5      6    Bob    male       90        85        87
6      7  David    male       92        88        85
分组分析 Math 成绩：
         人数      平均分   最高分   最低分
Sex
female    3       85.00     95        78
male      4       86.75     92        80
```

2. pandas 分布分析

分布分析是根据分析的目的，将定量数据进行等间隔或不等间隔的分组，从而研究各组分布规律的一种分析手段。例如，成绩分布、收入分布等问题的统计分析。用于分布分析的方法，其调用格式如下。

```
pandas.cut(x,bins,right=True,labels=None,retbins=False,precision=3,
include_lowest=False)
```

其中，x 为进行划分的一维数组；bins 取整数值，表示将 x 划分为多少个等间距的区间，取序列值，表示将 x 划分在指定序列中，若不在该序列中，则为 NaN；right 表示分组时是否包含右端点，默认为 True（包含）；labels 表示分组时是否用自定义标签来代替返回的 bins，可选项，默认为 None；precision 表示精度，默认为 3；include_lowest 表示分组时是否包含左端点，默认为 False（不包含）。

通常在做分布分析时，先调用 cut()方法确定分布分析中的分层，再调用 groupby()方法实现分组分析。下面通过一例实例来说明分布分析方法的应用。

【例 11-5】在【例 11-4】的 grade2.xls 文件中添加两列"总成绩（Total_grade）"和"等级（Level）"数据，并保存为 grade3.xls，具体内容如图 11.6 所示。现在要求按照总成绩分布情况，分组统计人数，以及期末考试成绩（Exam_grade）的平均分、最高分和最低分。

	A	B	C	D	E	F	G
1	Number	Name	Sex	Normal_grade	Exam_grade	Total_grade	Level
2	1	Sam	male	80	95	89	good
3	2	Lisa	female	85	76	80	good
4	3	John	male	85	75	79	medium
5	4	Amy	female	75	87	83	good
6	5	Lily	female	82	80	81	good
7	6	Bob	male	86	90	89	good
8	7	David	male	95	90	92	excellent

图 11.6　grade3.xls 文件中的数据内容

代码示例及运行结果如下。

```python
import pandas as pd
import numpy as np
data = pd.read_excel('D:\python_test\grade3.xls')
print(data)
# 分布分析
grade_bins=[70,80,90,100]
grade_labels=['70~80分','80~90分','90~100分']
data['总成绩分层']=pd.cut(data.Total_grade,grade_bins,labels=grade_labels)
# 分组统计人数，以及期末试卷的平均分、最高分、最低分
aggResult=data.groupby(by=['总成绩分层'])['Exam_grade'].agg([
    ('人数', np.size),
    ('期末试卷平均分', np.mean),
    ('期末试卷最高分', np.max),
    ('期末试卷最低分', np.min)
])
print(aggResult)
```

	Number	Name	Sex	Normal_grade	Exam_grade	Total_grade	Level
0	1	Sam	male	80	95	89	good
1	2	Lisa	female	85	76	80	good
2	3	John	male	85	75	79	medium
3	4	Amy	female	75	87	83	good
4	5	Lily	female	82	80	81	good
5	6	Bob	male	86	90	89	good
6	7	David	male	95	90	92	excellent

分布分析成绩：

	人数	期末试卷平均分	期末试卷最高分	期末试卷最低分
总成绩分层				
70~80分	2	75.5	76	75
80~90分	4	88.0	95	80
90~100分	1	90.0	90	90

3. pandas 交叉分析

交叉分析通常用于分析两个或两个以上分组变量之间的关系，以交叉表形式进行变量关系的对比分析，是一种由浅入深、由低级到高级的一种分析方法。从数据的不同维度，综合进行分组细分，进一步了解数据的构成、分布等特征。这种方法虽然复杂，但是它弥补了"各自为政"的分析方法所带来的偏差。

交叉分析有透视表和交叉表两种，其中透视表 pivot_table() 是一种进行分组统计的函数，而

交叉表 crosstab()是一种特殊的 pivot_table()函数，专门用于计算分组的频率。

1）透视表

pivot_table()函数类似 Excel 表中的数据透视表功能，返回值是数据透视表。其调用格式如下。

```
pandas.pivot_table(data,values,index,columns,aggfunc,fill_value,margins)
```

其中，**data** 为要应用透视表的数据框；**values** 为待聚合的列的名称，默认聚合所有数值列；**index** 用于分组的列名或其他分组键，出现在结果透视表的行中；**columns** 用于分组的列名或其他分组键，出现在结果透视表的列中；**aggfunc** 为聚合函数或函数列表，默认为'mean'，可以是任何对 groupby 有效的函数；**fill_value** 用于替换结果表中的缺失值；**margins** 添加行/列小计和总计，默认为 False。

在进行交叉分析时，通常先用 cut()函数确定交叉分析中的分层，再利用 pivot_table()函数实现交叉分析。

2）交叉表

交叉表（Cross-Tabulation，简称 crosstab）是一种用于计算分组频率的特殊透视表，使用crosstab()函数实现，该函数的调用格式如下。

```
pandas.crosstab(index,columns,values,rownames,colnames,aggfunc,margins,
margins_name,dropna,normalize)
```

其中，**index** 用于接收 array、Series 或数组列表，表示要在行中分组的值；**columns** 用于接收 array、Series 或数组列表，表示要在列中分组的值；**values** 用于接收 array，可选，根据因素聚合的数组值，需要指定"aggfunc"；**rownames** 用于接收 sequence，默认为 None，若传递，则必须匹配传递的行数组；**colnames** 用于接收 sequence，默认为 None，若传递，则必须匹配传递的列数组；**aggfunc** 为聚合函数或函数列表；**margins** 添加行/列小计和总计，默认为 False；**margins_name** 接收 string，默认为"All"，表示包含总计的行/列的名称。

【例 11-6】以 grade3.xls 文件为例，利用交叉表分析表格数据中不同成绩等级下男、女生所占的人数。代码示例及运行结果如下。

```
import pandas as pd
data = pd.read_excel('D:\python_test\grade3.xls')
ctResult=pd.crosstab(data['Sex'],data['Level'],margins=True)
print('交叉分析结果：')
print(ctResult)
交叉分析结果：
Level   excellent  good  medium  All
Sex
```

```
female     0     3     0     3
male       1     2     1     4
All        1     5     1     7
```

4. pandas 结构分析

结构分析是在分组和交叉的基础上，计算各组成部分所占的比例，进而分析总体的内部特征的一种分析方法。结构分析中的分组主要是指定性分组，而定性分组一般看结构，重点在于了解各部分占总体的比例。

在结构分析时，先利用 pivot_table() 函数进行数据透视表分析，然后通过指定 axis 参数对数据透视表进行行或列的相关计算，其中当 axis=0 时，表示按列计算；当 axis=1 时，表示按行计算。表 11.8 列举了数据表的几种常见的运算函数，包括内运算函数和外运算函数两类。

表 11.8 数据表的内/外运算函数

	运算	说明
外运算函数	add	加
	sub	减
	multiply	乘
	div	除
内运算函数	sum	求和
	mean	平均值
	var	方差
	sd	标准差

【例 11-7】data.xls 文件包含姓名（Name）、性别（Sex）、身高（Height）、体重（Weight）和身体质量指数（BMI）5 列数据，具体内容如图 11.7 所示。现要求对 data.xls 文件中的 Sex 和 BMI 数据列进行结构分析，求不同体重指数分层下不同性别的占比。

	A	B	C	D	E
1	Name	Sex	Height	Weight	BMI
2	Sam	male	180	145	22.3
3	Lisa	female	160	90	17.5
4	John	male	178	130	20.5
5	Amy	female	163	102	19.1
6	Lily	female	170	115	19.8
7	Bob	male	175	150	24.4
8	David	male	182	170	25.6

图 11.7 data.xls 文件中的数据内容

代码示例及运行结果如下。

```
import pandas as pd
import numpy as np
data = pd.read_excel('D:\python_test\data.xls')
print(data)
BMI_bins=[16,18,20,22,24,26] # BMI 分布情况
BMI_labels=['16~18','18~20','20~22','22~24','24~26']
data['BMI 分层']=pd.cut(data.BMI,BMI_bins,right=False,labels=BMI_labels)
ptResult=data.pivot_table(
    values=['BMI'],
    index=['BMI 分层'],
    columns=['Sex'],
    aggfunc=[np.size])
print('结构分析结果：')
print(ptResult)
print(ptResult.sum())
print(ptResult.div(ptResult.sum(axis=0),axis=1))
    Name        Sex    Height    Weight      BMI
0    Sam       male       180       145     22.3
1   Lisa     female       160        90     17.5
2   John       male       178       130     20.5
3    Amy     female       163       102     19.1
4   Lily     female       170       115     19.8
5    Bob       male       175       150     24.4
6  David       male       182       170     25.6
结构分析结果：
        size
         BMI
Sex    female male
BMI 分层
16~18    1.0  NaN
18~20    2.0  NaN
20~22    NaN  1.0
22~24    NaN  1.0
24~26    NaN  2.0
         Sex
size  BMI  female    3.0
           male      4.0
```

```
dtype: float64
        size
          BMI
Sex     female  male
BMI 分层
16～18 0.333333  NaN
18～20 0.666667  NaN
20～22    NaN   0.25
22～24    NaN   0.25
24～26    NaN   0.50
```

5. pandas 相关分析

在进行数据分析时，数据往往不是一维的，对于这些维度关系的分析，就需要用一些方法来进行衡量，而相关性分析就是其中一种。相关分析（Correlation Analysis）用于研究现象之间是否存在某种依赖关系，并探讨具有依存关系的现象的相关方向和相关程度，是研究随机变量之间相关关系的一种统计方法。

对于 DataFrame 数据，用于进行相关分析的方法是 DataFrame.corr()，如果由数据表调用 corr()函数，则会计算列与列之间的相似度；如果由序列调用 corr()函数，则计算该序列与输入序列之间的相似度。下面通过一例实例来说明相关分析方法的使用。

【例 11-8】针对上例中 data.xls 文件内容，计算文件中性别（Sex）与身高（Height）的相关系数。代码示例如下。

```
import pandas as pd
data = pd.read_excel('D:\python_test\data.xls')
corrresult1=data.Weight.corr(data.Height)
print('Weight 和 Height 的相关系数', corrresult1)
```

程序运行结果如下。

```
Weight 和 Height 的相关系数 0.9287231393475505
```

11.4　SciPy 基础

SciPy 是一组专门用于科学计算的开源 Python 数据库。它建立在 NumPy 基础上，增加了很多数学计算功能，如插值、积分、最优化、统计、线性代数、傅里叶变换、信号/图像处理等。SciPy 数据库主要包括 15 个子包，分别对应着不同的科学计算领域，具体内容如表 11.9 所示。

表 11.9　SciPy 数据库的子包及说明

子包	说明
scipy.cluster	矢量量化/kmeans
scipy.constants	物理和数学常数
scipy.fftpack	傅里叶变换
scipy.integrate	集成例程
scipy.interpolate	插值
scipy.io	数据输入和输出
spicy.linalg	线性代数例程
spicy.ndimage	N 维图像包
spicy.odr	正交距离回归
scipy.optimize	优化
scipy.signal	信号处理
scipy.sparse	稀疏矩阵
scipy.spatial	空间数据结构和算法
scipy.special	任何特殊的数学函数
scipy.stats	统计

下面通过几个简单示例来说明上述部分子包的调用方法。

（1）SciPy 常量模块 constants 提供了许多内置的数学常数。

```
from scipy import constants
print(constants.pi)
3.141592653589793
print(constants.golden)  # 输出黄金比例
1.618033988749895
```

（2）scipy.optimize 模块提供了常用的优化算法的函数实现。例如，查找方程的根，代码如下。

```
from scipy.optimize import root
from math import cos
def eqn(x):
  return x + cos(x)
myroot = root(eqn, 0)
print(myroot.x)
[-0.73908513]
```

（3）SciPy 的 scipy.sparse 模块提供了处理稀疏矩阵的函数。主要使用以下两种类型的稀疏矩阵：CSC（Compressed Sparse Column，压缩稀疏列），按列压缩；CSR（Compressed Sparse Row，压缩稀疏行），按行压缩。

```
import numpy as np
from scipy.sparse import csr_matrix
arr = np.array([0, 0, 0, 0, 0, 1, 1, 0, 2])
print(csr_matrix(arr))
  (0, 5)        1
  (0, 6)        1
  (0, 8)        2
```

上述的输出结果表示在矩阵第一行（索引值 0）第六（索引值 5）个位置有一个数值 1；在矩阵第一行（索引值 0）第七（索引值 6）个位置有一个数值 1；在矩阵第一行（索引值 0）第九（索引值 8）个位置有一个数值 2。

（4）SciPy 通过 scipy.spatial 模块处理空间数据。比如，判断一个点是否在边界内、计算给定点周围距离最近点及给定距离内的所有点等。

```
from scipy.spatial.distance import euclidean
p1 = (1, 0)
p2 = (10, 2)
# 计算 p1 和 p2 两点之间的欧氏距离
res = euclidean(p1, p2)
print(res)
9.219544457292887
```

（5）SciPy 通过 scipy.special 模块调用特殊函数，如贝塞尔函数（scipy.special.jn()）、椭圆函数（scipy.special.ellipj()）、Gamma 函数（scipy.special.gamma()）等。

（6）SciPy 通过 scipy.linalg 模块提供了标准的线性代数操作。比如，使用 scipy.linalg.det()函数计算方阵的行列式。

```
from scipy import linalg
arr = np.array([[1, 2],
                [3, 4]])
print(linalg.det(arr))
-2.0
```

11.5 实训任务——使用 pandas 统计毕业招聘信息

11.5.1 任务描述

校园招聘是一种为实习和入门级职位寻找、吸引和雇用年轻人才的策略。从学术百分比、以前的工作经验到个人面试，有多种因素会影响毕业学生的就业。

基于已有招聘数据，对招聘岗位的平均薪资水平、高薪资占比、就业与学历、就业与工作经验进行统计和分析。

11.5.2 任务分析

1. 招聘数据

使用提供的数据进行分析，首先需要将其转换为可以进行分析的格式，即将数据集加载到 data_frameusing 中；然后使用 pandas 清理数据集，即删除不需要的数据或无效数据。

数据集中有 17 列，使用 pandas 进行基本的数据统计。

- city：公司所在城市。
- companyFullName：公司全称。
- companyId：公司 ID。
- companyLabelList：公司标签。
- companyShortName：公司简称。
- companySize：公司大小。
- businessZones：公司所在商区。
- firstType：职位所属一级类目。
- secondType：职位所属二级类目。
- education：学历。
- industryField：公司所属领域。
- positionId：职位 ID。
- positionAdvantage：职位优势。
- positionName：职位名称。
- positionLables：职位标签。
- salary：薪水。
- workYear：工作年限。

首先需要对数据进行清洗和基本处理，然后对工作岗位进行去重操作，最后对薪资待遇进行规范化处理。

2. 数据分析

使用 pandas 对数据进行基本统计，对不同城市、不同学历要求的职位数量进行统计和分析，并通过透视表筛选出各个城市职位需求数量最多的前 5 个公司。

实验环境如表 11.10 所示。

表 11.10 实验环境

硬件	软件	资源
PC/笔记本电脑	Windows 10 PyCharm 2022.1.3（社区版） Python 3.7.3 Matplotlib 3.5.1 NumPy 1.19.5 pandas 1.3.5 SciPy 1.7.3 seaborn 0.11.2	数据集 DataAnalyst.csv

11.5.3 任务实现

步骤一：数据清洗

```python
import numpy as np
import pandas as pd
import matplotlib as plt

df = pd.read_csv('DataAnalyst.csv',encoding='gb2312')

print(df)

print(df.info())
# unique()返回唯一值，len()返回唯一值数量
print(len(df.positionId.unique()))
# 删除positionId列的重复值
df_duplicated = df.drop_duplicates(['positionId'])

print(df_duplicated)
print(df_duplicated.info())
```

步骤二：基本数据描述和统计

```python
# 返回薪资上、下限值，默认返回最低薪资值
def get_Salary(str, method='bottom'):
    # 如果包含"-"符号，则返回其索引位置，否则返回-1
    pos = str.find('-')
```

```
if pos != -1:
    # 薪资下限值
    botSalary = str[:pos-1]
    # 薪资上限值
    topSalary = str[pos+1:len(str)-1]
# 针对"K以上"形式的值
else:
    botSalary = str[:str.upper().find('K')]
    topSalary = botSalary
# 如果传入除"bottom"以外的任意字符串,则返回 topSalary
if method == 'bottom':
    return botSalary
else:
    return topSalary


# 截取薪资下限值,并转换为整型数值
df_duplicated['bottomSalary']=
df_duplicated.salary.apply(get_Salary).astype('int')
# 截取薪资上限值,并转换为整型数值
df_duplicated['topSalary']= df_duplicated.salary.apply(get_Salary,method=
'top').astype('int')
print(df_duplicated)
```

程序运行结果如图 11.8、图 11.9 所示。

```
      city   companyFullName        companyId                companyLabelList    \
0     上海    纽海信息技术(上海)有限公司          8581    ['技能培训', '节日礼物', '带薪年假', '岗位晋升']
1     上海    上海点荣金融信息服务有限责任公司      23177    ['节日礼物', '带薪年假', '岗位晋升', '扁平管理']
2     上海    上海晶樵网络信息技术有限公司        57561    ['技能培训', '绩效奖金', '岗位晋升', '管理规范']
3     上海    杭州数云信息技术有限公司上海分公司    7502    ['绩效奖金', '股票期权', '五险一金', '通讯津贴']
4     上海    上海银基富力信息技术有限公司       130876    ['年底双薪', '通讯津贴', '定期体检', '绩效奖金']
...   ...   ...                        ...                ...
6054   北京    普信恒业科技发展(北京)有限公司       3786    ['管理规范', '技能培训', '扁平管理', '弹性工作']
6330   北京    普信资产管理有限公司             59239    ['节日礼物', '技能培训', '岗位晋升', '岗位晋升']
6465   北京    北京三快在线科技有限公司          50702    ['技能培训', '绩效奖金', '岗位晋升', '领导好']
6605   北京    北京富通基业投资有限公司         156832    ['节日礼物', '美女多', '帅哥多', '技能培训']
6766   北京    百度在线网络技术(北京)有限公司      1575    ['股票期权', '弹性工作', '五险一金', '免费班车']

      companyShortName  companySize          businessZones  firstType    \
0            1号店       2000人以上               ['张江']           技术
1            点融网       500-2000人  ['五里桥', '打浦桥', '制造局路']    技术
2            SPD        50-150人            ['打浦桥']           设计
3            数云        150-500人   ['龙华', '上海体育场', '万体馆']  市场与销售
4           银基富力       15-50人     ['上海影城', '新华路', '虹桥']    技术
...          ...         ...                  ...            ...
6054         宜信       2000人以上              NaN        开发/测试/运维类
6330        龙宝贰财富     2000人以上           ['京广桥']      开发/测试/运维类
6465        美团点评     2000人以上       ['望京', '来广营']        技术
6605   北京富通基业投资有限公司  50-150人          ['西二旗']      市场/商务/销售类
6766         百度       2000人以上   ['西北旺', '马连洼', '上地']     技术
```

图 11.8　数据统计 1

```
     secondType education industryField positionId    positionAdvantage  \
0        数据开发       硕士      移动互联网    2537336           知名平台
1        数据开发       本科        金融      2427485  挑战机会,团队好,与大牛合作,工作环境好
2        数据分析       本科      移动互联网    2511252         时间自由,领导nic
3        数据分析       本科   企业服务,数据服务   2427530   五险一金 绩效奖金 带薪年假 节日福利
4        软件开发       本科        其他      2245819          在大牛下指导
...       ...        ...       ...        ...            ...
6054     数据开发       本科     移动互联网,金融   2582910  大牛团队,互联网金融,零食水果,灵活工时
6330     软件开发       本科        金融      2583183       五险一金,年底奖金
6465     数据开发       本科     移动互联网,O2O  1832950           期权
6605      销售        不限        金融      2582349    周末双休/高提成/每月员工趴
6766   高端技术职位     本科    移动互联网,数据服务  1757974  大公司,高福利,互联网数据团队,机会多

                  positionName                    positionLables  salary  \
0                 数据分析师          ['分析师', '数据分析', '数据挖掘', '数据']   7k-9k
1       数据分析师-CR2017-SH2909      ['分析师', '数据分析', '数据挖掘', '数据']  10k-15k
2                 数据分析师              ['分析师', '数据分析', '数据']   4k-6k
3        大数据业务分析师【数云校招】          ['商业', '分析师', '大数据', '数据']   6k-8k
4            BI开发/数据分析师         ['分析师', '数据分析', '数据', 'BI']   2k-3k
...              ...                     ...              ...
6054           BI数据分析师    ['数据分析', '数据', 'BI', '分析师', '商业智能']  15k-25k
6330       大数据风控研发工程师             ['专家', '高级', '软件开发']  15K-30K
6465         高级数据技术专家                ['数据挖掘', '数据']   30k-40k
6605       分析师助理 / 销售人员            ['顾问', '销售', '分析师']   4k-6k
6766       数据仓库建模工程师             ['数据仓库', '数据', '建模']  15k-30k
```

图 11.9　数据统计 2

步骤三：数据分析

```python
df_endData  =  df_duplicated[['city','companyShortName','companySize',
'education','positionName','positionLables','workYear','avgSalary']]


print(df_endData.head())
print('------------------------------------------------------')
print('-------------- # 不同城市的职位需求数量--------------')
print(df_endData.city.value_counts() )


print('-------------- # 不同工作年限的需求数量--------------')
print(df_endData.workYear.value_counts())


print('-------------- # 不同学历的需求数量--------------')
print(df_endData.education.value_counts())


print('-------------- # 对平均薪资进行汇总统计--------------')
print(df_endData.avgSalary.describe() )


print(df_endData.groupby('city').count())


print(pd.DataFrame(df_endData.groupby('city').avgSalary.mean()))
```

```
print(df_endData.groupby(['city','education']).mean().unstack())

print('--------------   # 统计不同城市、不同学历要求的职位数量--------------')
print(df_endData.groupby(['city','education']).positionName.count().
unstack())

print('--------------   # 统计全国范围内，职位需求数量前10的公司--------------')

print(df_endData.groupby('companyShortName').avgSalary.agg(['count',
'mean']).sort_values(by='count',ascending=False)[:10])
```

程序运行结果如下。

```
--------------   # 不同城市的职位需求数量--------------
北京        2347
上海         979
深圳         527
杭州         406
广州         335
成都         135
南京          83
武汉          69
西安          38
苏州          37
厦门          30
长沙          25
天津          20
Name: city, dtype: int64
--------------   # 不同工作年限的需求数量--------------
3-5 年       1849
1-3 年       1657
不限          728
5-10 年       592
应届毕业生        135
1 年以下         52
10 年以上        18
Name: workYear, dtype: int64
--------------   # 不同学历的需求数量--------------
本科         3835
大专          615
硕士          288
```

```
不限        287
博士          6
Name: education, dtype: int64
--------------- # 对平均薪资进行汇总统计---------------
count    5031.000000
mean       17.111409
std         8.996242
min         1.500000
25%        11.500000
50%        15.000000
75%        22.500000
max        75.000000
Name: avgSalary, dtype: float64
      companyShortName  companySize  education  positionName  positionLables  \
city
上海               979          979        979          979              97
北京              2347         2347       2347         2347            2336
南京                83           83         83           83              82
厦门                30           30         30           30              30
天津                20           20         20           20              20
广州               335          335        335          335              33
成都               135          135        135          135              13
杭州               406          406        406          406             405
武汉                69           69         69           69               6
深圳               527          527        527          527              52
苏州                37           37         37           37               3
西安                38           38         38           38               3
长沙                25           25         25           25              25

      workYear  avgSalary
city
上海        979        979
北京       2347       2347
南京         83         83
厦门         30         30
天津         20         20
广州        335        335
成都        135        135
杭州        406        406
武汉         69         69
```

深圳	527	527
苏州	37	37
西安	38	38
长沙	25	25

```
        avgSalary
city
上海   17.280388
北京   18.688539
南京   10.951807
厦门   10.966667
天津    8.250000
广州   12.702985
成都   12.848148
杭州   16.455665
武汉   11.297101
深圳   17.591082
苏州   14.554054
西安   10.671053
长沙    9.600000
```

	avgSalary				
education	不限	博士	大专	本科	硕士
city					
上海	14.051471	15.0	13.395455	17.987552	19.180000
北京	15.673387	25.0	12.339474	19.435802	19.759740
南京	7.000000	NaN	9.272727	11.327869	13.500000
厦门	12.500000	NaN	6.785714	11.805556	15.750000
天津	3.500000	NaN	5.500000	9.300000	NaN
广州	9.250000	NaN	8.988095	14.170259	14.571429
成都	10.562500	NaN	11.000000	13.520202	12.750000
杭州	18.269231	NaN	12.327586	16.823432	20.710526
武汉	10.950000	NaN	11.214286	11.500000	7.000000
深圳	15.100000	35.0	13.898936	18.532911	18.029412
苏州	NaN	NaN	14.600000	14.310345	16.833333
西安	8.666667	NaN	8.150000	12.208333	5.000000
长沙	7.642857	NaN	9.000000	10.633333	9.000000

--------------- # 统计不同城市、不同学历要求的职位数量---------------

education	不限	博士	大专	本科	硕士
city					
上海	68.0	3.0	110.0	723.0	75.0

```
北京        124.0  2.0   190.0  1877.0  154.0
南京          5.0  NaN    11.0    61.0    6.0
厦门          3.0  NaN     7.0    18.0    2.0
天津          1.0  NaN     4.0    15.0   NaN
广州         12.0  NaN    84.0   232.0    7.0
成都          8.0  NaN    26.0    99.0    2.0
杭州         26.0  NaN    58.0   303.0   19.0
武汉         10.0  NaN    14.0    44.0    1.0
深圳         20.0  1.0    94.0   395.0   17.0
苏州         NaN  NaN     5.0    29.0    3.0
西安          3.0  NaN    10.0    24.0    1.0
长沙          7.0  NaN     2.0    15.0    1.0
---------------  # 统计全国范围内，职位需求数量前10 的公司---------------
                         count      mean
companyShortName
美团点评                 175  21.862857
滴滴出行                  64  27.351562
百度                     44  19.136364
网易                     36  18.208333
今日头条                  32  17.125000
腾讯                     32  22.437500
京东                     32  20.390625
百度外卖                  31  17.774194
个推                     31  14.516129
TalkingData             28  16.160714


# topN 返回计数前 5 的数据
def topN(df, n=5):
    counts = df.value_counts()
    return counts.sort_values(ascending=False)[:n]


print(df_endData.groupby('city').companyShortName.apply(topN))
```

程序运行结果如下。

```
city
上海    饿了么       23
       美团点评     19
       返利网       15
```

```
        买单侠              15
        点融网              11
                      ...
 长沙      芒果tv              4
        惠农              3
        思特奇Si-tech         2
        高阳通联             1
        五八到家有限公司          1
Name: companyShortName, Length: 65, dtype: int64
```

本章总结

（1）本章主要介绍了 Python 中用于数据分析的 3 种常见数据库，其中 NumPy 是一种开源的科学计算库，SciPy 与其组合可以创建一个强大的科学计算环境，pandas 与其组合可以用于数据挖掘和数据分析，同时提供数据清洗功能。

（2）本章重点讲解了 NumPy 数组的创建、使用及运算方法，以及 pandas 中 Series 和 DataFrame 两种对象的创建及常用操作，并简单介绍了 SciPy 库的常用子包及调用方法。

（3）实训案例使用 pandas 对招聘信息进行分析和统计，提升了对于实际数据分析问题的理解与解决能力。

（4）通过本章的学习，读者对利用 Python 进行数据分析的过程及方法有了初步了解，并掌握了如何快速、便捷地处理一维及多维数据，为学习数据可视化打下基础。

作业与练习

PY-11-c-001

一、填空题

1．pandas 的核心是（　　　）和（　　　）两大数据结构。

2．pandas 中实现表格型数据集的对象是（　　　）。

3．假设 NumPy 数组 A 的原来的内容是[[0, 1, 2], [3, 4, 5]]，则 print(A.max())命令的执行结果是（　　　）。

二、单选题

1．下列不属于数组属性的是（　　　）。

A．ndim B．shape C．size D．add

2．创建一个 3×3 的数组，下列代码中错误的是（ ）。

A．np.arange(0,9).reshape(3,3) B．np.eye(3)

C．np.random.random([3,3,3]) D．np.mat("1 2 3;4 5 6;7 8 9")

3．对于 DataFrame 对象，下列说法错误的是（ ）。

A．DataFrame 对象是一个表格型的数据结构

B．DataFrame 对象的列是有序的

C．DataFrame 对象列与列之间的数据类型可以互不相同

D．DataFrame 对象每一行都是一个 Series 对象

三、多选题

1．NumPy 提供的两种基本对象是（ ）。

A．array B．ndarray C．ufunc D．matrix

四、编程题

1．创建两个 NumPy 数组，其中 arr1 用于存储学生姓名，arr2 用于存储学生数学、语文、英语 3 门课程的成绩，使用索引输出第一个学生的数学成绩和第三个学生 3 门课程的平均分。

2．创建两个随机 3×3 维度的 NumPy 数组 arr1、arr2，横向堆叠为 3×6 维度的数组 arr3，纵向堆叠为 6×3 维度的数组 arr4。

第 *12* 章

数据可视化

本章目标

- 了解数据可视化的定义。
- 理解数据可视化的意义。
- 掌握 Matplotlib 库和 seaborn 库的安装和使用方法。
- 掌握从 Matplotlib 官网的 Gallery 中获取模板代码的方法。
- 掌握使用 Matplotlib 库实现柱状图等简单数据图表。
- 熟练掌握 seaborn 库常用的数据可视化方法。

程序设计是一门获取数据、加工数据的技术。在之前的章节，我们学习了在文件中、从互联网上获取数据的方法，也在数据处理章节学习了数据加工的一些方式。本章将学习数据的可视化，了解数据可视化的定义和意义，以及学习 Matplotlib 和 seaborn 两个常用的数据可视化库的基础用法。

12.1　数据可视化简介

12.1.1　什么是数据可视化

数据可视化（Data Visualization）是一门研究数据视觉表现形式的学科，主要指使用技术方法并利用图形、图像处理、计算机视觉及用户界面，通过表达、建模，以及对立体、表面、属性、动画的显示，对数据加以可视化解释。

数据可视化技术包含以下几个基本概念。

数据空间：由 n 维属性和 m 个元素组成的数据集所构成的多维信息空间。

数据开发：利用一定的算法和工具对数据进行定量的推演和计算。

数据分析：对多维数据进行切片、块、旋转等动作剖析数据，从而能多角度、多侧面观察数据。

数据可视化：将大型数据集中的数据以图形、图像形式表示，并利用数据分析和开发工具发现其中未知信息的处理过程。

当下，Python 语言环境下已经有多款有效的数据可视化工具可供读者学习和使用，包括 Matplotlib、NetworkX、seaborn、ggplot、Plotly 等。后续章节我们主要以最为常见的 Matplotlib 为例，学习数据可视化的实际例子。

12.1.2 为什么要数据可视化

为什么要引入数据可视化工具？数据可视化相对于原有的数据展现形式有哪些优点？

1. 数据图比数据表更具表现力

一句俗语讲——"字不如表，表不如图"。对于相同的一份数据，使用数据可视化生成的数据图表示会显得更加直观易懂，便于大家理解记忆，如图 12.1 所示。

国家	工业增加值/万美元
英国	28750
美国	24609
德国	17245
法国	7853
奥匈帝国	4688
沙俄	2556
西班牙	1445
意大利	504

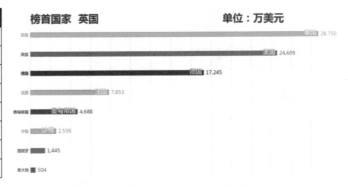

图 12.1　相同数据的图表和数据表展示对比

当然，将这样不同年份的数据图拼接起来并添加背景音乐形成视频，可以使得读者在阅读数据时，印象更加深刻，并获得数据之外的观感。读者可以在各视频平台上搜索视频"1875 年—2018 年世界主要国家工业增加值"，体验将数据进行可视化操作后的直观感受。

2. 数据图会辅助发现数据规律

数据图不仅会帮我们直观地理解数据，还可以进一步辅助我们思考，帮助我们发现数据之中隐藏着的规律。19 世纪的英国流行病学家 John Snow 就曾通过将某地区的霍乱发病数据体现在当地地图上，如图 12.2 所示，从而发现发病根源源于地下水管线，并得出霍乱是由生活污水途径传播的规律。

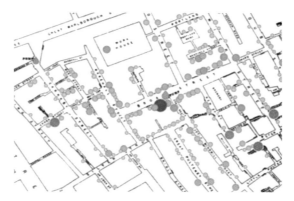

图 12.2　霍乱数据结合当地地图的可视化展示

因此，数据可视化是我们阅读和理解数据内容、挖掘数据之中规律的一个辅助工具，是我们学习、研究和工作中的一个好帮手。

12.2　Matplotlib 基础

PY-12-v-001

12.2.1　Matplotlib 库和 Gallery

1. Matplotlib 介绍

Matplotlib 是 Python 中最受欢迎的数据可视化软件包之一，支持跨平台运行，是 Python 常用的 2D 绘图库，同时提供了一部分 3D 绘图接口。Matplotlib 通常与 NumPy、pandas 一起使用，是数据分析中不可或缺的重要工具之一。

Matplotlib 是 Python 中类似 MATLAB 的绘图工具，如果熟悉 MATLAB，则可以很快地上手这个库。Matplotlib 提供了一套面向对象绘图的 API，可以轻松地配合 Python GUI 工具包（比如，PyQt、wxPython、Tkinter）在应用程序中嵌入图形。与此同时，它也支持以脚本的形式在 Python、IPython Shell、Jupyter Notebook，以及 Web 应用的服务器中使用。

2. Matplotlib 安装

Matplotlib 不是 Python 标准库中包含的内容，所以在使用 Matplotlib 之前，我们需要在自己的 Python 环境上安装这个库。如果安装的是 Anaconda 集成环境，则初始就会包含 Matplotlib

库，无须下载安装。

在 Windows 系统上（其他系统可自行搜索安装方式），我们可以使用 pip 命令进行自动安装，命令如下。

```
python -m pip install -U pip setuptools
python -m pip install matplotlib
```

安装完成后，我们可以通过导入 Matplotlib 库来验证安装是否成功，命令如下。

```
import matplotlib pyplot
```

3. Gallery 介绍

Matplotlib 是一个基于 Python 的开源项目，官网上提供的参数资料完备，包含 Matplotlib 库的版本更新信息、开发日志、API 接口和使用范例。更加方便的是提供了 Gallery（画廊），方便初学者基于某个类型的绘图需求，从而快速上手实现 Matplotlib 的代码。

Gallery 中罗列了多种类型、不同子类的图形模板，我们可以根据手中需要可视化的数据样式，选择模板，以便达成数据的最佳展示效果，如图 12.3 所示。

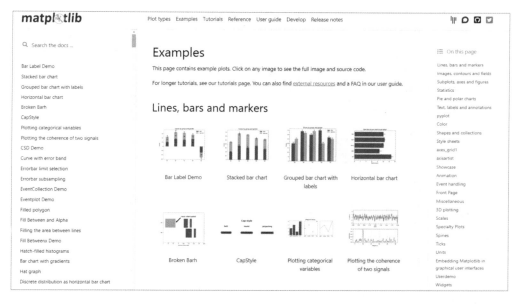

图 12.3　Matplotlib 官网的 Gallery 展示

浏览上图中间的各种图形范例。例如，我们需要选择最简单易懂的水平柱形图进行可视化展现，只需单击 "Horizontal bar chart" 图形，即可进入详情界面，里面包含官方给出的这个图形模板的范例代码，如图 12.4 所示。

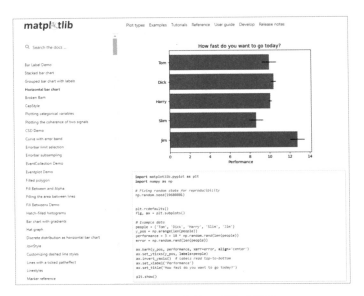

图 12.4　Gallery 中的示例代码展示

复制网页中的代码到我们本地的 Python 编程环境中，简单调试，即可在本地运行，观察结果。

【例 12-1】Gallery 中的水平柱形图的示例代码如下。

```python
import matplotlib.pyplot as plt
import numpy as np

# Fixing random state for reproducibility
np.random.seed(19680801)

plt.rcdefaults()
fig, ax = plt.subplots()

# Example data
people = ('Tom', 'Dick', 'Harry', 'Slim', 'Jim')
y_pos = np.arange(len(people))
performance = 3 + 10 * np.random.rand(len(people))
error = np.random.rand(len(people))

ax.barh(y_pos, performance, xerr=error, align='center')
ax.set_yticks(y_pos, labels=people)
ax.invert_yaxis()  # labels read top-to-bottom
```

```
ax.set_xlabel('Performance')
ax.set_title('How fast do you want to go today?')

plt.show()
```

运行结果如图 12.5 所示。

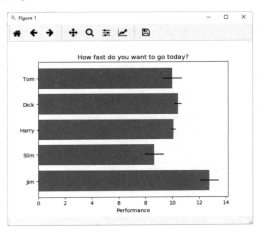

图 12.5 Gallery 示例本地运行结果

从图 12.5 中可以看出，通过简单的复制、调试和运行，我们就可以得到和 Gallery 中展示相同的数据可视化效果，将上面示例中数组的相关数据替换为我们想要展示的数据，就可以完成使用水平柱形图展示数据的目的。

由此可以看出，Matplotlib 官网的 Gallery 如一个大型的自选超市，方便大家挑选心仪的图形来展现自己的数据，同时避免了大家零基础重新构建代码，反反复复地制造"车轮子"。因此，有效地从网络上获取相关信息，可以辅助我们的学习和工作，事半功倍。

12.2.2 绘制折线图

我们从最简单的折线图开始学习。折线图是用直线段将各数据连接起来组成的图形，常用来观察数据随时间变化的趋势。使用折线图展现 2010 年—2021 年我国 GDP 增速情况，原始数据如表 12.1 所示。

表 12.1 2010 年—2021 年我国 GDP 增速情况

年份	GDP 增速/%
2010 年	10.6
2011 年	9.6

续表

年份	GDP 增速/%
2012 年	7.9
2013 年	7.8
2014 年	7.4
2015 年	7
2016 年	6.8
2017 年	6.9
2018 年	6.7
2019 年	6
2020 年	2.3
2021 年	8.1

首先构建两个列表代表横、纵坐标的 x 轴与 y 轴，然后使用 plt.plot(x,y) 绘制折线，用 plt.show() 显示图像。当数据只有一维时，默认输入 y 轴。示例代码如下。

【例 12-2】折线图示例代码 1。

```python
import matplotlib.pyplot as plt
import numpy as np

x= [2010,2011,2012,2013,2014,2015,2016,2017,2018,2019,2020,2021]
y= [10.6,9.6,7.9,7.8,7.4,7,6.8,6.9,6.7,6,2.3,8.1]

plt.plot(x,y)
plt.show()
```

运行结果如图 12.6 所示。

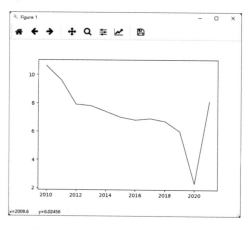

图 12.6　折线图示例本地运行结果 1

当然，我们还可以在一张图内绘制更多的折线，并在图中进行数据的对比和分析。下面获取相同年份的美国 GDP 增速情况的数据，如表 12.2 所示。

表 12.2　2010 年—2021 年美国 GDP 增速情况

年份	GDP 增速/%
2010 年	2.56
2011 年	1.55
2012 年	2.25
2013 年	1.84
2014 年	2.53
2015 年	3.08
2016 年	1.71
2017 年	2.33
2018 年	3
2019 年	2.16
2020 年	-3.64
2021 年	5.7

仿照上个例子，构建美国历年的 GDP 增速情况，代码如下。

【例 12-3】折线图示例代码 2。

```
import matplotlib.pyplot as plt
import numpy as np

x= [2010,2011,2012,2013,2014,2015,2016,2017,2018,2019,2020,2021]
y= [2.56,1.55,2.25,1.84,2.53,3.08,1.71,2.33,3,2.16,-3.64,5.7]

plt.plot(x,y)
plt.show()
```

运行结果如图 12.7 所示。

将两张图片的图形合并，并加以区别。我们可以使用两种方式实现不同数据的区分：一种是设置不同线条颜色，另一种是设置不同线条样式。

首先，使用不同颜色的线条来实现数据区分，可以通过在 plt.plot()方法中增加额外参数来实现颜色的设置，而不同颜色的参数如表 12.3 所示。想获取更多更新的参数信息，可以通过官网在线查阅获得。

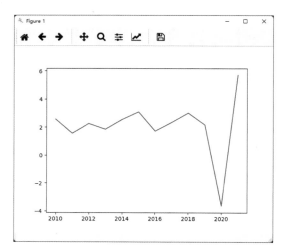

图 12.7　折线图示例本地运行结果 2

表 12.3　线条颜色参数

颜色代码	颜色
b	蓝色
c	青色
g	绿色
k	黑色
r	红色
m	洋红色
y	黄色
w	白色

　　前面例子中由于没有明确设置，因此线条颜色都是默认颜色，在这里我们将美国的数据设置为蓝色线条，我国的数据设置为红色线条，并将两国数据对比显示。示例代码如下。

【例 12-4】折线图示例代码 3。

```
import matplotlib.pyplot as plt
import numpy as np

x= [2010,2011,2012,2013,2014,2015,2016,2017,2018,2019,2020,2021]
y1= [10.6,9.6,7.9,7.8,7.4,7,6.8,6.9,6.7,6,2.3,8.1]
y2= [2.56,1.55,2.25,1.84,2.53,3.08,1.71,2.33,3,2.16,-3.64,5.7]

plt.plot(x,y1, 'r')
plt.plot(x,y2, 'b')
```

```
plt.show()
```

运行结果如图 12.8 所示。

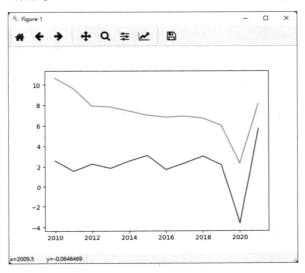

图 12.8　折线图示例本地运行结果 3

　　这样一来，通过对比的图像可以非常直观地显示出中、美两国近 10 年的 GDP 增速：我国始终快于美国，但随着总体体量的不断增加等原因，我国的增速也有趋于放缓的态势。由于疫情的原因，2020 年各国增速都有明显下降，美国甚至出现负增长的情况。这样的图像呈现与两个表格的数据比对，更加直观、容易理解。

　　然后，我们使用另一种方法，通过改变线条的样式和线条宽度来实现区分，即通过在plt.plot()中增加额外参数来实现。不同线条样式的参数如表 12.4 所示。想获取更多、更新的参数信息，读者可以通过官网在线查阅获得。

表 12.4　线条样式的参数

线条代码	线条形状
–	实线
:	点线
--	破折线
-.	点画线
None	不画

　　这样一来，我们通过将美国设置为点画线，并调整线条宽度，从而实现和我国数据的对比，示例代码如下。

【例 12-5】折线图示例代码 4。

```
import matplotlib.pyplot as plt
import numpy as np

x= [2010,2011,2012,2013,2014,2015,2016,2017,2018,2019,2020,2021]
y1= [10.6,9.6,7.9,7.8,7.4,7,6.8,6.9,6.7,6,2.3,8.1]
y2= [2.56,1.55,2.25,1.84,2.53,3.08,1.71,2.33,3,2.16,-3.64,5.7]

plt.plot(x,y1, 'b')
plt.plot(x,y2, 'b-.', linewidth=4.0)
plt.show()
```

运行结果如图 12.9 所示。

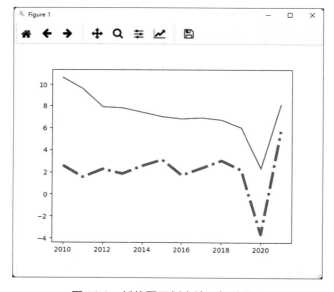

图 12.9　折线图示例本地运行结果 4

　　为了方便观察图像，便于理解数据信息，我们还需要在图像上加入适当的文字信息予以解释和说明。这里可以加入标题（plt.title()）、轴标签（plt.label()）、图内文字（plt.text()）和图例（plt.legend()）来完善绘制的图形。

　　对于这些文字信息，我们可以通过使用参数来设置其文本属性。表 12.5 所示为常用的文本属性参数，对于详细的内容，读者可以在官网中参考说明文档，逐个测试使用。

表 12.5　常用的文本属性参数

参数	描述
color	颜色
fontfamily	字体系列
fontname	字体名
fonesize/size	字体大小/大小
fontstretch	伸缩变形
fontstyle	字体样式
fontvariant	字体大写
fontweight	字体粗细
horizontalalignment	水平对齐方式
linespacing	行间距

这样一来，在原有示例的基础上添加文字说明信息，示例代码如下。

【例 12-6】折线图示例代码 5。

```python
import matplotlib.pyplot as plt
import numpy as np

x= [2010,2011,2012,2013,2014,2015,2016,2017,2018,2019,2020,2021]
y1= [10.6,9.6,7.9,7.8,7.4,7,6.8,6.9,6.7,6,2.3,8.1]
y2= [2.56,1.55,2.25,1.84,2.53,3.08,1.71,2.33,3,2.16,-3.64,5.7]

plt.plot(x,y1, 'r', label='PRC')
plt.plot(x,y2, 'b', label='USA')
plt.legend(loc='upper right')
plt.xlabel("X axis")
plt.ylabel("Y axis")

plt.title("Figure1")
plt.text(2015,-3,"Correlation Data")

plt.show()
```

运行结果如图 12.10 所示。

最后，我们尝试在图像里加入中文。虽然 Python 支持 Unicode，可以输入中文字符串，但是如果我们直接只用中文字符串设置 Matplotlib 的各项文字信息，则可能导致中文显示为方块乱码，如将上个例子中的 title 信息换为 "GDP 增速对比"，得到的效果如图 12.11 所示。

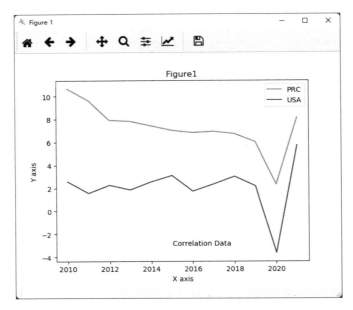

图 12.10　折线图示例本地运行结果 5

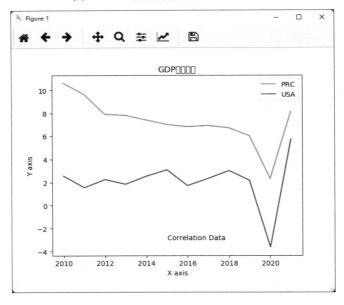

图 12.11　折线图示例本地运行结果 6

　　这是因为 Matplotlib 默认不支持中文，所以我们可以通过设置定义图形的字体信息，只需增加如下一行代码，图像标题就可以正确地显示了。

```
plt.title("GDP 增速对比", fontname='SimHei')
```

12.2.3　绘制散点图

散点图显示两组数据的值，每个点的坐标位置由变量的值决定。它由一组不连接的点完成，用于观测两种变量的相关性。下面用散点图来展现一个寝室中各位同学的身高和体重情况，具体数据如表 12.6 所示。

表 12.6　同学的身高和体重情况的数据

姓名	身高/cm	体重/kg
小赵	160	50
小钱	170	58
小孙	182	80
小李	175	70
小周	173	69
小吴	165	55
小郑	185	60
小王	163	79

使用 plt.scatter() 就可以将这些同学的身高、体重两维数据进行散点图表示，具体代码如下。

【例 12-7】散点图示例代码 1。

```
import matplotlib.pyplot as plt
import numpy as np

height= [160,170,182,175,173,165,185,163]
weight= [50,58,80,70,69,55,60,79]

plt.scatter(height,weight)
plt.show()
```

运行结果如图 12.12 所示。

通过图像我们可以直观得到，寝室中大多数人的身高、体重数据符合一定比例，体现为都在平面内的一条直线附近，只有两个点（163,79）和（185,60）明显远离这条直线。这就说明寝室内 8 位同学中，大多数身材匀称，只有小郑同学（163,79）偏胖，小王同学（185,60）偏瘦。通过此例说明散点图具有展现变量间相关性的能力。

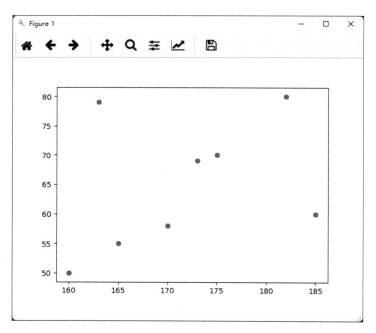

图 12.12　散点图示例本地运行结果 1

散点图配合使用 random 模块，可以展现正相关、负相关、正态分布等一些统计学概念，下面以生成的正态分布数据为例，显示散点图的可视化效果，示例代码如下。

【例 12-8】散点图示例代码 2。

```python
import matplotlib.pyplot as plt
import numpy as np

x= np.random.normal(0,1,2000)
y= np.random.normal(0,1,2000)

plt.scatter(x,y,alpha=0.5)
plt.grid(True)
plt.show()
```

运行结果如图 12.13 所示。

另外，在 12.2.2 节中讲授过的设置颜色、添加文字、支持中文等功能，都可以在散点图中应用。在应用时参数有一定差异，可以参考官网中的在线资料同步学习。

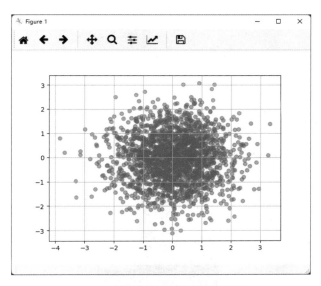

图 12.13 散点图示例本地运行结果 2

12.2.4 绘制柱状图

柱状图由一系列高度不等的条形组成，用于表示数据分布的情况。所表示的数据可以离散（称为条形图），也可以连续（称为直方图），而条形图标的展示可以设置为竖直方向，也可以设置为水平方向。下面用柱状图来展现某班级期末考试中一科的成绩分布，原始数据如表 12.7 所示。

表 12.7 某科成绩分布的数据

分数/分	人数/个
90 ~ 100	2
80 ~ 89	8
70 ~ 79	15
60 ~ 69	10
0 ~ 59	4

使用 plt.hist() 就可以用直方图来表示，具体代码如下。

【例 12-9】柱状图示例代码 1。

```
import matplotlib.pyplot as plt
import numpy as np
```

```
score=[70,55,79,61,77,75,80,60,88,62,81,73,70,63,78,100,64,82,65,84,50,7
5,73,66,86,67,79,72,60,95,68,50,69,75,89,76,52,74,88,78]
plt.hist(score,bins=5,density=0,facecolor="green",
edgecolor="white",alpha=0.7)
plt.show()
```

运行结果如图 12.14 所示。

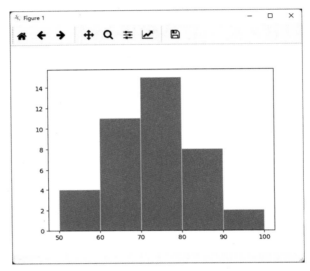

图 12.14　柱状图示例本地运行结果 1

我们也可以使用 plt.bar()展现垂直柱状图，使用 plt.barh()展现水平柱状图。如果要同时显示多个图表，则需要使用 plt.subplot()创建多张子图。图表的总标题需要用 plt.suptitle()进行设置。垂直/水平柱状图的对比示例代码如下。

【例 12-10】柱状图示例代码 2。

```
import matplotlib.pyplot as plt
import numpy as np

x= np.random.randint(1,10,4)
label= list('abcd')
plt.subplot(211)
plt.bar(label, x)
plt.subplot(212)
plt.barh(label, x)
plt.show()
```

运行结果如图 12.15 所示。

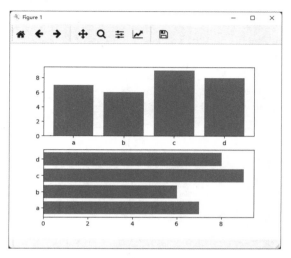

图 12.15　柱状图示例本地运行结果 2

12.2.5　设置图像样式

实际上，Matplotlib 所显示的图像有很多种样式，目前所得到的只是其中的一种默认样式。根据不同的需求，我们可以通过设置来实现不同样式的呈现。本地平台所支持的样式种类和软件版本等因素有关，具体支持哪些样式，可以在终端界面中执行以下命令来获取当前环境中的可用内置样式。

```
import matplotlib.pyplot as plt
plt.style.available
```

本机内支持的样式如图 12.16 所示，读者可以在各自的环境中测试获取信息。

图 12.16　获取本地图像样式信息

在图 12.16 中选取一个本机支持的样式，将如下语句添加到【例 12-5】中以改变其图像的样式。

```
plt.style.use('seaborn-darkgrid')
```

获得的效果如图 12.17 所示。

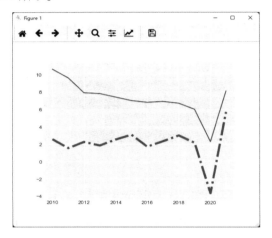

图 12.17　不同样式的数据图像展示

将图 12.17 和图 12.9 进行比较，从而直观地获取到不同样式在相同数据图像上表现的差异。读者也可以尝试本机支持的其他不同样式的展现形式，方便在后续数据可视化的工作中灵活应用。

12.3　seaborn 数据可视化进阶

PY-12-v-002

1. seaborn 介绍

seaborn 是一个用 Python 制作统计图形的库，建立在 Matplotlib 之上，并与 pandas 数据结构紧密集成。

seaborn 的绘图功能对包含整个数据集的数据框和数组进行操作，并在内部执行必要的语义映射和统计聚合来生成信息图。

seaborn 允许用户从广泛的绘图样式中进行选择，同时有效地从数据中映射一组特征。

2. seaborn 安装

在终端界面中输入以下命令。

```
pip install -U seaborn
```

安装完成后，通过以下代码导入 seaborn 库。

```
import seaborn as sns
```

其中，"as sns" 是给导入的 seaborn 库的重命名。

12.3.1　基本可视化

【例 12-11】对餐厅销售数据进行分析并可视化。

此数据集是一个简单的数据集，包含商品购买情况与客户性别等信息。数据包含以下特征。

- total_bill：客户支付的总账单。
- tip：客户提供的小费。
- sex：客户的性别。
- smoker：客户是否吸烟。
- day：进行观察的星期几。
- time：观察的时间，无论是午餐还是晚餐等。
- size：组的大小，是否有多个成员。

导入数据集，并观察客户的吸烟与就餐人数之间的关系。

```
# 导入
import seaborn as sns
import matplotlib.pyplot as plt

# 应用默认样式
sns.set_theme()

# 加载数据集
tips = sns.load_dataset("tips")

# 创建可视化
sns.relplot(
    data=tips,
    x="total_bill", y="tip", col="time",
    hue="smoker", style="smoker", size="size",
)
plt.show()
```

执行结果如图 12.18 所示。

load_dataset()函数表示快速访问示例数据集。其中数据集可以使用 pandas 的 read_csv()功能手动加载或构建。

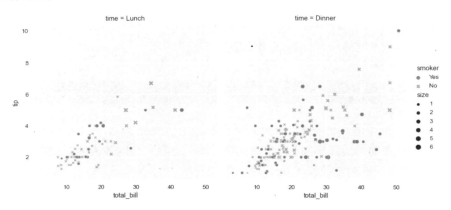

图 12.18　seaborn 数据加载

relplot()函数表示 tips 数据集中 5 个变量之间的关系。在使用时提供变量的名称及其在图中的角色。

relplot()函数有一个 kind 参数，用于实现散点图和折线图的切换，代码如下。

```
dots = sns.load_dataset("dots")
sns.relplot(
    data=dots, kind="line",
    x="time", y="firing_rate", col="align",
    hue="choice", size="coherence", style="choice",
    facet_kws=dict(sharex=False),
)
```

执行结果如图 12.19 所示。

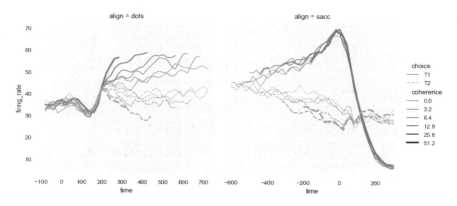

图 12.19　使用 kind 参数将散点图转换为折线图

12.3.2　数据分析与统计可视化

使用 seaborn 可以实现基本的数据分析功能，如回归分析。下面分析用户吸烟情况与消费总金额之间的关系，代码如下。

```
sns.lmplot(data=tips, x="total_bill", y="tip", col="time", hue="smoker")
```

执行结果如图 12.20 所示。

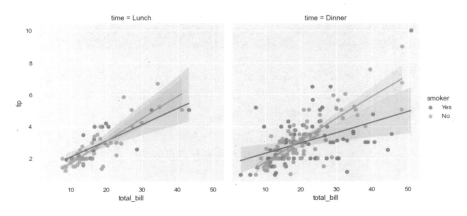

图 12.20　吸烟情况与消费总金额的分析

统计分析需要有关数据集中变量分布的知识。seaborn 的 displot() 函数支持几种可视化分布的方法，其中包括直方图等经典技术。代码如下。

```
sns.displot(data=tips, x="total_bill", col="time", kde=True)
```

执行结果如图 12.21 所示。

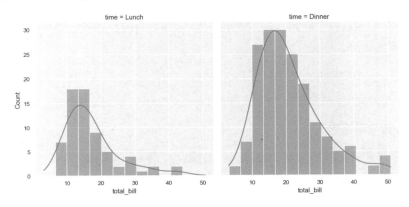

图 12.21　数据直方图

12.4　实训任务——连锁店库存数据分析

12.4.1　任务描述

使用数据分析的相关技术，对来自多家鞋店的真实历史数据进行统计和分析，帮助商家估计不同尺码的鞋子应该有多少库存。

12.4.2　任务分析

库存管理是库存成本与缺货成本之间的多方面因素取舍。一方面，库存越多，所需的流动资金越多，存货跌价的风险越高；另一方面，如果存货不足，就会发生库存缺货，导致与潜在的销售机会失之交臂，甚至可能中断整个生产流程。

准确预测下一个销售周期的库存量是库存优化的关键要素。库存预测通常需要对过去一年的销售数据进行统计，并进一步分析销量与相关因素之间的关系，从而预测不同时期商品的库存需求。

1.　数据集介绍

使用数据集的字段如下。

- InvoiceNo、ProductID、Year、Month：只包含数字，但属于分类字段。
- Date、Country：分类字段。
- Shop：按国家 ID（美国、英国、加拿大、德国）分组的分类字段。
- Size-US、Size-Europe、Size-UK：分类字段，但是可以转换为相同尺寸表示。
- Gender：属于分类字段。
- UnitPrice、Discount、SalePrice：数值字段。将包含百分比值的折扣字段转换为浮点数以方便计算。计算公式如下。

```
SalePrice = UnitPrice * (1 − Discount)
```

对数据进行合并处理需要使用的字段包含 Date、Country、Shop、Size-US、Gender、SalePrice。

2.　数据分析与可视化

将所有数据按照尺码进行分类，根据时间顺序获取相关的预测模型。

为了了解数据是如何分布的，需要创建一个数据透视表来按月查看每种尺码的销售数量。使用 seaborn 库的热图绘制，观察数据分布，验证"月份"对购买需求的影响假设是否合理。

实验环境如表 12.8 所示。

表 12.8　实验环境

硬件	软件	资源
PC/笔记本电脑	Windows 10 PyCharm 2022.1.3（社区版） Python 3.7.3 Matplotlib 3.5.1 NumPy 1.19.5 pandas 1.3.5 SciPy 1.7.3 seaborn 0.11.2	库存数据集 data.csv

主要的实现步骤如下。

- 数据清洗。
- 数据分析。按照尺码对数据进行分类。
- 数据可视化。

12.4.3　任务实现

步骤一：数据清洗

```python
# 导入包和数据
import numpy as np
import pandas as pd
import matplotlib.pyplot as plt
import seaborn as sns
from scipy import stats
import pylab as pl

# 使用 read_csv() 功能，导入数据集
sales = pd.read_csv("data.csv")

# 数据清洗
def data_clear(sales):
    # 查看数据
    print(sales)

    # 查看每列数据类型
    print(sales.dtypes)
```

```python
    # 将日期转换为日期类型
    sales['Date'] = pd.to_datetime(sales['Date'])

    # 重新检查数据类型
    print(sales.dtypes)

    # 通过删除我们不希望使用的任何列来创建新的数据框
    sales_mini = sales.drop(['InvoiceNo', 'ProductID','Size-Europe',
'Size-UK', 'UnitPrice', 'Discount', 'Date'], axis=1)

    print(sales_mini)
    return sales_mini
```

调用函数。

```python
if __name__=='__main__':
    # 使用 read_csv() 功能，导入数据集
    sales = pd.read_csv("data.csv")
    sales_mini=data_clear(sales)
    print(sales_mini)
```

运行结果如图 12.22 所示。

```
       InvoiceNo      Date         Country  ProductID  Shop  Gender
0         52389   1/1/2014  United Kingdom       2152   UK2    Male
1         52390   1/1/2014   United States       2230  US15    Male
2         52391   1/1/2014          Canada       2160  CAN7    Male
3         52392   1/1/2014   United States       2234   US6  Female
4         52393   1/1/2014  United Kingdom       2222   UK4  Female
...         ...        ...             ...        ...   ...     ...
14962     65773  12/31/2016  United Kingdom      2154   UK2    Male
14963     65774  12/31/2016   United States      2181  US12  Female
14964     65775  12/31/2016          Canada      2203  CAN6    Male
14965     65776  12/31/2016         Germany      2231  GER1  Female
14966     65777  12/31/2016         Germany      2156  GER1  Female
```

图 12.22　数据清洗结果

步骤二：数据分析

```python
# 数据分析
def data_analysis(sales_mini):
    # 鞋码的含义取决于性别。因此，为了分析数据，必须将"sales_mini"分为男性和女性数据
    sales_mini_male = sales_mini[sales_mini['Gender'] == 'Male']
    sales_mini_female = sales_mini[sales_mini['Gender'] == 'Female']
```

```
print('男鞋: ')
print(sales_mini_male)

print('女鞋')
print(sales_mini_female)

# 使用 pivot_table from pandas library 来查看每个国家/地区每种尺码的销售总数
# 显示两个数据透视表，每个性别一个
males_size_by_country = pd.pivot_table(sales_mini_male, values='Month',
index=['Size-US'], columns=['Country'],margins=True, margins_name='Total',
aggfunc=len)
females_size_by_country = pd.pivot_table(sales_mini_female, values='Month',
index=['Size-US'], columns=['Country'], margins=True,margins_name='Total',
aggfunc=len)

print(females_size_by_country)

# 假设"性别""国家""年份"的销售相互独立
male_2016 = sales_mini_male[sales_mini_male['Year']==2016]
male_us_2016 = male_2016[male_2016['Country']=='United States']

return male_us_2016
```

步骤三：数据可视化

```
def data_visualizing(male_us_2016):
    # 为了了解数据是如何分布的，首先创建一个数据透视表来按月查看每种尺码的销售数量
    male_us_2016_by_month = pd.pivot_table(male_us_2016, values='Country',
index=['Size-US'], columns=['Month'], fill_value=0, aggfunc=len)
    print(male_us_2016_by_month)
    # 为了使数据分布更清晰，在 seaborn 库的"热图"中显示"DataFrame"。观察月份会影响
需求的假设是否合理
    plt.figure(figsize=(16, 6))
    male_us_2016_by_month_heatmap  =  sns.heatmap(male_us_2016_by_month,
annot=True, fmt='g', cmap='Blues')
    return male_us_2016_by_month_heatmap
```

调用函数：

```
if __name__=='__main__':
    # 使用 read_csv() 功能，导入数据集
    sales = pd.read_csv("data.csv")
    sales_mini=data_clear(sales)
```

```
print(sales_mini)

male_us_2016=data_analysis(sales_mini)
print(male_us_2016)

male_us_2016_by_month_heatmap=data_visualizing(male_us_2016)
print(male_us_2016_by_month_heatmap)
plt.show()
```

运行结果如图 12.23 所示。

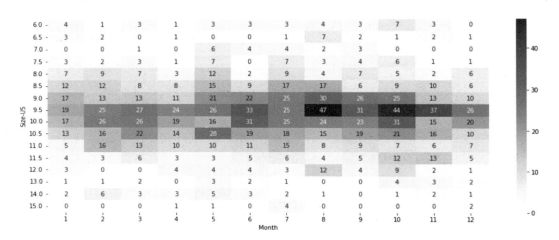

图 12.23 热图可视化效果

从结果中可知，月份对不同尺码的销售情况有明显的影响。

本章总结

（1）本章主要介绍了数据可视化的定义和进行数据可视化的意义。

（2）通过学习，读者掌握了 Matplotlib 库的安装和使用方法，并学习了在 Matplotlib 官网的 Gallery 中获取特定图形模板代码的方法。

（3）本章介绍了折线图、柱状图、散点图等几种基础图形的编程方法，并通过实例加以巩固和深化。通过本章的学习，读者对 Python 数据可视化有了初步了解，并为学习数据分析等打下基础。

（4）本章介绍了 seaborn 可视化工具的安装、基本可视化方法及数据分析可视化方法。

（5）实训任务基于库存管理，综合运用数据分析和可视化方法，以便提升实际动手能力。

作业与练习

PY-12-c-001

一、单选题

1.（　　　）不是 Python 语言环境下的数据可视化工具。

　　A．Matplotlib　　　　B．Plotly　　　　　　C．NumPy　　　　　　D．seaborn

2. 在 Matplotlib 官网中，从（　　　）中可以获取图形模板，从而获得相关代码。

　　A．Usage Guide　　　B．Gallery　　　　　　C．Tutorial　　　　　　D．Reference

二、填空题

在 Windows 系统中，我们可以使用（　　　　　　　）命令自动安装 Matplotlib，具体命令操作是（　　　　　）。

三、判断题

Matplotlib 库默认支持中文字体。　　　　　　　　　　　　　　　　　　　（　　　）

四、编程题

1. 从网络上获取当地近十年的房价信息，并用折线图进行展示。

2. 获取全班同学的身高、体重信息，并用散点图进行展示，对数据进行直观分析。

3. 将本班级上学期一科的成绩用直方图进行展示，并对数据进行分析，判断其是否符合正态分布。

第 *13* 章

Pygame 游戏编程

本章目标

- 熟悉 Pygame 安装。
- 熟悉 Pygame 库的常用功能模块。
- 掌握使用绘制窗口、事件处理等编程方法。
- 掌握使用 Pygame 库开发游戏流程。

本章为 Python 综合应用，涵盖了 Python 的大多数语法知识，如控制语句、列表、元组、函数、模块等，同时扩展了第三方的 Pygame 游戏库的使用。本章利用 Pygame 实现游戏窗口绘制、游戏事件处理等功能，完成一款经典的贪吃蛇游戏。

玩家可以通过键盘方向键上、下、左、右控制蛇的移动方向，寻找游戏窗口中随机出现的"食物"，每吃到一个食物就能得到一定的积分，同时蛇的身子会增加一段。在游戏过程中，蛇不能撞墙，也不能撞到蛇自己的身体，否则视为游戏结束。

13.1 Pygame 游戏库

13.1.1 Pygame 简介

Pygame 是一组开发游戏软件的 Python 程序模块，基于 SDL（Simple DirectMedia Layer）库的基础上开发，可以在 Python 程序中创建功能丰富的游戏和多媒体项目，具有高度的可移植性，几乎可以在所有主流平台和操作系统上运行，主要特点如下。

（1）支持多 CPU 系统，可以充分使用四核、八核等多 CPU 计算机性能，让游戏运行更加流畅。

（2）对核心功能使用 C 和 Assembly 代码进行优化，C 代码通常比 Python 代码快 10～20 倍，而汇编代码可以比 Python 代码快 100 倍以上。

（3）便于安装，支持 Linux、Windows、macOS、FreeBSD 等主流操作系统，可以直接使用系统自带的包管理器（如 apt-get、emerge、pkg_add 或 yast install 等），完成一键安装。

（4）简单易用，成人和儿童都可以使用 Pygame 开发游戏。

（5）已经发行了许多游戏，包括流行的共享软件，多媒体项目和开源游戏，在 Pygame 网站上已经发布了 660 多个游戏项目。

（6）支持主循环控制，在使用其他库或者开发不同类型的项目时，可以提供更好的控制。

（7）不依赖 GUI 的所有功能，如果只想使用 Pygame 处理图像、获取事件或播放声音等，则可以从命令行使用 Pygame。

（8）支持模块化开发，很多核心模块，如音频、视频、图像处理等都可以单独使用。

13.1.2　Pygame 安装

使用 Python 的包管理工具"python -m pip install pygame"可以在线安装 Pygame 模块，等安装完成后，在命令行中执行"import pygame"命令进行导入测试，在正常情况下可以查看到安装的 Pygame 版本信息。

```
(base) E:\py-code>python
Python 3.7.3 (default, Mar 27 2019, 17:13:21) [MSC v.1915 64 bit
(AMD64)] :: Anaconda, Inc. on win32
Type "help", "copyright", "credits" or "license" for more information.
>>> import pygame
pygame 2.1.2 (SDL 2.0.18, Python 3.7.3)
```

13.2　Pygame 事件

PY-13-v-001

13.2.1　事件的概念

在基于 Pygame 的图形界面开发中，程序运行时产生的每个动作都可以被称为事件。例如，当关闭窗口时会产生一个 QUIT 事件。

Pygame 可以接收用户各种操作所产生的事件，如键盘按键事件、鼠标点击事件等。事件可能随时发生，而且数量也可能很大，因此 Pygame 会把所有的事件保存到队列中，并逐一处理。

13.2.2　事件的检索

Pygame 提供了 event 子模块专门处理事件，可以通过 pygame.event.get()方法从队列中获取事件列表，或者指定获取某一个事件。例如，下面示例代码，使用 for 循环遍历事件列表，以便可以逐一地进行处理。

```
for event in pygame.event.get():    # 遍历全部事件
    if event.type == 某事件          # 查找对应事件是否在其中
```

13.2.3　常用的事件

Pygame 的所有事件都会保存到一个列表对象中，如果希望针对某种事件进行处理，可以通过 event.type 参数获取事件的具体类型，进而实现针对性的处理。

Pygame 常用的事件和产生方式如表 13.1 所示。

表 13.1　Pygame 常用的事件和产生方式

事件	产生方式
QUIT	用户按下窗口的"关闭"按钮
KEYDOWN	键盘按键按下
KEYUP	键盘按键抬起
MOUSEBUTTONDOWN	鼠标按键按下
MOUSEBUTTONUP	鼠标按键抬起
MOUSEMOTION	鼠标移动
VIDEORESIZE	Pygame 窗口缩放

13.2.4　事件案例演示

下面程序实现了对键盘事件处理的功能，利用 Pygame 的 event 模块不断获取用户的按键操作，实现了使用方向键控制红色方块移动的功能，直至检测到用户关闭窗口的 QUIT 事件，退出程序，代码如下。

```
import pygame
from pygame.locals import *
from sys import exit
```

```python
# 初始化 pygame 模块
pygame.init()
# 初始化窗口大小
screen = pygame.display.set_mode((640, 480), 0, 32)
# 坐标
x, y = 0, 0
move_x, move_y = 0, 0

# 循环检测和处理事件
while True:
    for event in pygame.event.get():
        if event.type == QUIT:
            exit()
        # 通过键盘按键按下事件
        if event.type == KEYDOWN:
            if event.key == K_LEFT:
                move_x = -5
            elif event.key == K_RIGHT:
                move_x = 5
            elif event.key == K_UP:
                move_y = -5
            elif event.key == K_DOWN:
                move_y = 5
        # 通过键盘按键抬起事件
        elif event.type == KEYUP:
            move_x = 0
            move_y = 0

        # 计算出新的坐标
        x += move_x
        y += move_y

        screen.fill((0, 0, 0))
        appleRect = pygame.Rect(x, y, 20, 20)
        Red = (255, 0, 0)  # 红色
        pygame.draw.rect(screen, Red, appleRect)
```

```
# 在新的位置上绘图
pygame.display.update()
```

运行代码，界面效果如图 13.1 所示，可以使用键盘上的方向键控制红色方块移动。

图 13.1　事件案例演示效果

13.3　Pygame 绘图

PY-13-v-002

13.3.1　常用函数功能

Pygame 的 draw 模块提供了绘图功能，可以在屏幕上绘制各种图形，如矩形、点、线、圆等。Pygame 绘图函数如表 13.2 所示。

表 13.2　Pygame 绘图函数

函数名	功能
rect	绘制矩形
polygon	绘制多边形
circle	绘制圆形
ellipse	绘制椭圆形
arc	绘制圆弧
line	绘制直线
lines	绘制折线

1. pygame.draw.rect()

函数原型：pygame.draw.rect(Surface, color, Rect, width=0)。

功能说明：在 Surface 对象上绘制一个矩形，color 表示矩形的颜色，Rect 表示接收一个矩形的坐标，而 width 表示绘制矩形的线宽。

2. pygame.draw.polygon()

函数原型：pygame.draw.polygon(Surface, color, pointlist, width=0)。

功能说明：用于绘制多边形，用法类似 pygame.draw.rect()函数，其中 Surface、color 和 width 参数和 pygame.draw.rect()函数完全相同，而 pygame.draw.polygon()函数会接收一系列坐标的列表，用于表示多边形的各个顶点。

3. pygame.draw.circle()

函数原型：pygame.draw.circle(Surface, color, pos, radius, width=0)。

功能说明：在 Surface 对象上绘制一个圆形，其中 pos 表示圆心坐标，而 radius 表示要绘制圆形的半径。

4. pygame.draw.ellipse()

函数原型：pygame.draw.ellipse(Surface, color, Rect, width=0)。

功能说明：用于绘制椭圆形，可以理解为一个被压扁的圆，使用一个矩形装起来，其中 Rect 参数就是这个椭圆所在区域的矩形。

5. pygame.draw.arc()

函数原型：pygame.draw.arc(Surface, color, Rect, start_angle, stop_angle, width=1)。

功能说明：用于绘制圆弧，可以理解为椭圆的一部分（没有封闭的椭圆），其中 start_angle 参数和 stop_angle 参数为开始和结束的角度。

6. pygame.draw.line()

函数原型：pygame.draw.line(Surface, color, start_pos, end_pos, width=1)。

功能说明：在 Surface 中绘制一条线，start_pos 参数和 end_pos 参数分别表示开始和结束的坐标位置。

7. pygame.draw.lines()

函数原型：pygame.draw.lines(Surface, color, closed, pointlist, width=1)。

功能说明：在 Surface 中绘制一个系列线，pointlist 参数记录所有的线所在位置的列表，列表元素使用元组记录每条线开始和结束的位置，而 closed 参数是一个布尔变量，表示是否需要多绘制一条线来使这些线条闭合。

13.3.2　绘图案例演示

下面程序实现了对键盘事件和绘图功能两个模块共同作用实现的运行效果，可以根据当前鼠标单击的位置绘制多段线、圆、椭圆等功能，直至检测到用户关闭窗口的 QUIT 事件，退出程序，代码如下。

```python
import pygame
from pygame.locals import *
from sys import exit

from random import *
from math import pi

pygame.init()
screen = pygame.display.set_mode((640, 480), 0, 32)
points = []

while True:
    for event in pygame.event.get():
        if event.type == QUIT:
            exit()
        if event.type == KEYDOWN:
            # 按任意键可以清屏并把点恢复到原始状态
            points = []
            screen.fill((255, 255, 255))
        if event.type == MOUSEBUTTONDOWN:
            screen.fill((255, 255, 255))
            # 绘制随机矩形
            rc = (randint(0, 255), randint(0, 255), randint(0, 255))
            rp = (randint(0, 639), randint(0, 479))
            rs = (639 - randint(rp[0], 639), 479 - randint(rp[1], 479))
            pygame.draw.rect(screen, rc, Rect(rp, rs))
            # 绘制随机圆形
            rc = (randint(0, 255), randint(0, 255), randint(0, 255))
            rp = (randint(0, 639), randint(0, 479))
            rr = randint(1, 200)
            pygame.draw.circle(screen, rc, rp, rr)
            # 获得当前鼠标单击的位置
            x, y = pygame.mouse.get_pos()
```

```
    points.append((x, y))
    # 根据单击的位置绘制弧线
    angle = (x / 639.) * pi * 2.
    pygame.draw.arc(screen, (0, 0, 0), (0, 0, 639, 479), 0, angle, 3)
    # 根据单击的位置绘制椭圆
    pygame.draw.ellipse(screen, (0, 255, 0), (0, 0, x, y))
    # 从左上和右下绘制两根线连接单击的位置
    pygame.draw.line(screen, (0, 0, 255), (0, 0), (x, y))
    pygame.draw.line(screen, (255, 0, 0), (640, 480), (x, y))
    # 绘制单击轨迹图
    if len(points) > 1:
        pygame.draw.lines(screen, (155, 155, 0), False, points, 2)
    # 把每个点绘制明显一点
    for p in points:
        pygame.draw.circle(screen, (155, 155, 155), p, 3)

pygame.display.update()
```

　　运行代码，其界面效果如图 13.2 所示。通过鼠标左键在界面中单击，可以得到不同的绘图效果。

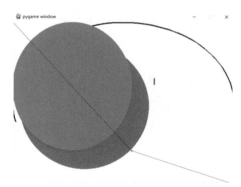

图 13.2　绘图案例演示的界面效果

13.4　实训任务——贪吃蛇游戏实现

PY-13-v-003

13.4.1　任务描述

　　本章已经介绍了 Python 程序的 pygame 模块，下面将使用 Pygame 实现贪吃蛇游戏，从而进一步了解窗口应用程序的开发流程。

13.4.2 任务分析

使用 Pygame 实现贪吃蛇游戏的具体功能如下。

（1）玩家可以通过键盘上的方向键，上、下、左、右控制蛇的移动方向。

（2）寻找游戏窗口中随机出现的"食物"，每吃到一个食物就能得到一定的积分，同时蛇的身子会增加一段。

（3）在游戏过程中，蛇不能撞墙，也不能撞到自己的身体，否则视为游戏结束。

实验环境如表 13.3 所示。

表 13.3 实验环境

硬件	软件	资源
PC/笔记本电脑	Windows 10 Python 3.7.3 Pygame 2.1.2	无

13.4.3 任务实现

贪吃蛇项目逻辑如图 13.3 所示。

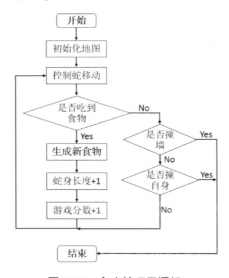

图 13.3 贪吃蛇项目逻辑

在 PyCharm 环境中创建项目，编写贪吃蛇游戏代码，并根据游戏业务逻辑流程图，将详细设计中的接口函数逐一实现。

步骤一：创建 snake.py 文件并编写代码

（1）导入必要的库。

```python
import pygame
from pygame.locals import *
from sys import exit

from random import *
from math import pi
```

（2）设置游戏初始配置。

```python
# 设置初始速度
snake_speed = 5

# 设置窗口大小
window_width = 800
window_height = 600

# 地图单元格的宽和高度
cell_size = 20

# 断言测试，确保单元格可以和窗口大小完美契合，即保证窗口能包含整数个单元格
assert window_width % cell_size == 0, "Window width must be a multiple of cell size."
assert window_height % cell_size == 0, "Window height must be a multiple of cell size."

# 初始化水平和垂直方向单元格个数
cell_weight = int(window_width / cell_size)
cell_height = int(window_height / cell_size)

# 定义游戏元素的颜色
White = (255, 255, 255)      # 白色
Black = (0, 0, 0)            # 黑色
Red = (255, 0, 0)            # 红色
Green = (0, 255, 0)          # 绿色
DARKGreen = (0, 155, 0)      # 暗绿色
```

```
DARKGRAY = (40, 40, 40)        # 暗灰色


#  设置游戏背景颜色（黑色）
BGCOLOR = Black

# 设置游戏控制的键盘按键
UP = 'up'
DOWN = 'down'
LEFT = 'left'
RIGHT = 'right'

# 设置蛇头索引
HEAD = 0
```

（3）定义游戏主函数。

```
# 定义游戏主函数
def main():
    # 声明全局变量
    global snake_speedCLOCK, DISPLAYSURF, BASICFONT
    # 初始化 pygame 模块
    pygame.init()
    # 初始化游戏时钟，从而影响蛇的移动速度
    snake_speedCLOCK = pygame.time.Clock()
    # 初始化窗口分辨率
    DISPLAYSURF = pygame.display.set_mode((window_width, window_height))
    # 初始化字体
    BASICFONT = pygame.font.Font('freesansbold.ttf', 18)
    # 设置当前窗口标题
    pygame.display.set_caption('趣味贪吃蛇')
    # 显示进入游戏时的开发画面
    showStartScreen()

    # 循环运行游戏
    while True:
        runGame()
        showGameOverScreen()
```

（4）编写游戏运行函数。

```python
# 游戏运行函数
def runGame():
    # 设置一个随机开始点（蛇的初始位置）
    startx = random.randint(5, cell_weight - 6)
    starty = random.randint(5, cell_height - 6)

    # 设置初始蛇身（列表）
    wormCoords = [{'x': startx, 'y': starty},
                  {'x': startx - 1, 'y': starty},
                  {'x': startx - 2, 'y': starty}]
    # 设置初始移动方向
    direction = RIGHT

    # 随机显示一个食物
    apple = getRandomLocation()

    # 循环控制游戏操作
    while True:  # main game loop
        # 事件循环处理, event.get()从队列中获取事件
        for event in pygame.event.get():
            # 关闭窗口事件
            if event.type == QUIT:
                terminate()
            # 键盘按键事件
            elif event.type == KEYDOWN:
                # 向左移动
                if (event.key == K_LEFT) and direction != RIGHT:
                    direction = LEFT
                # 向右移动
                elif (event.key == K_RIGHT) and direction != LEFT:
                    direction = RIGHT
                # 向上移动
                elif (event.key == K_UP) and direction != DOWN:
                    direction = UP
                # 向下移动
                elif (event.key == K_DOWN) and direction != UP:
                    direction = DOWN
                # 按 ESC 键退出游戏
                elif event.key == K_ESCAPE:
```

```
            terminate()

# 检查蛇头是否撞到窗口边缘，如果撞到，则游戏结束
if wormCoords[HEAD]['x'] == -1 or \
      wormCoords[HEAD]['x'] == cell_weight or \
      wormCoords[HEAD]['y'] == -1 or \
      wormCoords[HEAD]['y'] == cell_height:
   return  # game over
# 检查蛇头是否撞到了自己，如果撞到，则游戏结束
for wormBody in wormCoords[1:]:
   if wormBody['x'] == wormCoords[HEAD]['x'] and\
         wormBody['y'] == wormCoords[HEAD]['y']:
      return  # game over


# 检查蛇是否吃到食物
if wormCoords[HEAD]['x'] == apple['x'] \
      and wormCoords[HEAD]['y'] == apple['y']:
   # 吃到食物尾部不动，头部移动后会增加一块，相当于蛇身长了一块
   # 如果吃到食物，则再随机产生一个新的食物
   apple = getRandomLocation()  # set a new apple somewhere
else:
   # 删除蛇身尾部一块，移动时会在蛇身头部增加一块，使整体蛇身未变
   del wormCoords[-1]


# move the worm by adding a segment in the direction it is moving
# 向上移动，蛇头在 y 坐标-1 位置增加
if direction == UP:
   newHead = {'x': wormCoords[HEAD]['x'],
               'y': wormCoords[HEAD]['y'] - 1}
# 向下移动，蛇头在 y 坐标+1 位置增加
elif direction == DOWN:
   newHead = {'x': wormCoords[HEAD]['x'],
               'y': wormCoords[HEAD]['y'] + 1}
# 向左移动，蛇头在 x 坐标+1 位置增加一块
elif direction == LEFT:
   newHead = {'x': wormCoords[HEAD]['x'] - 1,
               'y': wormCoords[HEAD]['y']}
# 向右移动，蛇头在 x 坐标-1 位置增加一块
elif direction == RIGHT:
```

```
newHead = {'x': wormCoords[HEAD]['x'] + 1,
           'y': wormCoords[HEAD]['y']}
# 将新增加的一块保存到蛇身的列表中
wormCoords.insert(0, newHead)

# 重新填充背景颜色
DISPLAYSURF.fill(BGCOLOR)

# 绘制方格（游戏地图）
drawGrid()

# 将蛇身所在位置的所有方块绘制为绿色
drawWorm(wormCoords)

# 将食物所在位置绘制为红色
drawApple(apple)

# 显示游戏分数
drawScore(len(wormCoords) - 3)

# 更新窗口显示
pygame.display.update()

# 更新蛇的移动速度
snake_speedCLOCK.tick(snake_speed)
```

（5）编写游戏信息函数。

```
# 在游戏右下角绘制提示消息
def drawPressKeyMsg():
    # 设置绘制提示消息的内容"按任意键进入游戏"，并采用白色字体
    pressKeySurf = BASICFONT.render('Press any key to enter the game.',
True, White)
    # 设置提示消息的显示位置
    pressKeyRect = pressKeySurf.get_rect()
    pressKeyRect.topleft = (window_width - 200, window_height - 30)
    # 绘制提示消息到游戏窗口
    DISPLAYSURF.blit(pressKeySurf, pressKeyRect)
```

（6）编写按键处理函数。

```
# 检查按键抬起事件
```

```
def checkForKeyPress():
    # 如果发现关闭了游戏窗口，则直接退出游戏
    if len(pygame.event.get(QUIT)) > 0:
        terminate()
    # 获取按键抬起事件
    keyUpEvents = pygame.event.get(KEYUP)
    if len(keyUpEvents) == 0:
        return None
    # 如果按下 ESC 键
    if keyUpEvents[0].key == K_ESCAPE:
        terminate()
    # 则返回按键事件对应的键值
    return keyUpEvents[0].key
```

（7）设置游戏欢迎画面，鼠标单击后进入游戏。

```
# 显示游戏刚进入时的欢迎画面
def showStartScreen():
    # 设置字体
    titleFont = pygame.font.Font('freesansbold.ttf', 48)
    # 渲染要显示的文本（白色字体，深绿色背景）
    titleSurf1 = titleFont.render('Interesting Snake!', True, White,
DARKGreen)

    # 初始化欢迎画面每帧的改变角度
    degrees = 0
    while True:
        # 设置背景颜色
        DISPLAYSURF.fill(BGCOLOR)
        # 将要显示的文本旋转一定的角度，并显示到窗口上
        rotatedSurf1 = pygame.transform.rotate(titleSurf1, degrees)
        rotatedRect1 = rotatedSurf1.get_rect()
        rotatedRect1.center = (window_width / 2, window_height / 2)
        DISPLAYSURF.blit(rotatedSurf1, rotatedRect1)
        drawPressKeyMsg()
        # 检查到有按键按下时返回，退出欢迎画面
        if checkForKeyPress():
            pygame.event.get()    # 清空事件列表, clear event queue
            return
        # 更新窗口界面显示
        pygame.display.update()
```

```
    # 设置时钟，影响欢迎画面旋转的速度
    snake_speedCLOCK.tick(20)
    # 每帧旋转3度
    degrees += 3
```

（8）编写游戏终止函数。

```
# 终止游戏程序
def terminate():
    # 卸载 Pygame 的所有模块
    pygame.quit()
    # 系统退出
    sys.exit()
```

（9）设置贪吃蛇的随机位置。

```
# 获取一个随机位置
def getRandomLocation():
    return {'x': random.randint(0, cell_weight - 1),
            'y': random.randint(0, cell_height - 1)}
```

（10）设置贪吃蛇游戏结束画面。

```
# 显示游戏结束的画面
def showGameOverScreen():
    # 渲染游戏结束时显示的文本
    gameOverFont = pygame.font.Font('freesansbold.ttf', 100)
    gameSurf = gameOverFont.render('Game', True, White)
    overSurf = gameOverFont.render('Over', True, White)
    # 文本显示需要的矩形区域
    gameRect = gameSurf.get_rect()
    overRect = overSurf.get_rect()
    # 文本显示位置
    gameRect.midtop = (window_width / 2, 10)
    overRect.midtop = (window_width / 2, gameRect.height + 10 + 25)
    # 绘制文本到相应位置
    DISPLAYSURF.blit(gameSurf, gameRect)
    DISPLAYSURF.blit(overSurf, overRect)
    # 绘制右下角的提示信息：按任意键开始游戏
    drawPressKeyMsg()
    # 更新窗口界面显示
    pygame.display.update()
```

```python
# 等待 500 毫秒，结束画面至少停留 500 毫秒
pygame.time.wait(500)
# 清除事件队列中的任何按键
checkForKeyPress()

# 循环等待用户按键事件
while True:
    if checkForKeyPress():
        pygame.event.get()  # 清空事件列表
        return
```

（11）绘制游戏分数。

```python
# 绘制游戏分数
def drawScore(score):
    # 渲染游戏分数的字体和位置
    scoreSurf = BASICFONT.render('Score: %s' % (score), True, White)
    scoreRect = scoreSurf.get_rect()
    scoreRect.topleft = (window_width - 120, 10)
    # 将游戏分数显示到游戏窗口
    DISPLAYSURF.blit(scoreSurf, scoreRect)
```

（12）贪吃蛇、食物布局及处理。

```python
# 将蛇身每个位置的方块绘制为绿色
def drawWorm(wormCoords):
    # 遍历蛇身的每个方块
    for coord in wormCoords:
        x = coord['x'] * cell_size
        y = coord['y'] * cell_size
        # 将蛇身位置绘制为绿色
        wormSegmentRect = pygame.Rect(x, y, cell_size, cell_size)
        pygame.draw.rect(DISPLAYSURF, DARKGreen, wormSegmentRect)
        wormInnerSegmentRect = pygame.Rect(
            x + 4, y + 4, cell_size - 8, cell_size - 8)
        pygame.draw.rect(DISPLAYSURF, Green, wormInnerSegmentRect)


# 绘制食物，将参数的方块位置绘制为红色，表示食物
def drawApple(coord):
    x = coord['x'] * cell_size
```

```
        y = coord['y'] * cell_size
        appleRect = pygame.Rect(x, y, cell_size, cell_size)
        pygame.draw.rect(DISPLAYSURF, Red, appleRect)
```

```
# 绘制栅格（游戏地图）
def drawGrid():
    # 在游戏窗口绘制暗灰色竖线
    for x in range(0, window_width, cell_size):  # draw vertical lines
        pygame.draw.line(DISPLAYSURF, DARKGRAY, (x, 0), (x, window_height))
    # 在游戏窗口绘制暗灰色横线
    for y in range(0, window_height, cell_size):  # draw horizontal lines
        pygame.draw.line(DISPLAYSURF, DARKGRAY, (0, y), (window_width, y))
```

（13）调用主函数，运行游戏。

```
# 调用主函数，运行游戏
if __name__ == '__main__':
    try:
        main()
    except SystemExit:
        pass
```

步骤二：项目运行效果展示

（1）在终端界面执行以下命令。

```
python3 snake.py
```

执行效果如图 13.4 所示，按任意键进入游戏。

图 13.4　进入游戏效果

（2）通过方向键可以控制贪吃蛇的行进方向。游戏运行效果如图 13.5 所示。

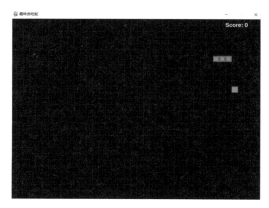

图 13.5　游戏运行效果

（3）如果贪吃蛇碰到墙壁或者碰到自己身体，则游戏结束，如图 13.6 所示。

图 13.6　游戏结束画面

本章总结

1. Pygame 游戏库的特点

（1）简单易用，成人和儿童都可以使用 Pygame 开发游戏。

（2）已经发行了许多游戏，包括流行的共享软件、多媒体项目和开源游戏，在 Pygame 官方网站上已经发布了 660 多个游戏项目。

（3）支持主循环控制，在使用其他库或者开发不同类型的项目时，可以提供更好的控制。

（4）支持模块化开发，很多核心模块，如音频、视频、图像处理等可以单独使用。

2. 贪吃蛇游戏实现的功能

（1）玩家可以通过键盘上的方向键，上、下、左、右控制蛇的移动方向。

（2）寻找游戏窗口中随机出现的"食物"，每吃到一个食物就能得到一定的积分，同时蛇的身子会增加一段。

（3）在游戏过程中，蛇不能撞墙，也不能撞到自己的身体，否则视为游戏结束。

作业与练习

PY-13-c-001

单选题

1．下列对 Pygame 的理解错误的是（　　　）。

　　A．Pygame 是最经典的 2D 游戏开发的第三方库，但不支持 3D 游戏开发

　　B．Pygame 是一种游戏开发引擎，基本逻辑具有参考价值

　　C．Pygame 适合用于游戏逻辑验证、游戏入门及系统演示验证

　　D．使用 Pygame 可以开发优秀的游戏

2．Pygame 游戏最小的开发框架主体程序控制结构是（　　　）。

　　A．异常相应　　　　　B．事件驱动　　　　　C．顺序结构　　　　　D．无限循环

3．Pygame 游戏窗口坐标体系中原点（0,0）所在的位置在（　　　）。

　　A．左上角　　　　　　B．窗口正中　　　　　C．左侧居中　　　　　D．左下角

4．下列与键盘事件无关的是（　　　）。

　　A．pygame.KEYDOWN　　　　　　　　B．pygame.ACTIVEEVENT

　　C．pygame.K_UP　　　　　　　　　　D．pygame.KEYUP

第*14*章

AI 视觉应用——人脸识别

本章目标

- 了解 HOG 特征的原理与应用。
- 了解仿射变换原理。
- 理解卷积神经网络的组成原理。
- 理解人脸识别的处理流程。
- 掌握使用 Dlib 库进行人脸检测与人脸识别的方法。

人脸识别是计算机视觉领域的典型，也是最成功的识别应用。人脸识别可用于人机交互、身份验证、患者监护等多种场景。

本章实验案例利用摄像头检测多张人脸，实现多张人脸的同时识别，并将识别结果显示到摄像头画面中。

14.1 图像相关知识

14.1.1 图像颜色表达

计算机中的图像是由传感器进行拍摄获取的数字图像，图像中的每一个采样点都被称为像素。

每个像素中都有数值表达，该数值被称为灰度值。灰度值取值范围是 0 ~ 255，数值越大，颜色也就越亮。图 14.1 所示为一张单通道灰度图（黑白图片）表达效果。

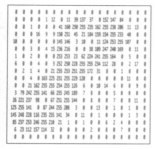

图 14.1　灰度图表达

为了表示彩色图像，需要使用多通道数字图像。较普遍的方式是使用 RGB 颜色空间。RGB 颜色空间中每个像素点有三个维度，分别记录在红（Red）、绿（Green）、蓝（Blue）三原色的分量上的亮度，原理如图 14.2 所示。

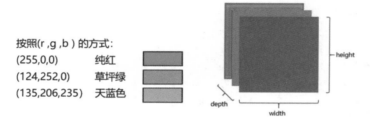

按照(r,g,b)的方式：
(255,0,0)　纯红
(124,252,0)　草坪绿
(135,206,235)　天蓝色

图 14.2　彩色图表达

14.1.2　HOG 特征

PY-14-v-001

HOG 的全称是 Histogram of Oriented Gradients，即方向梯度直方图，由 N.Dalal 和 B.Triggs 在论文 *Histograms of Oriented Gradients for Human Detection* 中首次提出。HOG 主要是将图片中特征点的梯度信息作为特征值，并利用梯度信息，就可以只关注边角信息，以此勾勒出的轮廓就可以对行人、物体等进行检测。

HOG 特征提取将图片分成窗口（Window）、块（Block）、单元（Cell）、区间（Bin），其中块是通过滑动窗口的方式得到的。在原论文中窗口的大小是 64 像素×128 像素（宽 64 像素，高 128 像素），块的大小是 16 像素×16 像素，单元的大小是 8 像素×8 像素，区间为 9，如图 14.3 所示。

HOG 特征提取的计算过程相对复杂，接下来简单介绍一下。

对于输入图像 64 像素×128 像素（宽 64 像素，高 128 像素），首先计算每个像素的梯度（包括大小和方向），在获得每个像素的梯度后，某单元（8 像素×8 像素）的梯度大小和方向示意，如图 14.4 所示。

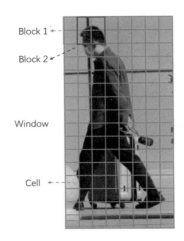

图 14.3　HOG 特征的示意图

	梯度大小									梯度方向						
2	4	3	4	5	3	2	3		78	32	9	13	3	68	94	68

梯度大小

2	4	3	4	5	3	2	3
4	9	16	14	8	8	4	4
12	22	25	25	23	16	4	7
22	97	164	139	82	31	27	2
90	152	136	136	146	157	56	25
97	189	73	36	25	58	173	50
162	62	59	27	79	83	46	133
72	14	37	24	110	26	47	119

梯度方向

78	32	9	13	3	68	94	68
39	7	8	175	74	29	172	162
89	127	166	37	99	156	156	166
75	15	3	163	151	26	128	148
125	73	17	147	144	149	142	150
49	89	112	94	103	100	136	119
34	67	154	77	79	160	149	128
12	169	90	8	108	19	108	112

图 14.4　某单元的梯度大小和方向

然后计算单元中像素的梯度直方图，先将角度范围（0°～180°）分成 9 份，也就是 9 区间，再统计每一个像素点所在的区间。统计方法是一种加权投票统计，示意图如图 14.5 所示。

				1.8	1.2			
0°	20°	40°	60°	80°	100°	120°	140°	160°

图 14.5　像素点所在的区间

将这个 8×8 的单元中所有像素的梯度值加到各自角度对应的区间中，就形成了长度为 9 的直方图，如图 14.6 所示。

每个块（滑动窗口）包含 2×2 个单元，即 2×2×9=36 个特征。一幅 64 像素×128 像素大小的图像最后得到的特征数为 36×7×15=3780 个，这样就将一幅图像通过分解提取变为计算机容易理解的特征向量。

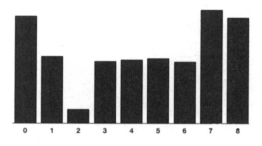

图 14.6　梯度直方图

14.1.3　卷积神经网络

　　卷积神经网络是一种前馈人工神经网络，其神经元连接模拟了动物的视皮层。卷积神经网络最重要的部分就是卷积层、池化层及全连接层，如图 14.7 所示。

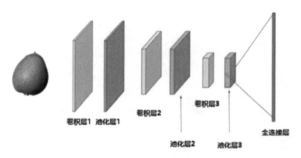

图 14.7　卷积神经网络

　　卷积核是卷积神经网络的核心，用于提取图像中的特征。使用卷积核与原始图像进行计算，计算过程就是将卷积核内参数与对应图片灰度值相乘再进行求和得到的结果。卷积核会在图片上移动，得到不同位置图片的特征效果，最终生成特征图，如图 14.8 所示。

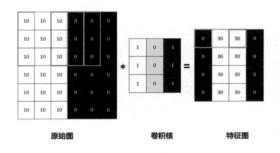

图 14.8　卷积处理效果图

池化是一种下采样的形式，在保留最重要的特征的同时削减卷积输出。最常见的池化方法是最大池化，即将输入图像分区，获取每个分区的最大值，如图 14.9 所示。

池化的关键优势之一是降低参数数量和网络的计算量，从而加快计算速度并提高准确率。

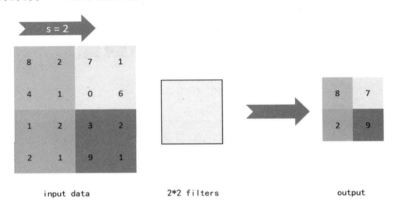

图 14.9　最大池化操作

全连接层的主要作用是将二维的数据转换为一维数据格式，方便后续提取特征。全连接层处理原理如图 14.10 所示。

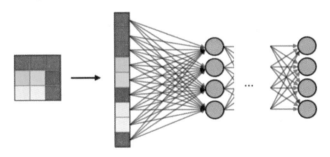

图 14.10　全连接层处理原理

14.2　人脸识别原理

14.2.1　人脸检测

人脸检测需要找出画面中所有的人脸，这里使用 HOG 算法进行人脸检测。

首先，将图像转换为灰度图，如图 14.11 所示。

图 14.11　转换为灰度图

然后计算图像中每个像素水平和竖直方向的梯度，如图 14.12 所示。

图 14.12　图像的梯度

最后将图像分解为一个个 16 像素×16 像素的小方块，每个小方块只保留值最大的梯度，最终将原始图像转换为非常简单的表示，以简单的方式捕捉人脸的基本结构，如图 14.13 所示。

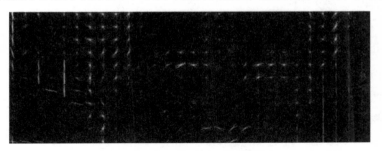

图 14.13　人脸的基本结构

14.2.2　分析面部特征

HOG 算法能检测出人脸，但无法对人脸做出识别。如图 14.14 所示，当现实中的人脸面向不同角度时，HOG 会识别为不同人脸。

图 14.14　不同角度的同一个人的脸

　　为此，我们使用 68 个特征点对人脸进行定位，使用仿射变换将人脸转换为正向人脸，如图 14.15 所示。

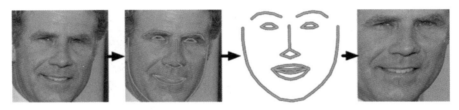

图 14.15　正向人脸变换

14.2.3　人脸识别特征提取

　　训练卷积神经网络，为每张脸生成 128 个特征值。在训练过程中，每次传入 3 张图片，如图 14.16 所示。

一张不同人的脸　　　　　　　　**两张同一个人的脸**

图 14.16　训练图片

　　人脸图像通过神经网络，得到 128 维的特征向量。该向量可以很好地表示人脸数据，使得不同人脸的两个特征向量距离尽可能大，同一张人脸的两个特征向量尽可能小，这样就可以通过特征向量进行人脸识别。

14.3　实训任务——人脸注册与识别

PY-14-v-003

14.3.1　任务描述

本章将通过 HOG 特征和卷积神经网络对人脸特征进行提取，实现人脸的注册与识别，并掌握 OpenCV 和 Dlib 库的使用方法。

14.3.2　任务分析

人脸注册与识别具体的流程是使用 Dlib 库完成人脸检测，通过 OpenCV 库读取视频流完成人脸的识别。案例的具体目标如下。

（1）理解人脸识别的核心任务与主要流程。

（2）能够使用 Dlib 库进行人脸检测。

（3）能够使用深度学习模型对人脸进行特征提取。

（4）能够使用欧氏距离对人脸特征相似性进行比较。

实验环境如表 14.1 所示。

表 14.1　实验环境

硬件	软件	资源
PC/笔记本电脑	Windows 10 Python 3.7.3 opencv-python 4.5.1.48 Pillow 5.4.1 Dlib 19.20.0	dlib_face_recognition_resnet_model_v1.dat shape_predictor_68_face_landmarks.dat simfang.ttf

14.3.3　任务实现

本次实验的源码目录结构如图 14.17 所示。

步骤一：在 data_util.py 文件中完成工具代码的编写

（1）导入必要的库。

```
import dlib
import csv
import numpy as np
import cv2
```

```
import pandas as pd
```

图 14.17　源码目录结构

（2）设置 Dlib 库相关的参数。

```
# 要读取人脸图像文件的路径
path_images_from_camera = "data/data_faces_from_camera/"

# Dlib 正向人脸检测器
detector = dlib.get_frontal_face_detector()

# Dlib 人脸 landmark 特征点检测器
predictor = dlib.shape_predictor('dlib/shape_predictor_68_face_landmarks.dat')

# Dlib Resnet 人脸识别模型，提取 128 维的特征矢量
face_reco_model =
dlib.face_recognition_model_v1("dlib/dlib_face_recognition_resnet_model_v1.d
at")
```

（3）获取图片 128 维特征的信息。

```
# 返回单张图像的 128 维特征
def get_face_128D(img):

    faces = detector(img,1)
    face_feature_list = []
    # 检测到人脸
    if len(faces) != 0:
        # 获取当前捕获到的图像的所有人脸的特征
        for face in faces:
            # 在图片上绘制矩形区域
            cv2.rectangle(img, (face.left(), face.top()),
```

```
                        (face.right(), face.bottom()), (0, 0, 255), 2)
            shape = predictor(img, face)
            face_feature   =   face_reco_model.compute_face_descriptor(img,
shape)
            face_feature_list.append(list(face_feature))

        return faces,face_feature_list
```

（4）比较两张图片特征差距（欧氏距离）。

欧氏距离公式用于计算两张人脸特征之间的差距，公式为：$dis = \sqrt{\sum_{i=1}^{n}\left(x_1^i - x_2^i\right)^2}$

其中 dis 为两张人脸之间的差距，x_1 为第一张人脸特征，x_2 为第二张人脸特征，$n=128$，代表每一张人脸都有 128 个特征。

```
# 计算两张人脸的欧氏距离
def find_dist(source_rep, test_rep):
    source_rep = np.array(source_rep)
    test_rep = np.array(test_rep)
    euclidean_distance = source_rep - test_rep
    euclidean_distance     =     np.sum(np.multiply(euclidean_distance,
euclidean_distance))
    euclidean_distance = np.sqrt(euclidean_distance)
    return euclidean_distance
```

（5）人脸信息的存储函数。

```
# 添加人脸到 csv 中
def ext_csv(uname,fd):
    with open("csv/users.csv", "a") as csvfile:
        writer = csv.writer(csvfile)
        fd.insert(0,uname)
        writer.writerow(fd)
```

（6）读取 csv 数据函数。

```
# 返回所有已经注册的人脸信息
def reg_userinfo():
    name_list = []
    feature_list = []
    csv_rd = pd.read_csv("csv/users.csv",encoding='gbk', header=None)
    for i in range(csv_rd.shape[0]):
        features = []
```

```
        name_list.append(csv_rd.iloc[i][0])
        for j in range(1, 129):
            if csv_rd.iloc[i][j] == '':
                features.append('0')
            else:
                features.append(csv_rd.iloc[i][j])
        feature_list.append(features)

    return name_list, feature_list

if __name__ == '__main__':
    name_list, feature_list = reg_userinfo()
```

步骤二：在 face_reg.py 文件中完成人脸注册代码的编写

（1）导入必要的库。

```
import cv2
from data import data_util
import time
```

（2）编写注册人脸的相关代码。

```
def reg(reg_faces):
if len(reg_faces) != 0:
        for idx, face in enumerate(reg_faces):
            print('请输入第{}位用户的姓名'.format(idx+1))
            name = input()
            data_util.ext_csv(name,face)
        print('注册成功')
    else:
        print('没有检测到人脸')
```

（3）编写人脸识别的相关代码。

```
# 处理获取的视频流，进行人脸识别
def process(stream):
    reg_face = []
    frame_start_time = 0
    while stream.isOpened():
        flag, img_rd = stream.read()
        faces,face_feature_list = data_util.get_face_128D(img_rd)
        kk = cv2.waitKey(1)
```

```
    # 按下 Q 键退出
    if kk == ord('q'):
        break
    else:
        reg_face = face_feature_list

        cv2.imshow("camera", img_rd)

        # 更新 FPS
        now = time.time()
        frame_time = now - frame_start_time
        fps = 1.0 / frame_time
        frame_start_time = now

    return reg_face
```

（4）调用摄像头并进行预测。

```
# 使用 OpenCV 库调用摄像头并进行预测
def run():
    # 根据索引获取摄像头视频流对象
    cap = cv2.VideoCapture(0)
    # 设置分辨率
    cap.set(3, 480)
    reg_faces=process(cap)

    cap.release()
    cv2.destroyAllWindows()

    reg(reg_faces)

if __name__=='__main__':
    run()
```

（5）执行以下命令。

```
python3 face_reg.py
```

执行效果如图 14.18 所示。

检测人脸后，按键盘中的 Q 键退出视频采集，在控制台出现如下命令，只需输入人脸信息，即可完成注册，如图 14.19 所示。

图 14.18　人脸注册

请输入第1位用的姓名
xu
注册成功

图 14.19　输入人脸信息

查看 csv 文件夹下的 users.csv 文件，可以看见刚才录入的数据信息，如图 14.20 所示。

```
users.csv
1    xu,-0.1163201704621315,0.15409640967845917,0.04847538843750954,-0.05
     人脸信息        人脸对应特征
```

图 14.20　查看 users.csv 文件中的信息

步骤三：编写 face_reco.py 文件完成人脸识别

（1）导入必要的库。

```python
import numpy as np
import cv2
import time
from PIL import Image, ImageDraw, ImageFont

from data import data_util
```

（2）处理视频并进行人脸识别。

```python
# 处理获取的视频流，进行人脸识别
def process(stream):
    # 帧率
    fps = 0
    frame_start_time = 0
    frame_cnt = 0

    font=cv2.FONT_HERSHEY_SIMPLEX
    font_chinese = ImageFont.truetype("simfang.ttf", 30)

    while stream.isOpened():
        current_frame_face_cnt = 0
        # 存储当前摄像头中捕获到的人脸数
        current_name_list = []
```

```
        # 存储当前摄像头中捕获到的所有人脸的名字
        current_name_position_list = []
        # 存储当前摄像头中捕获到的所有人脸的名字坐标
        frame_cnt += 1
        flag, img_rd = stream.read()


        # 获取当前图像中所有的人脸与特征
        faces,face_feature_list = data_util.get_face_128D(img_rd)
        kk = cv2.waitKey(1)
        # 按下 Q 键退出
        if kk == ord('q'):
            break
        else:
            cv2.putText(img_rd, "Face Recognizer", (20, 40), font, 1, (255,
255, 255), 1, cv2.LINE_AA)
            cv2.putText(img_rd, "Frame:   " + str(frame_cnt), (20, 100),
font, 0.8, (0, 255, 0), 1,cv2.LINE_AA)
            cv2.putText(img_rd, "FPS:     " + str(fps.__round__(2)), (20,
130), font, 0.8, (0, 255, 0), 1,cv2.LINE_AA)
            cv2.putText(img_rd, "Faces:   " + str(current_frame_face_cnt),
(20, 160), font, 0.8, (0, 255, 0), 1,cv2.LINE_AA)
            cv2.putText(img_rd, "Q: Quit", (20, 450), font, 0.8, (255, 255,
255), 1, cv2.LINE_AA)


            if len(faces)!=0:


                # 获取所有已经注册的人名和人脸特征
                name_list, feature_list = data_util.reg_userinfo()
                print('注册人名',name_list)
                for k in range(len(faces)):
                    # 先默认所有人不认识，是 unknown


                    current_name_list.append("unknown")


                    # 每个捕获人脸的名字坐标
                    current_name_position_list.append(tuple([faces[k].left(),
int(faces[k].bottom() + 5)]))
                    # 对于某张人脸，遍历所有存储的人脸特征
                    current_distance_list = []
                    for i in range(len(feature_list)):
                        # 特征数据不为空
```

```
                          if str(feature_list[i][0]) != '0.0':
                              d_tmp = data_util.find_dist(face_feature_list[k],
feature_list[i])

                              current_distance_list.append(d_tmp)
                          else:
                              # 空数据
                              current_distance_list.append(999999999)


                      # 寻找出最小的欧氏距离匹配
                      min_dist = min(current_distance_list)

                      # 匹配成功
                      if min_dist < 0.4:
                          name_index = current_distance_list.index(min_dist)
                          current_name_list[k] = name_list[name_index]
                          cv2.rectangle(img_rd, (faces[k].left(), faces[k].top()),
                              (faces[k].right(), faces[k].bottom()), (0,
255, 0), 2) # 在图片上绘制矩形区域

                      current_frame_face_cnt = len(faces)

                      # 在人脸框下面写人脸名字
                      img         =          Image.fromarray(cv2.cvtColor(img_rd,
cv2.COLOR_BGR2RGB))
                      draw = ImageDraw.Draw(img)
                      for i in range(current_frame_face_cnt):
                          draw.text(xy=current_name_position_list[i],    text=
current_name_list[i], font=font_chinese)
                      img_with_name        =         cv2.cvtColor(np.array(img),
cv2.COLOR_RGB2BGR)

                  else:
                      img_with_name=img_rd

                  cv2.imshow("camera", img_with_name)

                  # 更新 FPS
                  now = time.time()
```

```
frame_time = now - frame_start_time
fps = 1.0 / frame_time
frame_start_time = now
```

（3）调用摄像头并预测。

```
# 使用 OpenCV 库调用摄像头并进行预测
def run():
    # 根据索引获取摄像头视频流对象
    cap = cv2.VideoCapture(0)
    # 设置分辨率
    cap.set(3, 480)
    process(cap)

    cap.release()
    cv2.destroyAllWindows()

if __name__=='__main__':
    run()
```

（4）在终端界面执行以下命令。

```
python3 face_reco.py
```

执行效果如图 14.21 所示。

图 14.21　人脸识别效果

本章总结

1. HOG 特征

（1）HOG 特征的核心思想是所检测的局部物体外形能够被梯度或边缘方向的分布所描述，HOG 能较好地捕捉局部形状信息，对几何和光学变化都有很好的不变性。

（2）HOG 特征提取将图片分成窗口（Window）、块（Block）、单元（Cell）、区间（Bin），其中块是通过滑动窗口的方式得到的。

2. 人脸识别原理

（1）人脸检测：使用 HOG 特征检测人脸。

（2）面部特征分析：使用 68 个特征点对人脸进行定位，使用仿射变换将人脸转换为正向人脸。

（3）人脸识别特征提取：使用卷积神经网络，为每张脸生成 128 个特征值。

3．实训任务

（1）本章通过 HOG 特征和卷积神经网络对人脸特征进行提取，实现人脸的注册与识别，并掌握 OpenCV 库和 Dlib 库的使用方法。

（2）人脸注册与识别具体的流程是使用 Dlib 库完成人脸检测的，通过 OpenCV 库读取视频流完成人脸的识别。

作业与练习

PY-14-c-001

一、单选题

1．下列关于 OpenCV 描述错误的是（　　　）。
　　A．OpenCV 可以将图片转为数字矩阵
　　B．OpenCV 可以调用计算机摄像头
　　C．OpenCV 可以对图像进行绘制
　　D．单独使用 OpenCV 就可以进行人脸识别

2．在进行人脸信息对比的过程中，使用的比较方式为（　　　）。
　　A．比较特征间的绝对值　　　　　　　　B．比较特征间的欧氏距离
　　C．比较特征间求和结果　　　　　　　　D．比较特征间特征的长度

3．Dlib 库在人脸识别中可以实现的功能有（　　　）。
　　A．开启摄像头　　　B．检测人脸　　　C．获取人脸特征　　D．调用特征点检测器

4．卷积神经网络中，不包含的部分是（　　　）。
　　A．卷积层　　　　　B．池化层　　　　　C．全连接层　　　　D．HOG 算法

5．人脸识别比对中，两张人脸差距小于（　　　）时，可以认定为同一张人脸。
　　A．0.8　　　　　　　B．1.5　　　　　　　C．0.4　　　　　　　D．0.1

二、填空题

1．在 OpenCV 中，开启摄像头的函数为（　　　　　　　）。

2．在 OpenCV 中，一般调用笔记本自带摄像头的编号为（　　　）。

3．在 OpenCV 中，绘制矩形需要确定两个坐标点，分别是（　　　　）、（　　　　　）。

三、编程题

编写程序，使用 OpenCV 开启摄像头，并且检测人脸所在的位置。